# 遺 伝 学

## 遺伝子から見た生物

鷲谷 いづみ 監修／桂 勲 編

培風館

本書の無断複写は，著作権法上での例外を除き，禁じられています．
本書を複写される場合は，その都度当社の許諾を得てください．

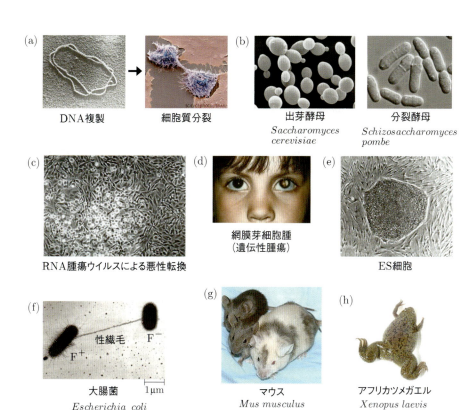

**遺伝学の研究対象（例）**
（a）DNA 複製から細胞分裂へ
（b）細胞周期研究に活用された 2 種類の酵母
（c）肉腫ウイルスにより線維芽細胞上に生じたフォーカス
（d）網膜芽細胞腫患者
（e）多能性をもつ ES 細胞
（f）接合する大腸菌
（g）遺伝子改変 ES 細胞からつくられたキメラマウス
（h）核リプログラミング研究に活用されたアフリカツメガエル

---

(d) の出典：http://www.aao.org/eye-health/tips-prevention/que-es-retinoblastoma
(f) は 3 章，それ以外は 6 章を参照のこと．

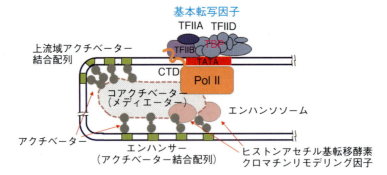

真核生物プロモーター領域の転写因子の集合とエンハンサー領域を含んだアクチベーター，コアクチベーターの集合（4章 p.78 図 4.10）

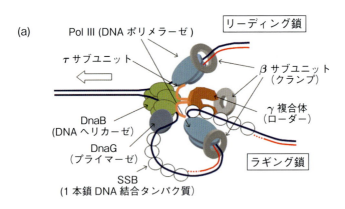

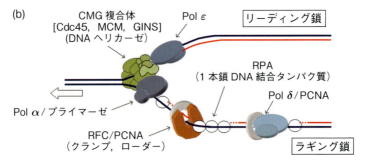

大腸菌(a)と真核生物(b)の複製フォーク複合体（4章 p.79 図 4.11）

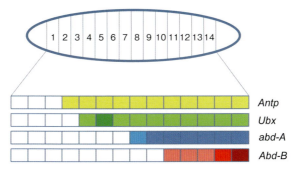

**ショウジョウバエの体節の発生を決める一部のホメオボックスタンパク質の発現領域**（7 章 p.143 図 7.2）

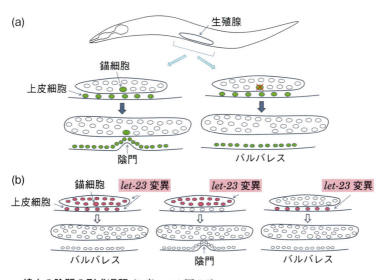

**線虫の陰門の形成過程**（7 章 p.149 図 7.5）
（a）陰門は上皮細胞が分化してできる．一方，生殖腺の中の錨細胞を破壊すると陰門ができない．
（b）モザイク解析．let-23 変異体では陰門ができない．上皮細胞または生殖腺細胞の一方だけに let-23 変異をもたせることにより，いずれの組織で let-23 が働くかを決定できる．

# 監修者序文

　この教科書は，日本学術会議の報告「大学教育の分野別質保証のための教育課程編成上の参照基準　生物学分野」（2013 年 10 月公表）に準拠した遺伝学分野の唯一の教科書である．分野別の参照基準は，日本学術会議が文部科学省から大学教育の質保証の方策に関する諮問を受けて審議を重ねた結果，「あらゆる大学における教養および専門教育の生物学教育の課程編成時に考慮すべき事項」を分野別の参照基準としてまとめることが必要であるとの結論を得て，分野ごとに検討したものである．生物学分野の参照基準は，日本学術会議の 30 の学術分野別の委員会のうち，基礎生物学委員会および統合生物学委員会が共同して検討し，「報告」としてまとめている*．

　本書は，大学の専門課程で生物学やその関連分野を学ぶ学生に対する「専門基礎」レベルの遺伝学教育における標準的な教科書として利用されることを想定して編纂されたものである．編者の桂先生が率いた執筆陣は，遺伝学の第一線で活躍する研究者で大学での教育に深く精通している．その構成において，生物学やそれと関連する工学，農学などの専門的教育の基盤として過不足がないよう，遺伝学の古典から新規性の高い現代の知識に至るまでを体系的に取り上げている．

　生物学における遺伝学の重要性は今ではここに言及するまでもないが，それは生物の最も重要な特徴の 1 つが「遺伝子の自己複製」であることによる．本書では，そのメカニズム，そこから帰結する免疫や発がんなどを含む多様な生命現象から長期的な遺伝子の動態としての進化まで，また，遺伝子の理論から応用技術までを，現代の遺伝学の先端的な挑戦を見据えて，バランスよく，また，有機的に取り上げている．

　今日では，日常生活においても，医療・産業活動においても，政策の立案に関しても，生物学，とりわけ遺伝学の素養なしには適切な判断や選択を行うの

---

＊　http://www.scj.go.jp/ja/info/kohyo/pdf/kohyo-22-h131009.pdf

が難しい時代になっている．遺伝子組換え技術，iPS 細胞，ゲノムによる個人識別，がんの治療など，遺伝学を基礎とする先端技術の発達はめざましく，画期的な新技術が次々に開発される一方で，予期せぬ問題を含めて，解決の難しい社会的な問題も惹起される．新しい技術に関して，あるいは健康・医療に関して，個人および社会が適切な判断や選択をするためにも，遺伝学の幅広い知識が欠かせない．

　本書が，遺伝学の標準的な教科書として，生物学とそれに関連する多様な専門分野の基礎教育に広く活用されることを望みたい．また，現代に生きる誰もが必要とする「遺伝子」リテラシーを身につけるために，多くの人々が座右においてくださることを願いたい．

　2016 年 10 月

鷲谷いづみ

# 編者序文

　この教科書は，広義の生命科学を専門とする大学2～3年生をおもな対象とし，遺伝学の知識と思考法をしっかりと身につける目的で作成したものである．DNA二重らせんモデルの発表以来，遺伝学は爆発的な速度で発展し，細胞生物学，発生生物学，進化生物学など生物学の諸分野を遺伝子の言葉で書き直し，さらに医学，薬学，農学，生物工学などの応用分野も変革している．本書は，このような広範囲にわたる遺伝学の多様な側面を簡潔に要約して紹介するために，各分野の専門家である9名の著者らが分担執筆し，コンパクトな成書にまとめあげた．そのため，生体の分子・細胞・組織の構造と，生体の化学・物理は，あえて大部分を省略してある．

　1章では，人類が「生命とは何か」を探求する歴史の中で，遺伝学の果たした役割を解説する．2章は，古典遺伝学あるいはメンデル遺伝学とよばれる分野で，遺伝学の基礎である．遺伝形質が子孫に受け継がれる仕組みを説明し，確率事象に対する統計的な扱いを習得する．3章では，細菌とファージの遺伝学を説明する．本章は，細菌研究の基礎になるだけでなく遺伝子操作の理解にも必須になる．

　4章では，他の章より多くのページを割いて，分子遺伝学の基礎，すなわちDNA複製，転写，RNAスプライシング，翻訳，突然変異，修復，組換えなどのメカニズムを分子レベルで解説する．中心となる部分なので，淡々とした記述でわかりやすいことを心がけた．5章は，遺伝子操作・解析の方法を，原理と実験操作がわかるように説明する．また，この方法が普及した結果，DNAの塩基配列データが蓄積し，それを扱う生命情報学やゲノム科学が発展したことについても言及している．6章では，変異体の解析と遺伝子操作を基盤に，細胞の増殖・分化・初期化の機構が解明されたことを，研究の発展を追って説明する．これにより，がん，クローン動物，iPS細胞などに関する理解が得られるだろう．7章では，モデル生物の変異体を使って生体機能を解析する方法を解説する．また，この方法で多細胞生物の発生や行動のメカニズムが遺伝子

レベルで解明されたことを，いくつかの例で示す．

8章では，まず地球上での生物の進化の歴史を概説し，次に進化理論の基礎になる集団遺伝学と分子レベルの進化機構論を紹介する．この分野を真に理解できるよう，あえて数式を用いて説明している．生態学や分類学を目指す学生にも役立つと考えている．9章では，ヒト，特に医学に関連する遺伝学として，遺伝病の解明，成人病やがんなど身近な病気への遺伝子の影響，人類の進化から見た医学などの話題を提供し，最後に生命倫理の問題を議論する．なお，量的形質の遺伝学については，特別に項目を立てて解説をしていないが，内容としては9章に書かれている多因子疾患の解析を学ぶことで補えると考えている．

全章を読み直してみると不統一なところが多々あるが，著者のスタイルを変えない方がよく意図が伝わると考え，残した部分もある．本書を読んで生命科学研究へのモチベーションを高めていただけるなら，作成に携わった者として，これ以上，幸いなことはない．「遺伝子」は現代社会のキーワードの1つである．これからの社会が，本書で学ぶような遺伝学の正確な知識のうえに築かれることを強く希望する．

最後に，お忙しい中，本書の原稿の一部を査読して助言をくださった，石原健氏，倉田のり氏，颯田葉子氏，嶋本伸雄氏に，心から感謝の意を表したい．

2016年10月

桂　　勲

# 目　　次

## 1 遺伝学とはどんな学問か —————————— 1

1.1　遺伝学とは何か　1
1.2　生命を探求する科学の中での遺伝学の役割　3
1.3　ま と め　10

## 2 遺伝の基本法則と染色体 —————————— 12

2.1　遺伝の基本法則　12
2.2　偶然と検証　22
2.3　エピジェネティクス　28

## 3 細菌とファージの遺伝学 —————————— 35

3.1　ファージの遺伝学　35
3.2　細菌の遺伝学　44
3.3　細菌とファージの遺伝系を用いた遺伝子概念の拡張と展開　50

## 4 分子遺伝学 ———————————————— 57

4.1　遺伝学に登場する分子の構造と機能　57
4.2　遺伝子，ゲノム　65
4.3　転写と RNA スプライシング　67
4.4　翻　訳　73
4.5　遺伝子発現の制御　77
4.6　複　製　79
4.7　突然変異，修復，組換え　83

## 5 遺伝子の操作・解析からゲノム科学へ —————— 90

5.1　遺伝子操作・解析技術　90
5.2　ゲノム科学の勃興　100

vi 目　次

## 6 細胞の分裂・分化と遺伝学 ———————————————— 114

6.1　細胞分裂の遺伝学　115
6.2　細胞分化の遺伝学　127

## 7 モデル生物の遺伝学的解析 ———————————————— 138

7.1　モデル生物　138
7.2　遺伝子発現の調節　139
7.3　発生における形作り　142
7.4　神経機能と行動　153
7.5　ま と め　159

## 8 進化と集団遺伝学 ———————————————————— 161

8.1　生物の多様性と進化　161
8.2　生物進化の歴史　161
8.3　集団遺伝学　165
8.4　分子進化の中立説　183

## 9 人類の遺伝学 —————————————————————— 186

9.1　遺伝病の原因遺伝子　186
9.2　コモンディジーズと遺伝子　193
9.3　がんの人類遺伝学　197
9.4　ヒトの進化からみた病気　200
9.5　人類遺伝学と生命倫理　203

解　　答 ———————————————————————————— 209
用 語 集 ———————————————————————————— 215
索　　引 ———————————————————————————— 237

# 1 遺伝学とはどんな学問か

　本章では，まず遺伝学の歴史を概観し，次に，「生命とは何か」という人類究極の問題を自然科学の方法で解明する努力の中で，遺伝学がどのような役割を果たしたかを述べる.

## 1.1　遺伝学とは何か

　**遺伝学** (genetics) という言葉は，20 世紀はじめに「継承 (heredity) と多様性 (variation) に関する科学」として提唱された. 人類は昔から，作物や家畜の品種改良を行う中で，生物のもつ性質がどのようにして子孫に伝わるか（継承），また周囲を見渡したときに，同じ人間でも自分とは毛髪・肌・眼の色などが異なる人がいるのはなぜか（多様性）などの問題意識をもっていた. そこには何らかの法則性があると考え，それを研究する学問を遺伝学と名付けたのである. すでに，メンデル (Mendel, G. J., 1822-1884) がエンドウの交雑実験から遺伝の法則を発見し，後に**遺伝子**とよばれるようになった「因子」（遺伝の単位）の存在を示していたので，勘のよい研究者は，これを追求すれば生命の本質がわかるという期待をもっていた. この頃の遺伝学は，当時の生物学の中では定量的・数学的な面が強く，論理的・抽象的であり，独特な分野だった（表 1.1）.

　その後，遺伝学は少しずつ生化学と関係をもつようになり，遺伝子の本体が**DNA（デオキシリボ核酸）**という名の化合物であることが解明された. 生物の働きは多様なタンパク質によって担われているが，遺伝子である DNA は，どんなタンパク質をつくるかという情報と，それをどんな場面でつくるかを指令する情報をもつことが判明した. さらに，遺伝子や細胞の操作法，分子レベル・細胞レベルの生体解析法が発達したため，個々の遺伝子が変わると生体がどのように変わるかを詳細に解析できるようになった. その結果，例えば，がんは体細胞における DNA の変異によって生じること，発生は DNA の指令で

1

**表 1.1　遺伝学の歴史**

**古典遺伝学の時代**

| | |
|---|---|
| 1865 年 | メンデルの法則 |
| 1871 年 | 核酸（「ヌクレイン」）の発見 |
| 1900 年 | メンデルの法則の再発見 |
| 1902 年 | 遺伝子は染色体に存在する |
| 1941 年 | 1 遺伝子 1 酵素仮説 |
| 1944 年 | 遺伝子の本体は DNA |

**分子遺伝学の時代**

| | |
|---|---|
| 1953 年 | DNA の二重らせんモデル |
| 1958 年 | セントラルドグマ（遺伝情報の発現過程） |
| 1961 年 | オペロン説（遺伝子発現の調節機構） |
| 1966 年 | 遺伝暗号表の完成 |
| 1968 年 | 分子進化の中立説 |
| 1970 年代前半 | 遺伝子操作法の出現 |
| 1976 年 | ウイルスのがん遺伝子は細胞に由来 |
| 1980 年 | ショウジョウバエの初期発生遺伝子の同定 |
| 1989 年 | RNA が酵素活性をもつ |

**ゲノム科学の時代**

| | |
|---|---|
| 2003 年 | ヒトゲノム計画完成 |
| 2005-2007 年 | 次世代シーケンサーの市販 |

できた調節タンパク質群が細胞の分裂・分化に必要な様々なタンパク質の合成を秩序正しく指示して進めることが解明され，遺伝学を基盤にして細胞生物学・発生生物学などの分野が大きく発展した．DNA の遺伝情報が生命現象の中心にあるという点だけでなく，変異体の分離・解析という遺伝学の方法を使うと生体のメカニズムを解明できるという点でも，遺伝学は重要な学問になった．

　DNA は非常に細長い分子で，その上にある A，T，G，C という 4 種の化学基（DNA の**塩基**とよばれる）の並び方が生物の基本的な性質を決める遺伝情報となる．生物のもつ一揃いの遺伝情報を**ゲノム**というが，現在では 1 週間もあれば 1 台の機械で約 30 億塩基からなるヒトゲノムを解読できる．今までに解読されたすべての遺伝情報は，その注釈とともに **DNA データベース**としてコンピューターに格納され，インターネットで誰もが閲覧でき，基礎生物学だけでなく医・薬・農・工などの応用分野でも必須の資料になっている．

このように，現在の遺伝学は，DNA・遺伝子・ゲノムに関する学問として，生物にかかわるあらゆる分野の基盤になっている．その豊かさは，2章以降で遺伝学の多様な分野を学ぶことにより理解できるだろう．一方，「生命とは何か」という人類究極の問題を追求する科学の歴史をたどると，その中で遺伝学が果たした役割が，より広い視野の中で明確になる．本章の以下の部分では，それを説明することで，「遺伝学とは何か」という問に，より詳細に答えたい．

## 1.2　生命を探求する科学の中での遺伝学の役割

### 1.2.1　生命に関する科学的な探求の始まり

子供がすくすくと成長するさまや，春になって野山に草が萌え出るさまを見て，人は感動を覚える．古代の人々は，そのような生物の不思議を「生命」，「精気」，「霊」などの言葉を使って説明しようとした．このような説明は直感に訴えるが，個人差が大きいので，ある人の説明の上に別の人の説明を積み上げても進歩になるかは疑わしい．これに対し，自然科学は，生物が成長し躍動する様子を1つの概念で一気に説明するより，実際の生物の個々の働きや特徴を調べて，その仕組みを解明するという着実な道を選んだ．大きな問題をより小さな問題に分け，その1つ1つを，自然に問いかけて確認する実証的な方法，誰がやっても同じ解答が得られる客観的な方法で解いた．こうすれば，大勢で手分けして研究した結果を集めて大きな結果にすることができ，何世代にも渡って成果を積み上げることができるからである．

生物に関する学問で最初に発達したのは，博物学または自然誌などとよばれる，自然を記述する学問である．アリストテレス（Aristotélēs, 384-322 BC）は，この分野での権威だった．著書「動物誌」には500種あまりの動物が登場するが，特に海産動物の記述は正確で，例えばタコの雄は巻腕（いわゆる足）の1本を交尾に用いること，ウニの口が提灯の形をしていることなど，個別の鋭い観察が書いてある．アリストテレスは，三段論法のすべての形式を示したように，論理学にも優れており，演繹的な方法を使って普遍的な真理から個別の問題を論証することは得意だった．しかし，個別の観察・実験から共通性の高い法則を発見する実証的な自然科学の方法をつくるまでには至らなかった．彼は，学問が追求すべき原因として，形相因（本質，原理），質料因（材料），始動因（生成・変化・運動の始まり），目的因（目的，到達点）の4つをあげたが，これが後世に大きな影響を与えた．

自然の中にある真理を発見するには帰納による推論が重要ということを明確に認識したのは，哲学者フランシス・ベーコン（Bacon, F., 1561-1626）である．また，彼は自然の探求の中から目的因を排除するように主張したことでも知られている．目的因を使うと，例えば「生物の皮革の硬さは，酷暑または酷寒から生物を守るためのものである」（F. ベーコン 著，服部英次郎・多田英次 訳，「学問の進歩」，岩波書店（1974））など，一応，納得できる説明が可能になるが，それが自然の探求をかえって妨げることに気付いたのである．さらに，彼は，経験から得た知識が自然を制御する力になることも知っていた．

自然に問いかけて真理を発見するには，単なる帰納から一歩進んで，仮説を立て，それを検証（または反証）する方法が，より有効である．この方法による初期の大きな成果は，物理学ではガリレオ・ガリレイ（Galilei, G., 1564-1642）の落体の法則だが，生物関連ではハーヴェー（Harvey, W., 1578-1657）の血液循環説と言えよう．この頃は，権威あるガレノス（Galenus, 129 頃-200 頃）の説に従って，血液は肝臓でつくられ静脈から心臓に入り動脈を通って全身に運ばれて消費されるというのが定説だった．しかし，ハーヴェーはこれを疑い，実際に血液が心臓を通る流量を測定したところ，肝臓でつくられるとは考えられないくらい多い量（1 時間に 540 ポンド）であることが判明したので，ガレノスの説を否定して，代わりに血液循環説を提唱した．この説は，後にマルピーギ（Malpighi, M., 1628-1694）が毛細血管を発見して，正しいことが確認された．

### 1.2.2 現代生物学の基礎

自然科学に実証的な方法が使われ急速な進歩が始まったのは，上述のように 16〜17 世紀だが，生物学全体の基礎ができたのは 19 世紀である．1900 年頃に**生物学**（biology）という語が現れたように，この頃から，すべての生物に関する共通性が注目されるようになった．そして，3 つの業績，すなわちシュライデン（Schleiden, M. J., 1804-1881）とシュワン（Schwann, T., 1810-1882）による細胞説（1938-1939 年），ダーウィン（Darwin, C. R., 1809-1882）の進化論（1859 年），メンデルの遺伝の法則（1865 年）によって，生物学の基礎が確立されたのである．

細胞説，すなわち「すべての生物は細胞という基本単位からなる」という説は，多様な生物に共通の基盤があることを示した．その後，細胞はすべて細胞

## 1.2 生命を探求する科学の中での遺伝学の役割　　5

の分裂により生じることも明らかになった．また，物質レベルでも，脂質二重層にタンパク質が埋め込まれた細胞膜や，DNAとタンパク質が結合した染色体など，生物種によらない共通性があることも示された．細胞は生物の構造の単位だけでなく，機能の単位でもある．細胞説が確立したので，細胞の分裂・分化・代謝・運動・興奮・分泌など，細胞の機能を基盤として生物の機能を解明するという研究の方向性が明らかになった．

ダーウィンの進化論は，生物はなぜ環境に適応しているかという問題に対し，環境に上手に適応したものが生き残るからという，逆転の発想から出た解答である．「キリンは高い所の木の葉を食べられるように首が長い」という目的因による説明は生物学から排除されたが，その代わりに，進化論を基盤に「より首が長いキリンはより多くの木の葉を食べることができるので生存競争に勝ち，それでキリンの首が長くなった」という科学的な説明が可能になった．進化が長い年月をかけて継続して起きるには，生物のもつ性質に遺伝的な多様性が常に少しだけ生じる必要がある．この問題は，後に遺伝学の研究の中で**突然変異**という現象が発見され，解決した．さらに，生物集団の中で生じた突然変異が世代を経る中で，どのような場合に広まるか／消滅するか，などを定量的に研究する集団遺伝学が生まれた．こうして，進化は，ランダムな突然変異による多様性の創出と，環境に適した個体の選択（同程度に適している場合は運のよさによる選択）で説明されるようになった．この説明によると，生物は，ある程度，歴史性と偶然性を内蔵しているのである．地球上の全生物は，その構成物質・代謝経路・遺伝情報系などに共通性があることから，単一の起源に由来すると考えられている．実際に，様々な生物で共通する遺伝子のDNA塩基配列を比べると，進化の過程でどのように分岐したかを示す系統樹を書くことができる．

さて，「遺伝学とは何か」を説明するために長い前置きを書いてきたが，現代の遺伝学の始まりは，メンデルの法則である．この法則から，遺伝の原因となる物質は液体のようにいくらでも混じり合うものではなく，これ以上は分割できない単位をもつという結論が得られ，この単位は後に遺伝子と名付けられた．ここに始まった遺伝学が，後に，遺伝子の実体がDNAであることの発見と，それに続く分子レベルでの遺伝情報系の解明を経て，生物の理解に画期的な進歩をもたらすことになる．メンデルの法則からDNAを基盤とする遺伝学に至るには，(1) 生化学による知識の蓄積と考え方の革新，(2) 情報という概

念の導入，が必要だった．それを次の2つの節で順に説明する．

### 1.2.3 生命の物質的基盤：生気論から機械論へ

　もう1つ，19世紀に起こった生物学史上で重要な出来事は，生化学の出現である．原子・分子・化学反応・触媒など化学の基礎概念が確立する中で，生物を化学的に分析すること，さらに生体機能を分子レベルで解析することが始まった．生体を構成する物質は有機物質とよばれ，はじめは生物のみがもつ特別な能力でつくられると考えられていた（生気論）．しかし，ヴェーラー（Wöhler, F., 1800-1882）が有機物質である尿素を無機物質から化学合成することに成功し（1828年），ブフナー（Buchner, E., 1860-1917）が酵母から抽出した無細胞溶液に糖を加えると発酵が起きることを示したため（1896年），生気論は否定され，生物は無生物と同じ物理・化学法則に従うと考えられるようになった．生物が通常は常温で起きないような化学反応を起こすのは特別な触媒をもっているからで，この触媒は生体から取り出され，酵素と名付けられた．サムナー（Sumner, J. B., 1887-1955）は，酵素の1つであるウレアーゼを高度に精製して結晶化することに成功し，それが純粋なタンパク質であることを示した（1926年）．結晶になるということは，決まった立体構造をもつことを示唆する．これより前に，フィッシャー（Fischer, H. E., 1852-1919）は，酵素が非常に限られた反応しか触媒しないことを，基質分子と酵素分子が立体構造に関して鍵と錠前のような関係にあるという考えを使って説明した（1890年）．立体構造を基盤にして酵素などのタンパク質の機能を理解する方向性を示した点で，この考えは重要である．

　生化学は生体で起きる反応を枚挙し代謝経路を解明したが，その結果として現れた生物像は，「自ら代謝回転するエネルギー変換装置」というものである．多くの植物や一部の微生物は，光のエネルギーを使って生体物質を合成する．光合成を行わない生物は，他の生物由来の生体物質などを化学反応で分解し，そのときに生じたエネルギーを使って，運動・輸送・信号伝達などの活動を行う．生物は，また，エネルギーを使って細胞の構成成分を合成し，成長・増殖するが，そのときに，今まであった細胞の構成成分を分解し排出するので，細胞は物質としては常に交代している（代謝回転）．私たちの身体も，物質としては1年前の私たちと大部分が入れ替わっているのである．

　生化学は，生物が化学や物理の法則に従うことを示し，「生物には無生物に

ない特別な力がある」という説明（生気論）を排除した．そして，生物の様々な働きを，生体内の化学反応や物理変化による因果関係の連鎖，すなわち機械仕掛け（メカニズム）によって説明するようになった（機械論）．

### 1.2.4 情報概念の導入と遺伝情報系の解明

　生化学は物質とエネルギーの側面から生物の働きを明らかにした．しかし，これがメンデル以来の遺伝学とつながって，生物のさらに深い理解をもたらすには，「情報」という概念を導入し，遺伝情報系を解明する必要があった．そのきっかけの1つは，通信や計算機の発達に伴い情報理論ができつつあった時代に，物理学者シュレーディンガー（Schrödinger, E., 1887-1961）が書いた「生命とは何か」という本であった（1944年）．その中で，彼は，生物物理学者デルブリュック（Delbrück, M. L. H., 1906-1981）の考えをもとに，遺伝子は「非周期性の結晶」のようなものであると予言した．遺伝子はX線を当てると変化するが常温ではほとんど変化しないほど安定なので，全体が共有結合でつながった巨大な分子（おそらく1本の染色体に1つの分子）であり，その上にモールス符号のように，符号となる化学基が一定の間隔で並んでいて，それが遺伝情報になると考えたのである．

　DNA二重らせんモデルを提唱したワトソン（Watson, J. D., 1928-）とクリック（Crick, F., 1916-2004）は，どちらもこの本を読んで感銘を受けており，このモデルの根底にはシュレーディンガーの影響がみられる．その後，DNA二重らせんモデルを基盤として始まった分子遺伝学では，DNA→RNA→タンパク質という「分子生物学のセントラルドグマ」が研究を主導したが，これは物質としてDNAがRNAを経てタンパク質に化学変化するというのではなく，DNAの塩基配列をもとにRNAの塩基配列が決まり，それによりタンパク質のアミノ酸配列が決まるという，情報変換を示したものである．生物学における情報概念の導入と分子レベルの遺伝情報系の解明は，遺伝学に物質的な基盤を与えただけでなく，生物学の多くの分野を革新した．例えば，発生学では昔から，成体の形が精子または卵の中に存在するという前成説と，発生の過程で成体の形が新しく作り上げられるという後成説の間の論争があった．この論争は，情報という概念の導入により，成体の形はDNAのA，T，G，Cという記号の配列情報として精子や卵の中に存在し，発生の過程でその情報が形に変換されるという決着をみた．

### 1.2.5 遺伝情報系と生物の秩序：生物にとって遺伝子とは何か

なぜ生物は DNA に刻まれた遺伝情報をもつのだろうか．単純な構造の受精卵から複雑な構造の成体ができるためには，成体の設計図としての遺伝情報が確かに必要だろう．しかし，それ以前に，単細胞／多細胞によらず，生物が進化するためには，子が親のほぼ正確なコピーになっている必要がある．進化の過程でせっかく環境に適応した個体が生き残ったとしても，その子が親と大きく変われば，次世代ですぐに適応度が下がってしまう．そうならないために，変化しない遺伝情報が必要なのである．一方で，生物は常に代謝回転して自分自身を構成する物質を交換し，また環境に応答して迅速に変化する必要がある．この「変化しないが変化する」という条件を満たすため，生物は，「安定な遺伝情報を担い例外的に代謝回転の遅い DNA（変化しないもの）」と「生体内で縦横無尽に働き代謝回転が速いタンパク質などの成分（変化するもの）」に，役割を分担させるようになったと考えられる．

代謝経路による物質の変化の向きが生体内に因果関係を作り出すように，遺伝情報の伝達・変換の向きも因果関係を作り出す．遺伝情報の流れは DNA からタンパク質，生物個体へという向きであり，DNA の遺伝情報が最初の原因になって生物個体の特徴が決まる（図 1.1）．この因果関係は生物の本質的な部分なので，遺伝学・生命科学の中心的な課題となる．一方，進化という非常に長期の過程では，遺伝的に異なる生物どうしが競争をして，より環境に適応し

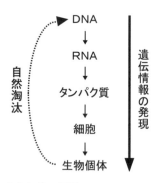

**図 1.1 遺伝情報と生物個体の関係**
DNA の遺伝情報をもとに生物個体がつくられて働く．その一方で，進化の過程では，生物個体の適応度によりどの生物（したがって，どの遺伝情報）が選ばれるかが決まり，地球上に存在する DNA の遺伝情報が変化していく．

た生物（したがって，その遺伝子）が増える．ここでは，「遺伝子→生物個体」という遺伝情報の流れとは逆向きの「生物個体→遺伝子」という因果関係がある．この2つの因果関係に対応して，生物学の多くの問題には，メカニズムと適応度という2つの解答が存在する．例えば，なぜオオカミは歯が鋭いかという問題に対して，歯の発生過程を解析して遺伝子が歯の鋭さを生み出すメカニズムを答えることもできるし，歯の鋭いオオカミと鋭くないオオカミを自然界で競争させて，どんな理由で歯の鋭いオオカミが選択され，歯を鋭くする遺伝子が自然界に残るかという適応度を答えることもできる．

### 1.2.6 ゲノム進化のダイナミズム

DNA は生物の形や性質を決める総司令部であって，そこにはタンパク質の情報をもつ遺伝子とその制御配列が整然と並んでおり，進化で少しずつ変わる以外は安定したものと思われてきた．ところが，実際にヒトゲノムを解読してみると，その DNA 像はずいぶん違うことが判明した．個々の遺伝子，特にタンパク質の情報を含む部分は，確かに，進化の過程で非常にゆっくりとしか変わらないのだが，それ以外の部分やゲノム中の遺伝子の配置は，かなり早くダイナミックに変化してきたらしい．驚くべきことに，ヒトゲノムでは，タンパク質の情報をもつ部分はわずか2％程度しかない．しかも，ゲノムの約半分は**トランスポゾン（転移因子）**という，動き回る寄生性の DNA で占められている．そのような状況の中で，ヒトを含む高等動物や高等植物のゲノムは，トランスポゾンに対抗して，その活動を抑える様々な機構を進化させてきた．ここで進化した複雑な防御機構，特に染色体構造を部分的に凝縮させたり緩めたりして遺伝子発現を変える機構が，高等生物の発生や環境応答を支える精密な制御機構として使われている．進化では使えるものは何でも使うと言われるが，高等生物が複雑になれたのは，ゲノムへの侵入者との戦いによって発達させた機構によるらしい．細菌のような単純な生物はゲノムの大きさを制限し整然とした制御機構を保ってきたが，ヒトのような複雑な生物はゲノムへの侵入者を容認し対応することで緩やかで複雑な制御機能を発達させてきた．この点は，システムの複雑さと生存戦略の関係として興味深い．

### 1.2.7 遺伝学による生物個体のシステム解析

　機械論的な考えに従って因果関係を解明したとき，その結果は，ON/OFF のスイッチが組み合わさった回路としてモデル化される．このモデルで変異体は，スイッチ1つを破壊した回路と解釈できる．このような考えに基づき，ジャコブ (Jacob, F., 1920-2013) とモノー (Monod, J. L., 1910-1976) は，変異を組み合わせたときの表現型をもとに，大腸菌がラクトース分解酵素を合成するスイッチ回路を解明し，オペロン説を提唱した．これが成功を収めたため，20世紀後半の遺伝学は，さらに複雑な発生や多細胞機能についても，この方法を基盤にして，多数の遺伝子が相互作用する因果関係の回路を明らかにしてきた.

　21世紀に入ると，多くの生物でゲノム情報が解読されただけでなく，全RNA種・全タンパク質種・全代謝物の網羅的な定量データが得られるようになった．また，複雑なシステムをコンピューターにより解析する方法が生物に適用されるようになった．そこで，これらの大量データと解析法をもとに，「全構成分子を基盤として，細胞というシステムの振舞いを予測する」という目標が出現した．このような研究が発展すると，目的に則した性質をもつ微生物を設計し作成できるようになるだろう.

　さらに複雑な免疫系や脳神経系などでも，いずれは，ネットワークや回路を基盤として，全体の振舞いを記述できるようになり，システムの病理としての自己免疫疾患や精神疾患の本質が明るみに出ると思われる．進化によってつくられた生物の作動原理とはどんなものか，昔の人が「生命」と名付けたものを機械論の言葉でどこまで説明できるかが，わかるだろう．複雑なシステムでは遺伝情報と環境との相互作用が大きいが，そのようなシステムの解明にも，大量のゲノム情報を用いる遺伝学が大きな貢献をするに違いない.

## 1.3　ま と め

　遺伝学は，単に自然から驚くべき真理を発見し，その美しさを明らかにするだけでなく，応用面や社会との関連でも，重要な基盤になっている．今後，人類は，ゲノム情報や生物システムの知識を使い，また自然の生態系を手本として，いかに豊かに生きるかを考えるようになるだろう．しかし，その一方で，例えば人工的な生物の合成を行う際にどんな注意が必要か，ヒトに遺伝子操作を施して理想的な人間をつくることが許されるかなど，倫理面での検討がますます必要になると思われる.

演 習 問 題                                                                    11

## ▋演習問題

**1.1** 1.2 節で,「自然科学は, …… 生物の個々の働きや特徴を調べて, その仕組みを解明するという着実な道を選んだ.」と述べたが, 生物学が研究してきた「生物の特徴」として, 大きく分けると, どのようなものがあげられるか.

# 2 遺伝の基本法則と染色体

　どんな生き物にも，形，大きさ，色，性質など，多種多様な違い（変異）が見つけられる．こうした特徴（形質）は親から子へと伝わる傾向がある．ここでは，このような傾向を生み出すメカニズムの理解へ導いた，遺伝情報が次の世代へとつながるルールを，情報の担い手である遺伝子と染色体の，世代間の動きから解説する．そのうえで，ルールから外れた遺伝様式を生み出す，染色体という構造体を単位とした特有の現象についても概説する．

## 2.1 遺伝の基本法則

　私たちを含めあらゆる生物の体は，タンパク質や核酸などの多くの分子の働きで成り立っている．こうした分子を私たちは自分の体（細胞）の中でつくることができる．これは設計図をもつことで可能になっている．この設計図となる**遺伝子**はいいかげんに親から子へと伝えられるわけではない．あるルールに従って伝わる．ルール 1 は，遺伝子は**染色体**とよばれる構造物に乗っていること．この染色体が親から子へ伝わることで，形質が遺伝することになる．ルール 2 は，私たちヒトを含め多くの生き物は**相同染色体**とよばれる同じ遺伝子の乗った染色体を 2 本ずつもっている **2 倍体**であること．その 2 本のうち，どちらか一方のみが親から子に伝わる．父，母それぞれから 1 本ずつもらうことで，子は親と同じ 2 倍体となる．これらの 2 つのルールの発見によって親の形質から子の形質を予測することが可能となる．

### 2.1.1 表現型と遺伝子型

　眼（虹彩）の色，身長から性別，疾患の発症の有無まで個体をタイプ分けができるもの，あるいは定量的に表現できる特徴はすべて**形質**となる．例えば，ABO 式血液型は A 型，B 型，AB 型，O 型と 4 つのタイプをもつ形質である．遺伝的に決まる形質を**遺伝的形質**とよび，その形質のタイプを**表現型**という．

## 2.1 遺伝の基本法則

一方，遺伝子のタイプを**アレル**という．例えば，表現型 [A] 型を生み出すアレルは $A$ アレル，[O] 型を生み出すアレルは $O$ アレルとよばれる．各個体の遺伝子構成を表す**遺伝子型**は 2 個のアレルの組合せによって表現する．遺伝子型 $AA$ や $OO$ のように同じアレルを 2 個もつ遺伝子型個体を**ホモ接合体**とよび，遺伝子型 $AO$ のように異なるアレルをもつ個体を**ヘテロ接合体**という．

### 2.1.2 子や孫の遺伝子型が決まる仕組み（分離の法則）

2 倍体生物が次世代をつくる際には**減数分裂**（図 2.1）とよばれる特殊な細胞分裂を行う．これは，2 本の相同染色体のうち 1 本のみを**配偶子**，つまり**卵子**や**精子**に伝える巧妙な仕掛けである．ホモ接合体からは同じ型の配偶子しかつくられない．$AA$ ホモ接合からは $A$ アレルをもつ配偶子がつくられ，$aa$ ホモ接合からは $a$ アレルをもつ配偶子がつくられる．この 2 つのホモ接合体の交配から生まれる子，雑種第 1 代 ($F_1$) 個体はすべて，$A$ と $a$ のアレルをもつ $Aa$ ヘテロ接合体となる．この個体からは，$A$ が入ったものと $a$ が入ったものの 2

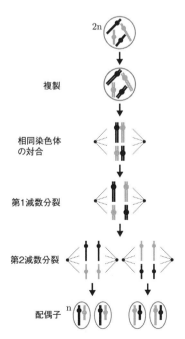

**図 2.1** 大小 2 種類の染色体をもつ (2n=4) 細胞の減数分裂

種類の配偶子がつくられることになる.

次に，このヘテロ接合体どうしの交配からどのような遺伝子型の子（雑種第2代，$F_2$）が生まれるか説明する．母からは2種類の卵子，$A$ と $a$ がつくられる．同様に，父からも2種類の精子，$A$ と $a$ がつくられる．しかも，この2種類の配偶子は同じ割合，つまり1:1の割合で現れる．この卵と精子が接合すると，図2.2のように，遺伝子型 $AA$ が1/4，$Aa$ が2/4，$aa$ が1/4の割合でできる．

この比は**二項展開**

$$\left(\frac{1}{2}A + \frac{1}{2}a\right) \times \left(\frac{1}{2}A + \frac{1}{2}a\right) = \frac{1}{4}AA + \frac{1}{2}Aa + \frac{1}{4}aa$$

によって表すこともできる．遺伝子の実体がわかる以前に，メンデル（Mendel, G. J., 1822-1884）は，形質は対になった因子（この例では $A$ と $a$）によって決定され，対の因子は配偶子をつくる際には分離し，1つだけが各配偶子によって伝えられるという説を提唱していた．そのため，このルールはメンデルの第1法則あるいは**分離の法則**とよばれる．

ここでいう割合とは，生じる子孫のうち各遺伝子型が現れると期待される頻度，つまり確率を表している．実際の観察頻度は必ずしもこれと一致しない．その理由については2.2節で解説する．

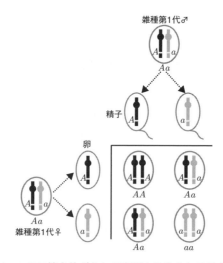

**図 2.2** $Aa$ ヘテロ接合体どうしの交配から生まれる子の遺伝子型

## 2.1　遺伝の基本法則　　　　　　　　　　　　　　　　　　　　　　　　　15

### 2.1.3　遺伝子型と表現型の関係（顕性と潜性）

　遺伝子型 $AA$ ホモ接合の表現型が [A] 型，$aa$ ホモ接合が [a] 型とすると，$Aa$ ヘテロ接合体の表現型はアレルの特性によって決まる．この表現型が $AA$ と同じ [A] 型であるとき，$A$ アレルを**顕性**，$a$ アレルを**潜性**であるという．それぞれ優性と劣性とよばれてきたが，誤解を招きやすいため改められた．実際，顕性，潜性はアレルの優劣ではなく，ヘテロ接合において形質が現れる，あるいは隠れるアレルを表しているにすぎない．例えば，フェニルケトン尿症の原因となるフェニルアラニンをチロシンへと変換する酵素（フェニルアラニンヒドロキシラーゼ）の突然変異は潜性である．この突然変異のヘテロ接合体の酵素量は半分かもしれないが，フェニルアラニンを分解できるため，症状は現れない．ただし，必ずしも顕性，潜性が明確なものだけではない．ヘテロ接合が両ホモ接合体の中間の表現型を示す場合や両方の性質が同時に現れることもある．例えば，マルバアサガオで赤色の花の系統と白色の花の系統を交配すると，雑種第 1 代は，中間のピンク色の花になる．これを**半顕性**（不完全顕性，部分顕性）という．また，血液型 [AB] 型は $AB$ ヘテロ接合によるが，2 つのアレル $A$ と $B$ の両方の性質が現れている．これを**共顕性**という．

　$A$ アレルが $a$ アレルに対し完全顕性である（$a$ アレルは完全潜性）とすれば，$Aa$ ヘテロ接合体の表現型は顕性である $A$ アレルのホモ接合と同じになる．したがって，ヘテロ接合どうしの交配からは，顕性の表現型がホモ接合 1/4 とヘテロ接合 2/4 の合わせて 3/4，潜性の表現型がホモ接合による 1/4 の割合で現れることになる．つまり顕性と潜性の形質が 3 対 1 の比で現れると期待される．

### 2.1.4　2 つの遺伝子の組合せの頻度が決まる仕組み（独立の法則）

　これまでは 1 つの遺伝子，1 つの形質だけを考えてきた．しかし，同時に複数の遺伝子を考え，すべての組合せの出現頻度を予測することもできる．まずは最も単純な，遺伝子が異なる染色体に乗っている場合を考える．

　エンドウマメの種子の形質 [丸] と [黄色] は，それぞれ [しわ]，[緑色] に対し顕性である．したがって，[丸] で [黄色] の種子をもつ系統と，[しわ] で [緑色] の種子をもつ系統を掛け合わせると，その $F_1$ はすべて [丸] く [黄色] の種子をもつ．この $F_1$ どうしを掛け合わせて生じる $F_2$ 個体を考える．

16　　　　　　　　　　　　　　　　　　　　　　　　　　　2. 遺伝の基本法則と染色体

　まず，それぞれの遺伝子を単体で考えてみる．形状については顕性である
［丸］い種子の個体が3/4の確率で，潜性の［しわ］の個体が1/4の確率で出現
するはずである．同様に，［黄色］の種子をもつ個体が3/4，［緑色］の個体が
1/4と期待される．もし，この2つの遺伝子が独立に分離，遺伝するとすれば，
組合せの確率は個々に期待される確率の積となる（乗法法則）．

　つまり，［丸］で［黄色］の種子をもつ個体は3/4（［丸］個体の出現頻度）×
3/4（［黄色］個体の出現頻度）＝9/16となる．その他の表現型の組合せの期待
頻度も同様に

$$(3/4\,[丸] + 1/4\,[しわ]) \times (3/4\,[黄色] + 1/4\,[緑色])$$

を展開して得られる．これをメンデルの第2法則あるいは**独立の法則**という．

　**例題 2.1**　［丸］で［緑色］，［しわ］で［黄色］の種子の個体，それぞれの出
現頻度を答えよ．

### 2.1.5　同一の染色体に乗った遺伝子の組合せの頻度（連鎖）

　メンデルの見いだした独立の法則は一般性はあるが，常に正しいわけではな
い．遺伝子が同じ染色体に乗っている場合には，異なる分離を示すことがあ
る．実際に遺伝学の初期の頃から，遺伝子の数が染色体数よりはるかに多いこ
と，そして連関して遺伝する形質は認められていた．ショウジョウバエの暗体
色（*black*, *b*）と痕跡翅（*vestigial*, *vg*）は潜性のアレルによって生じる．暗体色
で正常翅の雌（*b/b*, *vg⁺/vg⁺*，識別を容易にするため2本の相同染色体をス
ラッシュ/で区切っている）を野生型の体色で痕跡翅（*b⁺/b⁺*, *vg/vg*）の雄と交
配し，野生型のF₁個体を得る．このF₁雄を暗体色で痕跡翅の雌（*b/b*, *vg/vg*）
と交配する．暗体色遺伝子のみを考えれば，雄からは野生型遺伝子（*b⁺*）と暗
体色遺伝子（*b*）をもつ精子が同じ頻度でつくられる．一方，雌の卵はすべて暗
体色遺伝子（*b*）をもつことになる．したがって，F₂個体においては

$$\left(\frac{1}{2}b^+ + \frac{1}{2}b\right) \times (b) = \frac{1}{2}b^+/b + \frac{1}{2}b/b$$

となり，野生型体色個体が1/2，暗体色個体が1/2の確率で出現するはずであ
る．同様に，痕跡翅についても，正常翅と痕跡翅が同じ頻度で現れると期待さ
れる．

## 2.1 遺伝の基本法則

独立の法則が成り立てば

(1/2 野生型体色 + 1/2 暗体色) × (1/2 正常翅 + 1/2 痕跡翅)

から，野生型，暗色体，痕跡翅，暗体色で痕跡翅個体が，それぞれ 1/4 の割合で現れることになる．

しかし，実際には，暗体色 ($b/b$, $vg^+/vg$) と痕跡翅 ($b^+/b$, $vg/vg$) 個体がほぼ同数出現し，野生型 ($b^+/b$, $vg^+/vg$) や暗体色で痕跡翅 ($b/b$, $vg/vg$) 個体は現れない．つまり，親 (P) と同じ表現型のみが現れる．これは暗体色遺伝子 ($b$) と痕跡翅遺伝子 ($vg$) が独立ではなく，同一の染色体に乗っていて，挙動をともにするためである (図 2.3 (a))．この現象を**連鎖**とよび，このような一群の遺伝子を**連鎖群**という．実際，1つの染色体には多数の遺伝子が直列に並んで乗っていて，それらの遺伝子は離れることなく，ともに同じ生殖細胞に入る．暗体色の雌親の遺伝子型は ($b$ $vg^+$/$b$ $vg^+$)，痕跡翅の雄親は ($b^+$ $vg$/$b^+$ $vg$) であり，野生型の $F_1$ 雄は ($b$ $vg^+$/$b^+$ $vg$) となる．$b$ アレルは $vg^+$ アレルと同じ相同染色体にあり，$b^+$ アレルと $vg$ アレルが別の相同染色体上にある．そのため，この $F_1$ 雄からは，($b$ $vg^+$) や ($b^+$ $vg$) アレルの組合せをもつ精子はできても，($b^+$ $vg^+$) や ($b$ $vg$) の精子はつくれず，野生型や暗体色で痕跡翅の個体は現れない．

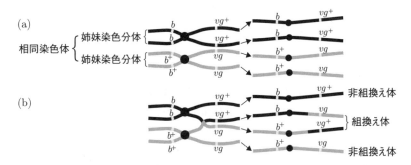

**図 2.3 連鎖と遺伝的組換え**

(a) では組換えがないが，(b) では $b$ 遺伝子と $vg$ 遺伝子の間で組換えが生じている．丸は動原体を表す．

## 2.1.6 同じ染色体に乗っていても，組換えが親と違った組合せをつくる

遺伝情報の伝達が染色体の分離だけで決まっているなら，染色体にいくら多くの遺伝子が乗っていても，1つの個体からは2種類の配偶子しかつくれないことになる．例えば，5個の遺伝子が乗った染色体について，$A B C D E/a b c d e$ 個体からは $(A B C D E)$ や $(a b c d e)$ のようなアレルの組合せの配偶子はつくれても，その他の $2^5-2=30$ 種の配偶子は生じない．しかし，実際には違う相同染色体に乗っている遺伝子を組み合わせる仕組みが存在し，**遺伝的組換え**とよばれる．先ほどの暗体色で正常翅のショウジョウバエ雌と野生型の体色で痕跡翅の雄との交配で得られた野生型の $F_1$ 個体のうち，今度は $F_1$ 雌 $(b\ vg^+/b^+\ vg)$ を暗体色で痕跡翅の雄 $(b\ vg/b\ vg)$ と交配する．この交配から生まれた $F_2$ 個体のうち，約41％が暗色体であり，33％が痕跡翅，17％が野生型で，残りの9％が暗体色であった．明らかに1:1:1:1の割合ではないが，親と違う表現型の個体を生じている．これは暗体色遺伝子 $(b)$ と痕跡翅遺伝子 $(vg)$ の間で遺伝子の**組換え**が起こったためである（図2.3 (b)）．実際には，配偶子をつくる減数分裂で，染色体が切れて相同染色体間で組換えを起こす**乗換え**が生じている．

$F_1$ 個体を潜性ホモ接合体と交配して生じた $F_2$ 個体の表現型を調べると，$F_1$ の配偶子の遺伝子構成を知ることができる．結果，すべての子の数に対する組換え型表現型の子の割合で組換え率を推定することができる．この例では，17＋9＝26％となる．この**組換え率**は，遺伝子間の距離が大きくない場合は，ほぼ2つの遺伝子間の距離に比例する．近ければ近いほど，染色体の切断と再接合が起こる確率は低く，遠ければ遠いほど，起きやすい．この発見に触発され，当時，まだ学生だったスターテバント（Sturtevant, A. H., 1891-1970）は，組換え率から染色体上の遺伝子の並び順が推定できることに気付き，実際に**遺伝子地図**をつくることに成功した．

ところで，$F_1$ 雄と $F_1$ 雌を使った場合で結果が違ったのは，キイロショウジョウバエの特殊性にある．実は，この種では雌では組換えが起きるが，雄では組換えが起きない．そのため，雄からは2種類の精子しかつくれなかったのである．

2.1 遺伝の基本法則　　　　　　　　　　　　　　　　　　　　　　　　19

**例題 2.2**　ショウジョウバエの黒檀体色 (*ebony, e*) は暗体色 (*b*) と同様に，体色が黒くなる潜性の突然変異である．ただし，この突然変異は第 3 染色体にあって，第 2 染色体上の暗体色や痕跡翅 (*vg*) とは独立に遺伝する．正常翅で黒檀体色の系統 (*vg⁺/vg⁺, e/e*) と痕跡翅で野生型の体色の系統 (*vg/vg, e⁺/e⁺*) との交配による F₁ 個体 (*vg⁺/vg, e⁺/e*) の見かけの組換え率，つまり親と違う表現型の子孫の割合を予想しなさい．この場合，2 つの遺伝子は異なる染色体にあるためメンデルの独立の法則が成り立つ．これが組換え率の上限となる．

### 2.1.7　特殊な遺伝をする性染色体

　雌雄で，現れる遺伝子型あるいはその頻度が違う場合がある．**性染色体**とよぶ 1 組の染色体は，他のすべての染色体 (**常染色体**) と違って，長さや中身が違う 2 種の染色体からなる．ヒトやショウジョウバエであれば，雌は XX，雄は XY であり，雌雄で違う構成になる．この Y 染色体上には，本来は X 染色体と同じ遺伝子が乗っていたはずだが，多くは壊れ，機能をもつ遺伝子はごく少数に限られている．そのため，雄は，性染色体の多くの遺伝子を常染色体のように 2 コピーではなく，1 コピーしかもっていない．この状態をホモ接合やヘテロ接合と区別して，**ヘミ接合**という．このことが特殊な**遺伝様式 (伴性遺伝)** を生むことになる．

　白眼突然変異 (*white, w*) は，モーガン (Morgan, T. H., 1866-1945) がショウジョウバエで最初に見いだした突然変異である．この遺伝子は X 染色体上にあり，この遺伝子が壊れた白眼突然変異は潜性である．この白眼の雌 (*w/w*) を野生型の雄 (*w⁺/Y*) と交配すると，F₁ の雄はすべて白眼に，雌はすべて野生型の赤眼になる (図 2.4 (a))．

　この白眼の雌親が生む卵は 1 種類で，すべて *w* を伝える．野生型の雄の精子には 2 種類あり，1 つは野生型の *w⁺* 遺伝子をもつもの，そしてもう 1 つは Y 染色体をもつものである．*w* の卵に *w⁺* の精子が受精すれば，赤眼の雌を生じることになる．なぜなら，性染色体の構成が XX のヘテロ接合 (*w⁺/w*) だからである．一方，*w* の卵に Y の精子が受精すれば，*w*/Y 個体を生じる．性染色体の構成から，これは雄であり，しかも機能の壊れた *w* 遺伝子しかもたないために白眼となる．

　他方，野生型の雌 (*w⁺/w⁺*) を白眼の雄 (*w/Y*) と交配すると，F₁ は雌雄ともに野生型の赤眼になる (図 2.4 (b))．なぜなら，雌は *w⁺/w* のヘテロ接合で

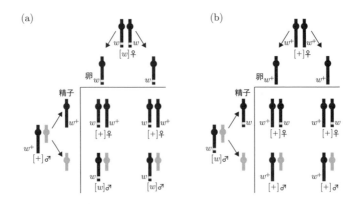

**図 2.4 伴性遺伝**
(a) 白眼の雌 ($w/w$) と野生型の雄 ($w^+/Y$) の交配．(b) 野生型の雌 ($w^+/w^+$) と白眼の雄 ($w/Y$) の交配．灰色の小さな染色体はY染色体を，黒色の大きな染色体はX染色体を表す．

あり，雄は $w^+/Y$ のヘミ接合となり，いずれも1個の野生型の遺伝子をもっているからである．

このように，雌は母親，父親の両方からX染色体を受け継ぐが，雄は母親のみからもらうことになる．そのため，常染色体と違って，子の性別によって表現型の出現頻度に違いが出ることがある．

---

**王家の病**

血友病はX染色体上の血液凝固因子遺伝子の欠損によって，血液の凝固に異常をきたす遺伝病である．潜性のため，ヘテロ接合の女性は血友病を発症しない．この血友病で有名なのは，ロシア帝国の最後の皇太子，アレクセイ・ニコラエヴィチ・ロマノフ (Alexei Nikolaevich Romanov, 1904-1918) である．この血友病遺伝子は，保因者（ヘテロ接合体）であったイギリス皇室のヴィクトリア女王 (Alexandrina Victoria, 1819-1901) から2代の女性の保因者を通じ，ひ孫の皇太子に伝えられることとなった．このように，保因者であったヴィクトリア女王の娘たちからドイツ，スペイン，ロシア王室へと広がったため，血友病は「王家の病」とも言われる．一方で，イギリス王室は健常人であったエドワード7世 (Albert Edward, 1841-1910) が引き継ぐことになった．彼はヘテロ接合であるヴィクトリア女王から野生型の遺伝子を受け継いだのである．

## 2.1.8 染色体が正しく分配されないことがある

染色体数は世代から世代へと常に同じ数に保たれる．そのための仕組みが**減数分裂**であることはすでに述べた．2本あった相同染色体の1本のみを生殖細胞へ伝え，nの卵にnの精子が受精し，2nの2倍体を生む．もし，この減数分裂時の染色体の分配に間違いがあれば，本来，各相同染色体が1本ずつあるはずが，ある染色体が2本あったり，1本もなかったりすることになる（図2.5）．これが1本ずつもつ正常な配偶子と接合すれば，3本と余計になるか，1本しかないことになる．これを**異数性**とよび，前者を**三染色体性**あるいは**トリソミー**，後者を**一染色体性**あるいは**モノソミー**という．

こうした異数性は有害で，一般に，1本多いより，1本少ない方がその効果が大きい．実際，ヒトのモノソミーはすべて出生前に致死となる．唯一の例外がX染色体で，性染色体がXOの女性はターナー症候群とよばれ，いくつかの特徴を示す．トリソミーは性染色体に加え，13番，18番，21番染色体で知られている．最もよく知られているのは21番染色体のダウン症候群である．

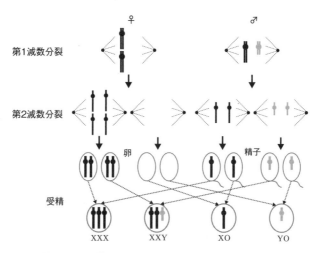

図 2.5 雌の第1減数分裂でX染色体の不分離が生じたときの子の遺伝子型

22                                                                    2. 遺伝の基本法則と染色体

---

**35 歳以上の女性で頻発する染色体不分離**

　染色体を正しく分配するための分子的チェック機構によって，**染色体不分離**の発生率は低く抑えられている．酵母では減数分裂 10000 回に 1 回程度，ショウジョウバエの X 染色体で数千回に 1 回程度である．また，マウスの異数体の発生率も 1～2% と推定されている．ヒトの男性はマウスとほぼ変わらないが，女性，特に 35 歳以上の女性では異数体の発生率が年齢とともに異常に高まり，卵の 10～40% が異数体である．その理由の 1 つは組換え（**交叉**）のない染色体の頻度が高いことである．実際，組換えは正しい染色体分配に重要で，交叉によって相同染色体を分裂時まで繋ぎ止める働きをする．しかし，それだけでは年齢の影響が説明できない．精子形成と違って，卵形成はすでに母親のお腹の中にいる胎児の時期に始まっている．出生前に相同染色体の対合，シナプス形成，組換えが起こり，卵は第 1 減数分裂の途中で，長い停止状態に入る．その後，受精の刺激を受けて，減数分裂を完了する．女性で染色体不分離の発生率が高い理由として，数十年という長い停止期の間に，対合した染色体を繋ぎ止める分子（コヒーシン）が崩壊することが考えられている．

---

## 2.2　偶然と検証

　ここまでは 1/4 とか 1/2 とかの確率で，子の表現型の出現頻度を説明してきた．これは同じ条件で生まれる子が無数にいるときに，全体の 1/4 や 1/2 の割合の子が，その表現型を表すという**期待値**を表している．しかし，実際には，子の数は有限であり，各表現型の子の数は，偶然によって実験ごとに大きく変動することになる．この偶然の働きと期待値（仮説）を検証する方法を解説する．

### 2.2.1　有限の数の観察結果が生じる確率

　メンデルはエンドウマメの交配実験から遺伝の法則を発見した．彼が使ったエンドウマメには種皮の色を紫にする顕性のアレルと白となる潜性のアレルがある．これと一致して，紫の種皮の系統と白の系統を掛け合わせると，次世代（$F_1$）では紫のみが現れる．次に，この $F_1$ どうしを掛け合わせると，紫と白が 3：1 の割合で現れることになる．$F_2$ の 4 個体について観察すれば，3 個体が紫で，1 個体のみが白いことが期待される．実際に，この結果を得る確率を以下に求める．

## 2.2 偶然と検証 23

「ある $F_2$ 個体の種皮の色が白い」といった1つの観察結果を**事象**とよぶ.ここで,「$F_2$ の4個体の中には,種皮が紫のものが3個体と白のものが1個体ある」という実験結果は単一の事象ではない.調べた4個体中で白の個体が最初に現れるかもしれないし,2番目かもしれない.あるいは3番目かも,4番目かもしれない.実際,ここでは何番目の個体が白かったかは問題としない.ただし,これら4つの事象は同時に実現しない.このような事象は**互いに排反**であるという.このとき,この4つの事象全体(複合事象)の確率は各事象の確率の和となる.

ここで,メンデルの法則に従い,種皮の色が白である確率を 1/4 とし,紫である確率を 3/4 と仮定する(1/4+3/4=1).この確率はすべての $F_2$ 個体にあてはまるはずである.1番目の個体の種皮が紫であっても,白であっても,2番目の個体の種皮の色が紫である確率はやはり 3/4 であり,白である確率は 1/4 である.紫が続いたからといって,次の個体の種皮が白い確率は上がらない.このような場合,1番目の種皮の色,2番目の種皮の色,3番目の種皮の色,…は,それぞれ確率的に独立であるという.このとき,(白,紫,紫,紫)の結果が得られる確率は,それぞれの事象の確率の単純な積となる(**乗法法則**).したがって,$(1/4)(3/4)(3/4)(3/4) = 3^3/4^4$ となる.

白の個体が2番目に現れる場合も,3番目,4番目に現れる場合も,この確率は変わらない.したがって,「$F_2$ の4個体の中には,種皮が紫のものが3個体と白のものが1個体ある」という確率は

$$4 \times \frac{3^3}{4^4} = \left(\frac{3}{4}\right)^3 = 0.422$$

となる.ここで,"4" という係数(**二項係数**)は,4個体を区別して,その中から白い種皮をつける1個体を選ぶとき,あるいは紫の種皮の3個体を選ぶときの選び方の数

$$_4C_1 = \binom{4}{1} = {}_4C_3 = \binom{4}{3} = \frac{4!}{1!\,3!} = 4$$

を表している.ここで

$$n! = 1 \cdot 2 \cdots (n-1) \cdot n$$

であり,一般に

$$\binom{n}{r} = \binom{n}{n-r} = \frac{n!}{r!\,(n-r)!}$$

24                         2. 遺伝の基本法則と染色体

が成り立つ. つまり, 同じ試行を何度も繰り返した中で, 期待通りに「$F_2$の4個体の中には, 種皮が紫のものが3個体と白のものが1個体ある」という結果が起きるのは42%にすぎず, 残りの58%のケースでは, 紫と白は3：1の割合で出現しない. 例えば, 4個体とも紫の種皮である確率 (紫, 紫, 紫, 紫) は

$$\binom{4}{4}\left(\frac{3}{4}\right)^4\left(\frac{1}{4}\right)^0 = \left(\frac{3}{4}\right)^4 = 0.316$$

となり, 10回に3回は, 4個体とも紫の種皮をつけることになる. 一方, 4個体とも白い種皮である確率は

$$\binom{4}{4}\left(\frac{3}{4}\right)^0\left(\frac{1}{4}\right)^4 = \left(\frac{1}{4}\right)^4 = 0.004$$

となり, 100回に1回も起こらない.

これを一般式に拡張する. 繰り返し行う独立な試みで, それぞれの試みで2つの結果だけが起こり (紫か白, 他の色は生じない), それぞれの確率を$p$と$q$とする. つまり$p+q=1$. このとき, $n$回の試みの中で確率$p$で起こる結果が$r$回観察される (残りの$n-r$回は, 確率$q$の結果が起こる) 確率は**二項分布**に従い

$$_nC_r\, p^r q^{n-r} = \frac{n!}{r!\,(n-r)!}\, p^r q^{n-r}$$

で与えられる.

**例題 2.3** $F_2$の4個体の中には, 紫の種皮をつけたものが2個体, 白い種皮をつけたものが2個体となる確率, 紫の種皮が1個体, 白い種皮が3個体となる確率をそれぞれを計算しなさい. また, 他の3つの場合と合わせた確率の和を計算しなさい.

### 2.2.2 期待値と観察値のズレを評価する

実際に, $F_2$の4個体を観察したら, すべて紫の種皮だったり, 紫の種皮と白い種皮の個体が同数現れたりすることもしばしばあることがわかった. では, どれくらい観察値が期待値からズレていれば, 矛盾すると言えるだろうか. 私たちは観察値が期待値と一致することを証明することはできないが, 矛盾するかどうかは**統計検定**によって検証することができる.

統計検定は仮説を立てることから始まる. 例えば, 「紫の種皮と白い種皮が

## 2.2 偶然と検証

3：1の割合で出現する」などがそうで，この仮説のもと，実際の観察結果が得られる確率を計算する．したがって，「紫の種皮の個体の方が白の種皮より多い」といった確率計算が困難なものや明確でないものは，検証に値する仮説と成り得ない．また，検定は仮説が正しいことを証明するものではない．仮説「紫の種皮と白い種皮が3：1の割合で出現する」が唯一の正しい解であるとは証明できない．例えば，3：1と同様，3.1：1や2.9：1を否定することもできないかもしれない．逆に，「紫の種皮と白い種皮の個体が3：1の割合で出現する」が正しいと思えないことは，計算で得られた確率に基づいて推測可能である．つまり，統計検定は"正しい"ことを証明するのではなく，**"正しくなさそうだ"** ということを明らかにする手段である．このため，"正しくなさそうだ"ということを明らかにしようとする仮説を**帰無仮説**という．

ここでは，**G検定**（対数尤度比検定）として知られる**適合度検定**を解説する．実験結果として，紫の種皮の系統と白い種皮の系統の$F_1$（紫の種皮）どうしを交配し，紫の種皮の60個体，白い種皮の40個体が得られたとしよう．

ここで，帰無仮説は「分離の法則，顕性・潜性の法則に従い，紫の種皮と白い種皮の個体は3：1の割合で出現する」とする．帰無仮説が正しいとして，仮説通りの観察結果が得られる確率は

$$P_e = \binom{100}{60}\left(\frac{3}{4}\right)^{60}\left(\frac{1}{4}\right)^{40} = 0.00036263$$

で与えられる．実際の観察頻度，紫 60/100 と白 40/100 が出現頻度を表しているとすれば，確率は

$$P_o = \binom{100}{60}\left(\frac{60}{100}\right)^{60}\left(\frac{40}{100}\right)^{40} = 0.08121915$$

となる．この2つの確率の比（尤度，$L = P_o/P_e$）

$$L = \frac{0.08121915}{0.00036263} = 223.9725$$

を統計量とする．実際には，$G = 2\ln L$，すなわち10.823が検定統計量（対数尤度比）となる．

もし，観察値が期待値通りの結果になれば，尤度は1，$G$値は0となる．違っていれば，$G$値は0より大きくなる．そして，この$G$値は帰無仮説が正しく，サンプル数が大きいと近似的に**$\chi^2$分布**（図2.6 (a)）に従う．なお，$\chi^2$分布は**自由度**という変数を指定しないと分布が決まらない．この場合，自由度

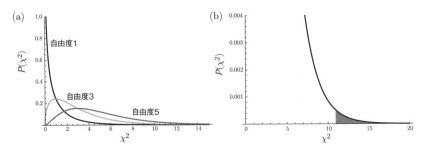

**図 2.6** $\chi^2$ 分布
(a) 自由度 1, 3, 5 の $\chi^2$ 分布. (b) 自由度 1 の $\chi^2$ 分布上で値が 10.823 と同じか，それよりズレた領域を灰色で示す．

はクラスの数 (この例では，紫と白の 2 クラス) から 1 を引いたものである．これは，各クラスの数はそれぞれ自由に変われるわけでなく，総数を一定にしているために最後の数は，他が決まれば，自ずと決まってしまうためである．例えば，総数が 100 で，60 個体が紫の種皮をもつとすれば，白の種皮をもつものは 40 個体のはずである．

$G$ 値と自由度から確率を求める．ただし，ここで求める確率は $G$ 値 10.823 が得られる確率ではなく，10.823 と同じか，あるいはこれよりもさらにズレた結果を得る確率である (図 2.6 (b)). 表 2.1 のような $\chi^2$ 分布表は，各自由度，確率 (**有意水準**) に対し，$\chi^2$ 値を与える．例えば，自由度 1 で，$\chi^2$ 値が 3.841 あるいはそれ以上にズレる確率は 5% であり，6.635 以上にズレる確率は 1% しかない．今回の $G$ 値 10.823 と同じかそれ以上に大きくズレる確率は 1% より小さく，ほぼ 0.1% である．言い換えると，出現頻度を 3 : 1 と仮定すると，100 個体中に紫の種皮をもつものが 60 個体，白い種皮をもつものが 40 個体現れるのは，1000 回に 1 回程度しか起こらないことになる．

**表 2.1** $\chi^2$ 分布の棄却値

| 自由度 | 有意水準 | | | | | |
|---|---|---|---|---|---|---|
| | 0.9 | 0.5 | 0.1 | 0.05 | 0.01 | 0.001 |
| 1 | 0.016 | 0.455 | 2.706 | 3.841 | 6.635 | 10.828 |
| 2 | 0.211 | 1.386 | 4.605 | 5.991 | 9.210 | 13.816 |
| 3 | 0.584 | 2.366 | 6.251 | 7.815 | 11.345 | 16.266 |

## 2.2 偶然と検証

### 適合度検定 — $G$ 検定の実際

観察値と期待値の適合度を検定する $G$ 検定の計算はもう少し容易になる. いま, 2つのクラスの観察値を $f_1$ と $f_2$ $(f_1+f_2=n)$ とし, それぞれの期待値を $\hat{f_1}$, $\hat{f_2}$ とする. このとき, 前述の2つの確率は

$$P_\mathrm{o} = \binom{n}{f_1}\left(\frac{f_1}{n}\right)^{f_1}\left(\frac{f_2}{n}\right)^{f_2},$$

$$P_\mathrm{e} = \binom{n}{f_1}\left(\frac{\hat{f_1}}{n}\right)^{f_1}\left(\frac{\hat{f_2}}{n}\right)^{f_2}$$

で与えられる. したがって

$$\ln L = \ln\left(\frac{P_\mathrm{o}}{P_\mathrm{e}}\right) = \ln\left\{\frac{\binom{n}{f_1}\left(\frac{f_1}{n}\right)^{f_1}\left(\frac{f_2}{n}\right)^{f_2}}{\binom{n}{f_1}\left(\frac{\hat{f_1}}{n}\right)^{f_1}\left(\frac{\hat{f_2}}{n}\right)^{f_2}}\right\} = f_1\ln\left(\frac{f_1}{\hat{f_1}}\right) + f_2\ln\left(\frac{f_2}{\hat{f_2}}\right),$$

$$G = 2\ln L = 2\left\{f_1\ln\left(\frac{f_1}{\hat{f_1}}\right) + f_2\ln\left(\frac{f_2}{\hat{f_2}}\right)\right\}$$

となる. これはクラスの数 $a$ が2より多くても成り立つ. よって

$$G = 2\sum_{i=1}^{a} f_i\ln\left(\frac{f_i}{\hat{f_i}}\right)$$

となる. ここで, 自由度は $a-1$ である.

実際の計算過程を表 2.2 に表す. よって

$$G = 2\ln L = 2\times 5.4115 = 10.823$$

となる. 自由度1で, 確率 $P<0.01$. したがって, 観察値は有意水準 0.01 で有意に期待値からズレている. 紫と白の出現頻度は3：1から有意に違うと結論できる.

**表 2.2 $G$ 検定のための計算**

| 表現型 | 観察値 $f$ | 期待頻度 | 期待値 $\hat{f}$ | $\dfrac{f}{\hat{f}}$ | $f\ln\dfrac{f}{\hat{f}}$ |
|---|---|---|---|---|---|
| 紫 | 60 | $\dfrac{3}{4}$ | $\dfrac{3}{4}\times 100 = 75$ | $\dfrac{60}{75} = 0.80$ | $60\ln 0.80$ $= -13.3886$ |
| 白 | 40 | $\dfrac{1}{4}$ | $\dfrac{1}{4}\times 100 = 25$ | $\dfrac{40}{25} = 1.60$ | $40\ln 1.60$ $= 18.8001$ |
| 和 | 100 | | 100 | | $\ln L = 5.4115$ |

通常，観察結果と同じか，それよりさらにズレた結果を得る確率が5％より小さければ，つまり20回に1回も起きなければ帰無仮説を棄却する．しかし，逆にいえば20回に1回は起こる．したがって，帰無仮説を棄却したことは間違いかもしれない．これを**第1種過誤**という．統計検定の利点は，このような間違いの確率をコントロールできることにある．確率が5％より小さいからと帰無仮説を棄却するより，確率が1％より小さいから棄却した方が間違いは少ない．0.1％の確率で判断できれば，さらに結論に自信がもてるだろう．こうした第1種過誤の確率を0.05や0.01などの百分率で表し，**有意水準**とよぶ．統計検定では結論の信頼度の指標としてこの確率を示すことが常に要求される．

ここで取り上げた観察結果は，有意水準0.01（$P < 0.01$）で有意に期待値からズレていた．したがって，帰無仮説を棄却し，別の仮説を採択することになる．帰無仮説が正しくないときに採用される仮説を**対立仮説**という．この例では，「紫の種皮と白い種皮の個体の出現頻度は3：1ではない」となる．実際の出現頻度は3.1：1かもしれないし，2.9：1かもしれないが，それはこの帰無仮説が否定されただけからはわからない．もし重要なら，次にそれを帰無仮説として検証すればよい．

**例題 2.4** 血液型［A］型，［AB］型，［B］型が1：2：1の割合で出現しているか検証するため，$G$検定を行い，$G$値＝4.83を得た．この結果からの結論を述べよ．

## 2.3 エピジェネティクス

ヒトの細胞1個に含まれる46本の染色体のDNAを全部つなげると2mにもなる．しかし，核内ではDNAは**ヒストン**とよばれるタンパク質に取り巻かれ，1/10000くらいまで小さく折り畳まれている．DNAとタンパク質の重合体は繰返し構造をつくっていて，これを**クロマチン**とよぶ．DNAの塩基（A，T，G，Cの4種）の並びや数に起こる変化以外にも，クロマチンに起こった化学的な変化（修飾）によって遺伝子の働き（発現）が変わることもある．しかも，この変化は体細胞分裂，減数分裂を経て，娘細胞や子孫にまで伝えられる場合もある．その結果，通常のルールと違う遺伝様式を生み出すことになる．このような化学的変化とそうした変化の生物への影響を研究するのが**エピジェネティクス**とよばれる研究分野である（分子レベルの詳細は6.2.6参照のこと）．

## 2.3.1 マラーの変異型位置効果

X線は突然変異を誘発する．眼の色でも体色でも，あるいは他の形質でも，誘発突然変異の中に，その形質が不規則に，まだら（斑入り）に現れるものがあることをマラー（Muller, H. J., 1890-1967）は見いだした．このような突然変異はいずれも，当該遺伝子が逆位（染色体の一部，断片が切断，逆向きに再結合したもの）などの染色体の構造変異によって**ヘテロクロマチン**（異質染色質）領域の近傍へ移動したことによって生じ，変異型の**位置効果**とよばれる．ヘテロクロマチンとは動原体周辺などにみられ，反復配列で構成され，遺伝子の活性が低く抑えられた不活性な領域である．

いま，X，Y，Zの3つの遺伝子が，逆位によってたまたまヘテロクロマチン（H）領域の近くに移動し，ZYXHの配置となったとする．このとき，Xのみ，XとY，あるいは3つの遺伝子が同時に不活性化されることはあっても，ZのみやZとYのみが不活性化されることはない．ヘテロクロマチン領域に近い遺伝子から不活性化が起こり，それが波のように広がっていくと考えられている．この不活性化にはヒストンタンパク質のメチル化などのクロマチン修飾の変化（**エピジェネティック変化**）がかかわっている．通常は，何らかの障壁によってヘテロクロマチン領域からの不活性化の広がりは抑えられているが，逆位などによって，この障壁を超えてしまうと不活化の影響を受けることになる．この不活化の広がりは不規則で，不活化の領域は一定でない．したがって，個々の細胞の結果は確率的にしか予想できない．ただし，一度，不活性化されると，細胞分裂を超えて保持される傾向にある．

## 2.3.2 遺伝子量補償

ショウジョウバエの白眼遺伝子座のアレル $w^a$ は，野生型遺伝子 $w^+$ と質的には同じ機能をもつが，量的に劣るアレル（**ハイポモルフ**）である．完全に機能が壊れた**ヌルアレル**の $w$ 遺伝子では白眼になるが，$w^a$ では野生型の赤茶色より薄い杏色になる．$w^a$ 遺伝子を1個だけもつ雌（もう1つは $w$，つまり，$w^a/w$ のヘテロ接合）より2個もつ雌（$w^a/w^a$ のホモ接合）の方が，眼の色は野生型に近づき，濃くなる．ところが，1個しか $w^a$ 遺伝子をもたない雄（$w^a/Y$）の眼の色は，$w^a$ 遺伝子を1個しかもたない雌ではなく，2個もつ雌と同じ色になる（図2.7）．この観察からマラーは，雄にはX染色体数の不足を補い，X染色体上の遺伝子からつくられる産物量を雌雄で等しくする制御機構があると予

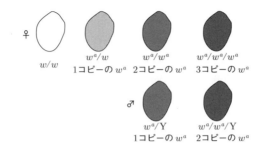

**図 2.7 遺伝子量補償**
ショウジョウバエの白眼遺伝子のアレル ($w^a$) の雌雄で異なる表現型. 実際の $w^a$ の眼は杏色である.

|  | ♀ | ♂ |
|---|---|---|
| 線虫 | xx AA / XY AA |
| ショウジョウバエ | XX AA / XY AA |
| ヒト | XX AA / XY AA |

**図 2.8 遺伝子量補償の3つのメカニズム**
雌雄のX染色体数の違いによる発現量の違いを補償するため, 大きいXで示すX染色体が高活性化され, 小さいXで示すX染色体の活性がほぼ半分に抑制される. また, 灰色で示すX染色体は不活性化される.

想し, これを**遺伝子量補償(補正)**とよんだ.

遺伝子量補償の方法は生物種によって異なるが, いずれもクロマチンの変化を伴っている. ショウジョウバエでは雄のX染色体を高活性化することで, X染色体を1コピーしかもたない雄の遺伝子産物量を2コピーもつ雌と同じにしている. 線虫 *C. elegans* (シーエレガンス, *Caenorhabditis elegans*) のXXは雌雄同体へ, XOは雄へと発生する. X染色体数の不均衡は, 雌雄同体の2本のX染色体の両方を約1/2に低活性化することで補正される. 一方, ヒトをはじめ哺乳類では, 以下のところで説明するように, 雌の2本のX染色体の片方を不活化することで雌雄の違いを補正している. このように, 遺伝子量補償の方法は多様で, 複数の起源をもっている (図2.8).

## 2.3　エピジェネティクス　　31

### 2.3.3　X染色体不活化

　マウスのX染色体に連鎖した毛色の突然変異のヘテロ接合体 (つまり雌) は，いずれもまだら模様 (ぶち，モザイク) となる．一方，X染色体を1本しかもたない XO 雌が正常であることから，雌では2本あるX染色体の一方が胚発生の早い段階で不活性化されると予想された．突然変異の染色体が不活性化されても毛色は正常だが，野生型遺伝子の染色体が不活性化されると突然変異の表現型を示すことになる．細胞によって異なるX染色体が不活性化されることでモザイク模様がつくられる．

　一般に，哺乳類の雌にみられるX染色体の不活性化は父方，母方由来に関係なくランダムに起こる．不活性化はマスタースイッチ遺伝子 Xic (X chromosome inactivation center) から**非コード RNA**，Xist (X-inactive-specific transcript) が合成されることで開始される．この転写がクロマチンの変化の引き金となり，ヒストンタンパク質の修飾と入替え，DNAのメチル化などの化学的変化が染色体全体に広がり，不活性化へと導く．活性のあるX染色体と不活化された染色体の違いは，このようなクロマチン構造の変化によっていて，一度，決められると細胞分裂を超えて受け継がれる．また，この不活化によって雌雄で機能的なX染色体の数が一致することになる．

### 2.3.4　ゲノムインプリンティング

　哺乳類のような2倍体生物では，父親から1コピー，母親から1コピーの遺伝子を受け継ぎ，合わせて2コピーもつことになる．機能喪失型の突然変異の多くは潜性であるために，一方の遺伝子が壊れていても，残りが正常であれば，表現型は野生型とほぼ等しくなる．しかし，一部，父方と母方の由来によって遺伝子の働きが違う場合がある．例えば，マウスの *Igf2r* 遺伝子は母方由来の遺伝子のみが活性をもち，父方由来の遺伝子は不活化されている．一方，*Igf2* 遺伝子は父方由来の遺伝子のみが活性化されている．このような場合は，常染色体上の潜性突然変異のヘテロ接合であっても，野生型遺伝子が不活性化されると突然変異の形質が現れることになる．突然変異が父，母のどちらの親に由来するか (親起源) によって ON，OFF が異なるのは，**ゲノムインプリンティング**とよばれる遺伝子への刷込み，クロマチン修飾の違いによる．このようなインプリンティング遺伝子がヒトやマウスの**ゲノム** (1倍体に相当する一揃いの遺伝情報) には数百ある．

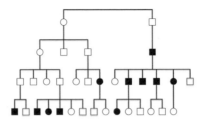

**図 2.9 インプリンティング遺伝子の異常による疾患の遺伝様式**
○は女性を，□は男性を表し，色付き（●，■）で患者を示す．
(Heutink, P. *et al*., Hum. Mol. Genet. 1 (1992) より改変)

　インプリンティング遺伝子に生じた突然変異は，伴性遺伝とも違う特殊な遺伝様式で形質を伝えることになる．図 2.9 は，家族性パラガングリコーマ症候群の家系図を示したものである．男性も女性も発症することから性染色体上の突然変異の伴性遺伝とは違っている．また，世代を飛び越えて現れていることから単純な常染色体顕性遺伝とも違っている．顕著な特徴は必ず父親からアレルを受け継いだときにだけ，子が発症する可能性があることである．これは親起源によって発現が違うインプリンティング遺伝子の障害と考えられている．

---

**もう1つのエピジェネティクス**

　「エピジェネティック」という言葉を編み出したのはウォディントン (Waddington, C. H., 1905-1975) である．当時，胚には，すでに小さな成体がいて，発生はそれを成長させるだけにすぎないという考えがあった．それに対し，ウォディントンは，構成因子の間の一連の相互作用を通して胚が形作られるという仮説を提唱し，これを「エピジェネシス」と名付けた．そして，形などの表現型をつくりあげる遺伝子やその産物の相互作用を研究する学問分野として「エピジェネティクス」という言葉を生み出した．遺伝子型と表現型の関係がしなやかで，表現型の可塑性に通ずる考えは多くの研究者の興味を引いてきた．特に，生態学や生理学の分野で，環境によって変わる表現型を記述するのに，ウォディントンのエピジェネティクスが用いられている．他方，遺伝学のエピジェネティクスは，遺伝子発現に影響するクロマチンの状態と，それが細胞，世代を超えて伝わる仕組みの研究に用いられている．いずれにしろ，最終的には遺伝子の発現も表現型へとつながらなければ意味がない．両者はどこかで1本の道に通じるはずである．そして今ちょうど，私たちはその合流点にさしかかろうとしている．

演習問題

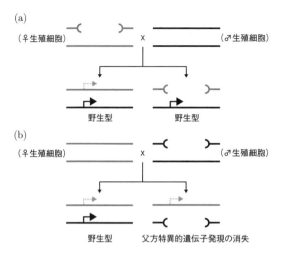

**図 2.10　親起源で異なるインプリンティング遺伝子の欠損（括弧）の影響**
母方由来の遺伝子（灰色）はインプリンティングによって不活性化されていて，父方由来の遺伝子（黒色）のみが活性をもつモデル．右側の子は，(a) と (b) で遺伝子型（ヘテロ接合）は変わらないが，突然変異が母方由来か (a)，父方由来か (b) で，表現型は異なる．

図 2.10 で，母方由来の遺伝子がインプリンティングによって不活性化され，父方由来の遺伝子のみが活性をもつモデルを考える．ここで，父，母のいずれかが突然変異（括弧で示す）のヘテロ接合とする．図 2.10 (a) では，母がヘテロ接合で，1/2 の確率で突然変異を子に伝えることになる（右側の個体）．しかし，いずれにしろ父方由来の遺伝子が活性をもっていて障害とならない．対して，父から突然変異遺伝子を受け継いだヘテロ接合の子（図 2.10 (b) の右側の個体）は，母方由来の遺伝子がインプリンティングによって不活性化されていて，活性のある遺伝子を1個ももたない．この場合，父から突然変異遺伝子を受け継ぐときだけ突然変異の形質が現れることになる．

## 演習問題

**2.1**　モルモットの遺伝子型 $BB$ は毛が黒色になり，$bb$ は白となる．アレル $B$ は $b$ に対し顕性である．$BB$ 個体と $bb$ 個体を交配し，さらにその $F_1$ どうしの交配から $F_2$ を得た．黒毛の $F_2$ のうちヘテロ接合の割合を答えなさい．

**2.2** 乳牛のデクスター種はケリー種の改良種で，脚が短いのが特徴である．ケリー種の遺伝子型が *DD* であるのに対し，デクスター種は *Dd* ヘテロ接合である．ここで，*dd* ホモ接合は致死となる．角は別の遺伝子座の潜性のアレル *p* によって支配されていて，無角牛は顕性のアレル *P* によってつくられる．遺伝子型 *DdPp* の無角のデクスター種どうしを交配した．2つの遺伝子は独立に遺伝すると仮定して，この交配で生じる子孫の表現型比を答えなさい．

**2.3** 孵化してすぐのニワトリの雛の性別を知るのは難しい．孵化したての雛でもわかる伴性顕性遺伝する体色変異 *M* を用いて，雛の性がすぐにわかるような交配様式を編み出しなさい．ただし，ヒトやショウジョウバエと違って，鳥や蝶の性染色体構成は雄が ZZ，雌が ZW となる．体色変異 *M* は Z 染色体に乗っているとする．

**2.4** 標準的な感染率が25％である家畜の疾病に対する新開発の抗血清を試験し，次の2つの結果を得た．（1）10頭の試験動物が1頭も感染しなかった．（2）17頭の試験動物のうち1頭のみが感染した．いずれの場合が血清の効果を肯定するより強い証拠となるかを答えなさい．

**2.5** ヒトの X 染色体のトリソミー（2n＝47, XXX，女性）は XXX 症候群とよばれるが，多くは目立った症状もなく表現型は正常に近い．この理由を，遺伝子量補償の観点から述べなさい．一方，2n＝47, XXY の男性は X 染色体が1本多い状態で，クラインフェルター症候群とよばれる．不妊となりやすいが，全般に症状は軽微であることが多い．この事実から，遺伝子量補償についてどういったことが推論可能かを述べなさい．

# 3 細菌とファージの遺伝学

　本章では，細菌とファージの分子遺伝学の果たした意味について解説する．
細菌とファージの遺伝学は古典的なメンデル遺伝学と現在趨勢の分子生物学を
つなぐ位置付けと考えてよい．メンデル遺伝学の成果は3つの法則に集約され
るが，その本質は様々な形質に対応するそれぞれの遺伝子を染色体上の「点」
として概念化し，その挙動の解析から遺伝現象を理解しようとしたことにあ
る．「点」から出発し，遺伝子の概念をより具象化し，展開しようとする試み
そのものが，この遺伝学であったといえるだろう．その手段として大腸菌を中
心とする細菌とそのウイルスであるファージ（バクテリオファージ）の研究が
中心的な役割を果たした．もはや古典的ともいえる細菌とファージの遺伝学
を，遺伝子の概念が拡張，展開されていく過程として捉え直すのは，意義ある
ことかもしれない．また，遺伝子操作技術の理解にもこの分野の知識が必要な
のは言うまでもない．

## 3.1 ファージの遺伝学

### 3.1.1 ファージ学の開始

　すでに 1900 年代初期には，寒天培地上の細菌のコロニーが時として透明に
形状が変換していることが観察されたり，赤痢菌に対する拮抗物質の病理学的
な研究などがあった．素焼きの濾過器を通過するその原因物質は細菌の生産す
る酵素なのか，ウイルス様のものなのか，熾烈な議論の後にウイルスの存在が
示唆される．その原因物質に着目した物理学出身の研究者たちを中心に，細菌
に感染するウイルスであるファージの分子遺伝学的研究が勃興する．1930 年
代，量子物理学の立場から遺伝現象を理解できないかと考えた物理学者デルブ
リュック（Delbrück, M. L. H., 1906-1981）がファージの増殖の研究を開始し
た．それは生理学，細菌学としての関心からではなく，遺伝現象を量子的に研
究する材料として最適と評価したからである．これを契機に，彼を中心として

35

ファージグループが形成され，極めて短期間のうちにファージの遺伝学が展開し，その後の分子遺伝学，分子生物学の大きな流れを決定づけた．彼の提案により，大腸菌に感染するT系ファージ7株（T1, T2, T3, T4, T5, T6, T7）が，実験データを互いに比較できるよう集中して研究を行う材料として選ばれた．

### 3.1.2 T4 ファージの形態と感染，増殖

ファージの検出は，寒天培地上層に細菌（指示菌）とともに広げて培養すると，菌が一面に増殖した上層面の中に菌の増殖しない溶菌斑（プラーク）として判別される．1個の溶菌斑に含まれるファージ粒子は遺伝的に同一のクローンと考える．1枚のペトリ皿（シャーレ）で数千個の溶菌斑を扱うことができる．

T4 ファージの形態は，図 3.1 にあるように，頭部，尾部からなる．感染は宿主表面にある特異的なレセプターにファージ尾部が吸着することで始まる．吸着後に頭部内の DNA が尾部を介して宿主内に注入される．T4 ファージは極めて毒性が強く，感染後すぐに宿主の遺伝子発現を止め，宿主 DNA を分解する．ファージの一連の初期遺伝子群を発現させ，それらの機能を使って DNA の複製と後期遺伝子群（頭部や尾部の構成タンパク質）の発現を引き起こす．これらの産物を使ってファージ粒子が形成されて最後は溶菌によって放出される．30 分程度の 1 回のサイクルで数十から数百のファージ粒子に増幅される．

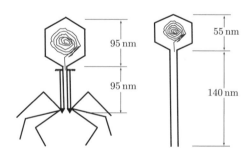

**図 3.1 T4 ファージ（左）と λ ファージ（右）の形態**
タンパク質集合体の頭部と尾部からなり，頭部内に DNA をもつ．

### 3.1.3 T4ファージの変異と遺伝子地図の作成

　ファージを遺伝学の対象として扱うにも，突然変異体を分離して，交配によってそれらの遺伝子を地図上に位置付けるメンデル遺伝学の方法論をとらざるをえない．当初はファージの形質は溶菌斑のサイズや形態などしか扱えなかったが，条件致死変異を利用できるようになって対象とする遺伝子の範囲は広がった．**条件致死変異**とは，ある環境下では致死的になるが，その他の条件下では生育できるようなものをいう．具体的には，**温度感受性変異**（***ts*変異**）が代表的なものである．37℃を至適温度とする大腸菌の系の場合，野生型は42℃でもなお生育可能だが，変異すると例えば42℃では致死的になる（ファージの場合は溶菌斑を形成しない）が，32℃では正常に生育する（溶菌斑を形成する）ものを得ることができる．これを用いると増殖に必須の遺伝子の変異体を分離することができる．しかし，温度感受性の表現型の扱いは必ずしも容易ではない．もう1つの条件致死変異が*sus*変異である．大腸菌 K-12 株の特定の株では生育できるが，通常の宿主株では生育できない T4 ファージの変異が知られている．前者の宿主菌株にはファージの変異を抑制する遺伝的変異があると考えられ，これを**サプレッサー変異**（*su*⁺）とよぶ．野生型ファージは宿主のサプレッサー変異の有無に関係なく，どちらでも増殖できる．最も汎用された*sus*変異は，遺伝子内のコドンがアミノ酸を指定しないナンセンスコドン（終始コドン）の1つ UAG（アンバー）に変化したものである．ここでタンパク質合成は止まり，遺伝子が正常に発現されなくなる．この種の変異をアンバー変異とよぶ．1塩基変化で UAG に変化できるコドンは，UAU（チロシン），UAC（チロシン），UGG（トリプトファン），UUG（ロイシン），UCG（セリン），GAG（グルタミン酸），CAG（グルタミン），AAG（リシン）があり，どのような遺伝子でもアンバー変異を起こしうることがわかる．他方，このアンバー変異を抑制する宿主のサプレッサー変異とは，tRNA のアンチコドンがコドン UAG に対応する CUA に変異した結果であることがわかった．実際，チロシン tRNA，グルタミン tRNA，セリン tRNA，トリプトファン tRNA で，アンチコドンの1塩基変化でアンチコドンが CUA に変化したもの（サプレッサー tRNA）が同定されている．ファージ遺伝子に起こった変異を翻訳の過程で修正して変異の表現型を抑制していることになる．ちなみに，UAG 以外のナンセンスコドン UAA（オーカー）や UGA（オパール）コドンへのナンセンス変異もあり，それぞれを読み取ることのできるアンチコドンに変化したサプレッ

サー tRNA も知られている.

　交配による2つの遺伝子間距離は2種の sus 変異体をサプレッサー活性のある su⁺ 菌株に同時感染させ，生じた全ファージ粒子中の su⁻ 菌株で増殖可能な野生型組換えファージ粒子の出現する頻度をもって測ることになる．また，2つの変異が異なる遺伝子にあるかどうかは，2種の sus 変異体をサプレッサー活性のない su⁻ 菌株に同時感染させ，多数の子孫ファージ粒子（大部分は sus 変異体）がつくられるかどうかで判定する（相補性試験；3.3.4）．こうして作成された T4 ファージの遺伝子地図は環状になる．T4 ファージ DNA は物理的には線状だが，末端が決まった位置になく重複しているため遺伝子地図は環状になる（ファージ粒子ごとに，例えば ABC…XYZABC，CDE…ZABCDE，PQR…MNOPQR などのように異なる DNA をもつ）.

### 3.1.4　λファージの生理学と遺伝子地図

　T系ファージは感染菌を必ず溶菌して子孫ファージを放出し，これを**ビルレントファージ**とよぶ．それとは様相を異にするファージの研究がもう一方のファージ分子遺伝学進展の柱をなす．これらのファージは溶原性ファージ（**テンペレートファージ**）とよばれるが，代表格は大腸菌ファージλやΦ80である．このタイプのファージは感染後，必ずしも増殖には向かわず，増殖を抑制してその宿主の中に「隠れて」しまうことがある．これを**溶原化**といい，こうした菌を**溶原菌**とよぶ．菌の中に「隠れた」ファージを**溶原化ファージ（プロファージ）**とよぶ．プロファージは増殖が抑えられ，ファージ DNA は通常は宿主の染色体内に組み込まれて宿主染色体の一部として複製，保持される．溶原菌は後から感染してくる同種ファージに対して抵抗性（免疫性）を獲得して生き残る．ビルレントファージが透明な溶菌斑を形成するのに対し，テンペレートファージのそれは溶原菌が増殖するので半濁である．溶原菌を DNA 合成阻害剤で処理したり，紫外線を照射したりすると宿主に「隠れて」いたプロファージが増殖を開始してファージ粒子を産生するようになる（図3.2）.

　λファージも集中した研究対象となり，多くの変異体が，ts 変異や sus 変異として分離された．このファージの遺伝解析は以下の点から評価される.

(1)　溶菌サイクルと溶原化の切替えに伴うファージ遺伝子の発現の研究から調節のモデル的知見が得られること.

(2)　プロファージ誘発で起こる周辺領域の宿主遺伝子の形質導入 (3.1.5) を

3.1 ファージの遺伝学

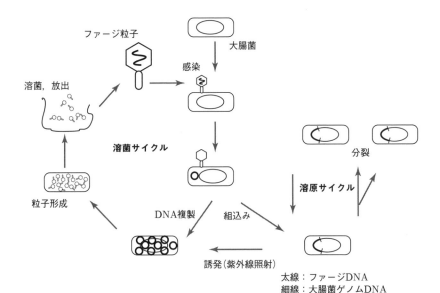

**図 3.2 λファージの生活環**
λファージの溶菌サイクルと溶原サイクルを模式的に示す．

利用して，遺伝子の詳細構造や発現解析に役立つこと．
(3) DNA技術の発展の過程で遺伝子クローニングのベクターとして広く利用されていること．

ちなみに，塩基配列決定の歴史の中でいち早くその全ゲノム構造（全長48502塩基対）が決められた遺伝系の1つである．

T4ファージの場合と同様，2つの変異間の距離を測定する組換え頻度測定の実験と，2つの変異が同じ遺伝子にあるかどうかを調べる相補性試験により，λファージの遺伝子地図が作成された（図3.3 (a)）．溶菌はするがファージ粒子を形成しない変異株の溶菌液中では λファージの頭部のみ，または尾部のみが形成されて，その溶菌液を混合すれば互いに相補して正常な粒子が形成される場合がある．これを使って，頭部，尾部遺伝子群が同定された．頭部と尾部を規定する遺伝子群はそれぞれにクラスターを形成し，分散していない．頭部，尾部タンパク質の発現には $Q$ 遺伝子の発現が必要である．$O, P$ 遺伝子は感染後，または溶原ファージの誘導後の λファージゲノムの複製に必須の遺

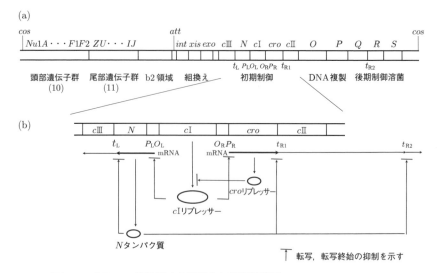

**図 3.3 λファージのゲノム構造と初期調節機構**
上段 (a) に全染色体の連鎖地図を示し，下段 (b) に初期制御のメカニズムを模式的に示す．

伝子である．$S$, $R$ 遺伝子は溶菌に必要な遺伝子である．$int$, $xis$ 遺伝子は溶原化するファージ DNA を宿主染色体の特定の位置に組み込む，あるいは逆に切り出す際に必要な部位特異的組換え関連遺伝子，$exo$ 遺伝子は通常の相同組換えに働く遺伝子である．

　ファージ粒子の頭部内の DNA は直線状構造である（図 3.4 (a)）．その両端は**付着端**（$cos$）とよばれる 12 塩基長の 1 本鎖構造になっていて，両端のそれは相補的な配列である（図 3.4 (a), (b)）．感染後は宿主細胞内では 2 つの付着端の相補性を利用して環状につながる（図 3.4 (b)）．溶原化して宿主染色体の特異部位に組み込まれる際には，ファージの $att$ 部位で開環して直線上に組み込まれる．宿主染色体上のプロファージ組込み部位（$att^\lambda$）には $att$ と相同の配列が存在しており，宿主の IHF タンパク質とファージ由来の組換えタンパク質の協同作用により特異的な部位に効率よく組み込まれる（図 3.4 (b), (c), (d)）．その結果，ファージ粒子中のゲノムとプロファージゲノムでは遺伝子の展開順序は異なる．

　$cI$, $cII$, $cIII$, $N$, $cro$ 遺伝子は，溶原化と増殖の切替えを決める初期調節遺伝子群で，感染初期におけるこれらの遺伝子群のネットワーク的調節の仕組み

## 3.1 ファージの遺伝学

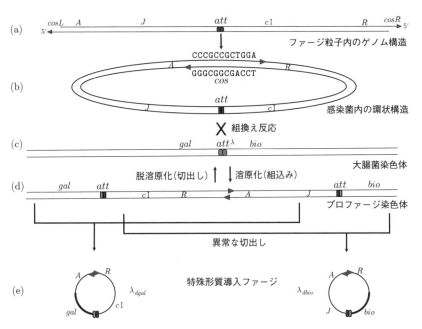

**図 3.4** λ染色体の様態

(図 3.3 (b)) が詳細に調べられる．溶原化に向かうか溶菌に向かうかを決める第一義的な調節因子は $cI$ 遺伝子産物の"$cI$ リプレッサー"タンパク質の量である．$cI$ リプレッサーはその左右に位置する 2 つのオペレーター $O_L$, $O_R$ に結合して，それぞれの下流と一部重複するプロモーター $P_L$, $P_R$ からの転写を抑制する．この負の抑制の確立に $cII$, $cIII$ 遺伝子産物が必要である．十分量の $cI$ リプレッサー存在下で左右両方向への転写がすべて抑制されると，ファージゲノムの複製遺伝子，後期遺伝子の発現が起こらず，ファージゲノムは溶原化する．

λファージが溶原化した細胞に紫外線を照射したり，DNA 合成阻害剤で処理すると，宿主の SOS 反応により $cI$ リプレッサーが分解され，$N$, $cro$ 遺伝子などの転写が復活する．$N$ 遺伝子産物は左右両方向への転写終結部位 ($t_L$, $t_R$) での転写終結を抑える機能（抗転写終結機能／アンチターミネーター）をもち，ファージゲノムの複製遺伝子，後期遺伝子の発現を亢進してファージ粒子形成，溶菌へと向かわせる．$cro$ 遺伝子産物は $cI$ 遺伝子の転写抑制因子で，その発現により $P_L$, $P_R$ からの転写を安定化させることで溶菌サイクルを進める．$cI$ リプレッサーと $cro$ リプレッサーの均衡作用の結果として溶原化か溶菌サイ

クルかが決まることになる（図3.3 (b)）.

遺伝学的理解が進んだλファージはDNA技術の進展とともに試験管内遺伝子クローニングのベクターとして大いに活用されている. λファージベクターは一度に扱えるクローンの数が多いことが利点である. λファージの増殖に非必須の領域（b2領域や組換え遺伝子領域）をクローニング断片で置き換えることでより長い断片の取込みを工夫したり，cⅠリプレッサー遺伝子内にユニークなクローニングサイトを設け，組換え体ファージが透明な溶菌斑を形成することで，非組換え体と区別できるように工夫したベクターなどが広く流通している.

### 3.1.5 形 質 導 入

DNAを直接細菌に取り込ませて形質を発現させる**形質転換**に対して，ファージを介して外部DNAを導入することを**形質導入**といい，そのファージを**形質導入ファージ**とよぶ.

図3.4のように，λファージは溶原化して高頻度で宿主染色体の特定部位に組み込まれる. 誘発処理をすることで，ここから切り出されたファージゲノムをもつファージ粒子を含む溶菌液を得ることができる. この溶菌液中のファージを $gal^-$（ガラクトース代謝遺伝子欠損）株に感染させると，ファージ粒子あたり $10^{-5} \sim 10^{-6}$ の頻度で $gal^+$ に変換したものが得られる. 同様に，$bio^-$（ビオチン合成遺伝子欠損）株に対しても $bio^+$ 変換体が得られる. $gal$, $bio$ 遺伝子はλファージの宿主組み込み部位（$att^\lambda$）の近傍に位置する遺伝子である.

このような現象は，溶原菌のファージ誘発で得られる溶菌液に特徴的で，感染による溶菌液では起こらない. このことに注目して，キャンベル（Campbell, A. M., 1929-）は，図3.4 (d), (e) のように，溶原化を経て $gal^+$ や $bio^+$ を形質導入するファージが生じるメカニズムを提唱した（**キャンベルのモデル**）. 付着端で閉じた環状λゲノムが $att$ と $att\lambda$ の間の特異的相同組換えで宿主染色体に組み込まれる. その誘発処理でファージゲノムは組込みの逆の機構で染色体から正確に切り出されるが，まれに非相同的組換えにより切出し点がずれて近傍の染色体領域を取り込んだファージが形成されると考える. これによれば，この現象は宿主の組込み部位の近傍の遺伝子にのみ有効である. 反面，離れた部位の遺伝子でも組込み部位に何らかの方法で物理的に近づければ取り込むことも可能である. 現在のDNA技術の進展による試験管内の遺伝子クローニ

## 3.1 ファージの遺伝学 43

ングがまだ夢の技術であった時代の，細胞内での遺伝子クローニング技術として，遺伝子の詳細な解析に大変有効な方法であった．

溶原菌の誘発で得られるファージ液で起きる頻度の低い形質導入を**低頻度形質導入**（LFT）とよぶ．LFT で得られる形質導入株のいくつかは，それからの溶菌液が高頻度の形質導入を起こす．これを**高頻度形質導入**（HFT）とよぶ．ファージ粒子中に取り込める DNA のサイズ（長さ）は野生型の 80〜105% であるため，必須遺伝子を欠失して外部遺伝子と置き換えている．そのため，形質導入ファージの多くは単独では増殖できない欠損型である．HFT を生じるためには野生型ファージがヘルパーとして溶原化している必要がある．

大腸菌の別の溶原ファージ Φ80 は *trp*（トリプトファン代謝）遺伝子群と*supF*（サプレッサー，チロシン tRNA）遺伝子の間に組み込まれる．これを使って Φ80*trp*，Φ80*supF* などの形質導入ファージが得られる．

特定遺伝子の形質導入を起こす特殊形質導入に対して，宿主 DNA のどの部位でも形質導入できるファージがある．これを普遍形質導入，それを起こすファージを普遍形質導入ファージという．サルモネラ菌に感染する P22 ファージや大腸菌の P1 ファージの溶菌液では，$10^{-6}$ の頻度で菌のどの遺伝子でも形質導入できる．正常に増殖する親株と同じファージ粒子以外に，ある程度の確率で断片化した宿主ゲノムを無差別に取り込んだものがあるためと考えられる．P1 ファージの場合，大腸菌染色体の約 1% の長さを取り込むことができるため，計算上は近接する数個の遺伝子を同時に運ぶことが期待できる．そのため，同時に形質導入される遺伝子間の連鎖や近傍領域の遺伝子微細構造の解析には大変有効な系であった．

### 3.1.6 多様なファージ

ファージにはゲノムが 1 本鎖 DNA のものがあり，φX174，M13，fd などが知られている．繊維状のファージ M13 や fd は大腸菌の F⁺ 株（雄株；3.2.2）に特異な F 線毛を介して感染し，感染菌を溶菌させずに細胞膜を通して子孫ファージを放出するが，感染菌の増殖が遅くなるため溶菌斑と似た斑を形成できる．注入された環状の 1 本鎖 DNA（＋鎖）を鋳型に相補鎖（−鎖）を合成し，生じた二重鎖 DNA を複製することで増殖する．最終的には−鎖を鋳型に合成された＋鎖をファージ粒子に取り込んで宿主外に放出する．見かけ上奇異な複製様式のため複製系のモデルとして興味を引いたほか，1 本鎖 DNA の調製に

便利なため，塩基配列決定の鋳型作成用のベクターとして改良，多用されている．

ゲノムとして RNA をもつファージもある．大腸菌に感染する RNA ファージとして MS2 や Qβ などが知られている．感染のメカニズムは 1 本鎖 DNA ファージと同様である．宿主内に感染した RNA（＋鎖）はそれにコードされる複製酵素（replicase）を発現し，これを用いて＋鎖 RNA を鋳型に二重鎖 RNA を合成する．その後，－鎖から＋鎖を合成し，これをコートタンパク質で包み込んで菌外に放出する．ゲノムには 3 つまたは 4 つの遺伝子（コートタンパク質，A タンパク質（Qβ は A1，A2 タンパク質），複製酵素）しかコードされていない．ファージ粒子から精製した RNA は直接タンパク質合成の mRNA として使えるため，初期の翻訳と調節の研究の *in vitro* 実験系に役立った．

## 3.2 細菌の遺伝学

### 3.2.1 大腸菌の遺伝学の始まり

1940 年代，アカパンカビを用いて代謝遺伝学を展開していたビードル（Beadle, G. W., 1903-1989）とテータム（Tatum, E. L., 1909-1975）は，栄養素やアミノ酸代謝にかかわる突然変異の解析の集大成として **1 遺伝子 1 酵素仮説** を提唱した．1 個の遺伝子は 1 つの酵素の生成に対応しているというこの仮説は，遺伝子の具象化を示す初めてのものである．遺伝子の役割がタンパク質（現在の理解では 1 本のポリペプチド鎖）の情報を規定しているという概念につながり，後の分子遺伝学が解き明かす遺伝情報発現の研究方向を示していた．生化学的形質の変異が扱え，かつメンデル遺伝学を適用できる系であったことが有意に役立っていた．このような背景のもとで，研究対象としてさらに世代期間が短く，定量的に扱える単純な微生物を求めて，レーダーバーグ（Lederberg, J., 1925-2008）は大腸菌にたどりつく．世代時間は 30 分程度と短時間で，**合成最小栄養培地**が調製でき**栄養要求性変異株**の分離もできることから遺伝学研究の対象として注目した．以降，分子遺伝学の中心でその発展を支える細菌となった．しかし，それまでに遺伝学の対象とされた様々な生物種や，同じ微生物ではあってもアカパンカビなどと決定的に異なる点は，細菌は原核生物であり有性生殖の生活環がないためにメンデル遺伝学の手法がすぐには応用できないことにあった．しかし，これも接合系の発見（3.2.2）により克服されることになる．

## 3.2 細菌の遺伝学　　　　　　　　　　　　　　　　　　　　　　　　　　　　45

### 3.2.2　大腸菌遺伝子地図

　糖と無機塩のみからなる合成最小栄養培地で大腸菌が増殖することから，そこに特定のアミノ酸，塩基類，ビタミン類などを補給しないと増殖できない栄養要求性の突然変異を探すことができる．しかし，$10^{-6}$の確率で生じる変異体を選び出すことは容易ではない．レーダーバーグは効率よく栄養要求性変異株を分離する手法（ペニシリンスクリーニング法，レプリカ法）を開発した．抗生物質のペニシリンは細胞壁合成の阻害剤である．ペニシリン存在下で増殖，分裂する細胞は細胞壁をもたずプロトプラストとなって死滅するので，最小栄養培地にペニシリンを加えて菌を培養すると，栄養要求性変異を生じて増殖しない細胞のみが生き残り濃縮される．これを寒天平板培地に塗り広げてコロニーを形成させ，これを平板のレプリカ台の上に固定したベルベット布の上に押し付けて写し取る．ベルベット上にコピーされたコロニーを最小培地と栄養培地に転写して培養後，前者で増殖しないが後者で増殖するものを選べば目的とする栄養要求性変異株が比較的容易に選別できる．増殖に必須の遺伝子の変異は温度感受性致死変異（32℃で増殖するが42℃では致死となる）として分離された．様々な抗生物質耐性の変異なども分離することができる．

　メンデル遺伝学が適用できないと思われていた大腸菌 K-12 株にも接合現象のあることがわかった．K-12 株中には **F 因子**（Fertility factor）とよばれる特別の遺伝因子をもつもの（$F^+$：雄株）があり（図 3.5 (a)），これをもたない株（$F^-$：雌株）との間で効率よく接合する．接合は **F ピリ**とよばれる線毛で架橋されて起こるが，F ピリの形成やその機能の発現に必要な遺伝子は F 因子にコードされている．F 因子は菌の染色体とは独立して存在する環状の二重鎖DNA（約 100 kb）で，現在の理解ではプラスミドに該当する．接合が成立すると F 因子 DNA 上で 1 本鎖切断が起こり，5′端を先頭に 1 本鎖 DNA が F ピリを経由して $F^+$ 菌から $F^-$ 菌に移行する．$F^-$ 菌内ではこれを鋳型にして，$F^+$菌内では残った 1 本鎖 DNA を鋳型に DNA を合成する．歴史的には，*thr*$^-$（トレオニン要求性変異）と *leu*$^-$（ロイシン要求性変異）をもたせた菌株と *met*$^-$（メチオニン要求性変異）と *bio*$^-$（ビオチン要求性変異）をもたせた菌株を混合してしばらくおくと，高い頻度（$10^{-6}$）で野生型の菌（*thr*$^+$, *leu*$^+$, *met*$^+$, *bio*$^+$）が出現することを見つけたことに始まる．$10^{-6}$ の頻度は突然変異の起こる頻度であるが，2 つの菌株ともに二重変異を用いているので二重復帰変異が起こったことは考えにくい．F 因子の伝達に加えて，頻度は低いが $F^+$ 菌の染

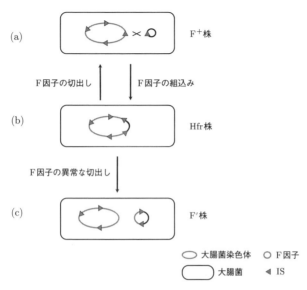

**図 3.5　$F^+$, Hfr, F′菌でのF因子の存在様態**
F因子と物理的に結合したDNAが$F^-$菌に伝達される．

色体が$F^-$菌に移行して組換えが起こったと考えた．その後，$F^+$菌の中から高頻度（$10^{-3}$）で接合組換え体を生じさせる株が同定されて，**Hfr株**とよばれる．$F^+$からHfrへの変化は変異ではなく，F因子が宿主染色体の中に組み込まれると考えられた（図3.5 (a), (b)）．$F^+$菌はF因子を伝達するが宿主染色体を直接伝達はしないのに対し，Hfr菌は菌の染色体全体をあたかも1つのF因子のようにみなして$F^-$菌に伝達すると考える．最初の低頻度の接合組換えは，$F^+$菌集団中に生じたHfr菌（組換え頻度に相当する$10^{-3}$の割合で存在したと想定できる）によるもので，$F^-$菌内での組換え頻度（$10^{-3}$）を考慮すれば当初の低頻度（$10^{-6}$）の組換え体の出現頻度は整合性をもって説明できる．

　大腸菌K-12株の$F^+$菌からは伝達する遺伝マーカーの順序や方向が異なるHfr株が得られることがわかった．大腸菌染色体上には**IS** (insertion sequence；**挿入配列**) とよばれる染色体上を転移する小さな遺伝子配列の存在が知られている．IS 1, IS 2, IS 3と分類されたものが染色体上の各所に点在し，F因子上にも存在する．F因子はISの配列を利用した相同組換えの機構で，大腸菌染色体のいろいろな部位に組み込まれると考えられる（図3.5 (b)）．ISの位置とその方向がF因子の組み込まれる位置と向きが決まる（図3.6）が，

## 3.2 細菌の遺伝学

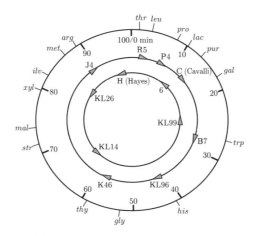

**図 3.6 Hfr と遺伝子地図**
ジャコブとウォルマンが初期の接合実験に用いた Hfr 株と遺伝子マーカーを，その結果得られた遺伝子地図（外円）とともに示す．矢印の位置は F 因子組込みの位置を，方向は染色体移行の方向を示す．反時計回りの方向の移行を起こす Hfr を内側に，時計回りのものをその外に示す．

それにより $F^-$ 菌への移行する遺伝子マーカーの開始場所と方向が決まると考える．

ジャコブ（Jacob, F., 1920-2013）とウォルマン（Wollman, E. L., 1917-2008）は，一連の Hfr 株を用いた接合実験から以下のことを明らかにした（図 3.6）．

(1) Hfr 株により，それぞれに特異的な遺伝子マーカー順に，一定方向に染色体の伝達が起きる．
(2) 始まる位置と方向は F 因子が宿主染色体に組み込まれた位置と向きに依存している．
(3) 激しく振とうすると F ピリが破断して，接合中の染色体伝達を中断させることができる．組換え体はその時点までに $F^-$ 菌に移行した部分で観察されることになる．あるマーカーが接合開始後何分で組換え体を生じるかを測定することで，その遺伝子の位置あるいは他の遺伝子との相対位置を決めることができる（図 3.7）．
(4) 移行開始点と向きの異なる多数の Hfr 株を用いた遺伝子地図作成の結果，大腸菌の遺伝子地図は環状になることがわかった（図 3.6，図 3.7）．

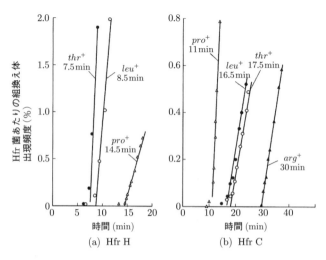

**図 3.7 接合を用いたマッピング例**
Hfr菌とF⁻菌を混合し，一定時間ごとにブレンダー処理で接合ブリッジ（Fピリ）を破壊した後に組換え体の選択培地に広げる．生じた組換え体のHfr菌あたりの数を時間に対してプロットする．その時間までに菌に移行したマーカー頻度がわかるので，混合後に何分でマーカーがF⁻菌に移行するかでマーカーの位置と連鎖地図をつくることができる．ここで示すのはジャコブとウォルマンの方法による接合実験の例である．図3.6では，Hfr HはH（Hayes），Hfr CはC（Cavalli）に該当する．

(5) 染色体全体を移行させるのには90分かかるので，当初の大腸菌の遺伝子地図は90/0 (min) で表示された．現在では，これを100分に換算したものが記載されている．

F⁺菌からHfr菌が生じるF因子の組込みと逆の反応で，F因子が染色体から切り出されてF⁺菌を生じる．このとき，もとの組込み位置からずれて組換えが起こると，F因子は染色体の一部領域を取り込むことになる（図3.5 (c)）．これをもとのF因子と区別して**F′因子**とよび，例えばラクトース利用に関する遺伝子領域（*lac*）を取り込んだものをF′ *lac* のように記載する．Hfrが染色体全体を移行対象にするのに対し，F′は取り込んだ特定領域だけを高頻度でF⁻菌に移行させる．これを用いてその領域の詳細な遺伝解析が可能になった．

## 3.2 細菌の遺伝学

### 3.2.3 組換え技術と遺伝学による物理的地図と整列クローン

1970年代後半から勃興したDNA技術により，*in vitro*の遺伝子クローニングと塩基配列の決定が進み，それまでのオーソドックスな手法に加えて新たな遺伝学的展開が起こった．遺伝子DNAからの情報発現のセントラルドグマ（4章）が理解されたうえで，交雑の不可能な生物種においても遺伝子の機能が容易に解析できるようになり，**逆遺伝学**とよばれる手法も生まれた．従来の遺伝学手法を用いた大腸菌に対しても，そのゲノム全体像を明らかにしたうえで，生命現象を俯瞰するとの考えから**ゲノム計画（ゲノムプロジェクト）**が始まった．1987年に大腸菌ゲノム全体のおもだった制限酵素の切断点地図が完成され，λファージをベクターにしてゲノム全体をカバーする**整列クローン**が作成された（**小原クローン**）．これを契機にしたゲノムの全塩基配列を決定する試みの結果，1997年には全体の作業が完了し，約460万余塩基対，遺伝子の数は4300弱の遺伝情報のシステムが明らかになった．それ以前に営々と蓄積されてきた大腸菌遺伝学の結果とも基本的な齟齬はなく，新たな知見を加えることで現在に至っている．

### 3.2.4 大腸菌とファージの系の進化，多様性

分子遺伝学の研究対象にあげられて集中的に解析されたのが，多様に富む大腸菌株の中でも特にK-12株であったことは偶然に近いが，病原性がなかったからという理由があったかもしれない．逆に，近年の病原性大腸菌への強い関心からそれらのゲノム解析が行われ，それらの比較から病原性の原因だけでなく，大腸菌とファージの系の進化，多様性について新しい知見が得られつつある．

1980年代以降に，特に先進国に集中的に発生している出血性の大腸炎は，O157を代表格とする一連の腸管出血性大腸菌株が産生するベロ毒素がその原因物質である．ベロ毒素には2つの型があり，1型は赤痢菌から志賀潔の見いだした志賀毒素（シガトキシン）に相当し，2型はより強い毒性をもっている．毒素1分子に対し，それが細胞に付着し侵入するのに必要なインチミンタンパク質5分子で毒素としての感染性を保持する．作用機序は28SrRNAの特定の位置の脱塩基を通じてタンパク質合成を阻害することによる．毒素の由来を知り，その対処法を探ること目的にO157のゲノム解析が行われた結果，K-12株の460万塩基対（4300遺伝子）に対して約550万塩基対（5400遺伝子）のゲ

ノムサイズであることが判明した。これは大腸菌の中でも最長の部類に属する。ゲノムの構成を K-12 株と比較すると，420 万塩基対は両者に共通している。これは大腸菌一般を特徴付けるもの，それ以外の部分は進化の過程で外来遺伝子を取り込んだものと考えられる。付加部分の特徴は，外部からの取り込みが個々の遺伝子ごとに分散して起こっているのではなく，かなり大きな領域を単位として生じていることである。もう 1 つの特徴は，ファージまたはファージ様の配列が非常に多いことである。O157 では付加部分の半分以上はファージのゲノム，あるいはそれ由来と考えられる。ベロ毒素とインチミン遺伝子もファージの上にコードされている。これらのことは，ゲノムの進化上の変換がファージを介した他の毒性菌からの，比較的大きなブロック単位での水平伝達であった可能性を示唆している。

## 3.3 細菌とファージの遺伝系を用いた遺伝子概念の拡張と展開

### 3.3.1 形質転換と遺伝子の本体が DNA であることの証明

DNA を菌に直接取り込ませて形質を発現させることを形質転換という。一般的にグラム陽性菌は形質転換が容易に起こる。大腸菌と並んで分子遺伝学の材料とされてきた枯草菌はそのよい例である。しかし，大腸菌をはじめとするグラム陰性菌は形質転換の効率が悪く，通常の遺伝解析を行うには不十分である。大腸菌に $Ca^{++}$ イオンで処理してベクターのプラスミド DNA を取り込ませるにしても，抗生物質抵抗性や遺伝マーカーを用いた選択系が必要になる。

1940 年代半ばに行われたアベリー（Avery, O. T., 1877-1955），マクレオド（MacLeod, C. M., 1909-1972），マッカーティ（McCarty, M., 1911-2005）の肺炎双球菌を用いた形質転換の実験は，遺伝子の実態が DNA であることを示唆する最初の試みである。肺炎双球菌には莢膜をもちコロニーがスムースな S 型と莢膜のないラフなコロニーを形成する R 型が存在し，前者は感染後に肺炎を引き起こす病原性があるが後者にはない。彼らは S 型から精製した DNA と R 型生菌を混合すると，S 型生菌を生じることを示した。細菌がメンデル遺伝を担う遺伝子をもっているか明確ではない時代でもあり当時はさほどの議論がされていないが，DNA が遺伝子を担う実体であることを初めて示した重要な実験であったと言える。この実験に加えて，ハーシェイ-チェイスの実験（3.3.2）が決め手となって遺伝子の本体が DNA であることが証明された。

### 3.3.2 ハーシェイ-チェイスの実験

T2ファージがDNAとタンパク質のみから構成されていることに着目し，そのいずれが遺伝機能を担っているかをハーシェイ (Hershey, A. D., 1908-1997) とチェイス (Chase, M., 1927-2003) が明らかにした (1952年)．ファージのDNAを $^{32}$P，タンパク質を $^{35}$S の放射能で標識したものをそれぞれ調整し，大腸菌に感染させる．その後に培養液をブレンダーで強く攪拌した後，遠心処理で菌体とファージを分離する． $^{32}$P で標識したDNAは菌体に移動するが， $^{35}$S 標識のタンパク質はブレンダー処理により細菌から外れ，感染した菌体からは検出されない．いずれの場合にも感染した菌からは感染に用いた同じ遺伝型のファージが増殖することを確認し，遺伝子の実体はDNAであると結論した．この直後 (1953年) に，ワトソン (Watson, J. D., 1928-) とクリック (Crick, F., 1916-2004) のDNAの二重らせん構造の解明が続いたことともあいまって，以降DNAからRNA，タンパク質へのセントラルドグマを中心に分子遺伝学が一気に開花することになる．

### 3.3.3 遺伝子の微細解析

T4ファージの変異の中で，菌の溶菌が早いために野生型より大きい溶菌斑を形成するものがある．T4染色体連鎖地図上の変異の位置から3つのグループ $r$I, $r$II, $r$III に分けられるが，そのうちの $r$II 変異株は $\lambda$ ファージの溶原菌 K-12 ($\lambda$) では増殖できない特徴をもつ．1950年代半ば，ベンザー (Benzer, S., 1921-2007) は多数の $r$II 変異体を分離して遺伝子の単位の微細構造の解析を行った．2種類の $r$II 変異体をこの変異体が増殖できる大腸菌B株に感染させると，その子孫の中に K-12 ($\lambda$) 株でも溶菌斑を形成する野生型の組換え体が低頻度で存在する．これは非常に近接した変異の組換え体を検出できる鋭敏なもので，メンデル型の遺伝子がこれ以上には分割できない，あるいはその手段がなかった当時として，「遺伝子は組換えによってさらに下位の単位に分割できる」という新たな概念を提出することになった．

2種類の $r$II 変異株を K-12 ($\lambda$) 株に混合感染させると，組合せによっては，それぞれの親株の変異体が増殖することを見つけた．増殖できる組合せでは，それぞれの変異体が機能を分担して補い合っているからと考えると， $r$II 変異株を2つの機能単位のグループ (A, B) に分けることができる (図3.8 (d))．さらに，組換え頻度からみた連鎖地図では， $r$IIA と $r$IIB に属する変異はそれ

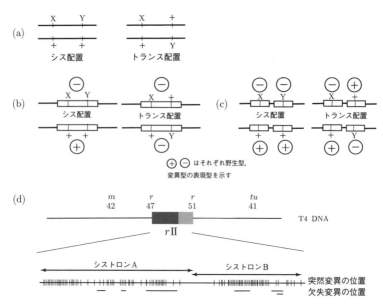

図 3.8 相補性試験とベンザーの *r*II 遺伝子解析の例

ぞれクラスターをつくっていることがわかる．これは1つの遺伝子は「機能的単位としてみればさらに分割できる」ことを意味している．

一連の交雑実験からベンザーは遺伝子の構造として，突然変異を起こす単位を**ミュートン**，組換えの単位を**レコン**，機能単位を**シストロン**とよび，定義によって遺伝子の単位は変わることを提唱した．特記すべきは，ベンザーはこれらの概念を何ら物質的実体の反映として捉えたのではなく，実験結果の遺伝的整合性を理解するためだけに概念化したということにある．現在のDNA情報の知見に照らせば，ミュートン，レコンは1塩基対に相当し，遺伝子定義という観点ではほとんど意味がなくなってはいるが，機能単位としてのシストロンは現在でも遺伝子の意味で広く使われている重要な概念である．

### 3.3.4 遺伝子機能単位の解析法

ベンザーのいう**シストロン**は，遺伝子の機能単位を検定するシス／トランステストに由来する．**相補性試験**ともよばれる．シスとトランス（図3.8 (a)）の2つの変異の配置のあり方が表現型に及ぼす効果から，これら変異が機能単位からみた同一の遺伝子内にあるのか，別の遺伝子にあるのかを判定する．その

3.3 細菌とファージの遺伝系を用いた遺伝子概念の拡張と展開    53

ためには，部分2倍体を用いて細胞内に2つの変異を共存させる必要がある．
ベンザーの用いたT4ファージ*r*II変異株の混合感染はその例である．大腸菌
の系では形質導入ファージやF′因子，その他のプラスミドを用いて部分2倍
体をつくることができる．シス，トランスのどちらの位置関係でも表現型が野
生型になる場合にはこれらの変異が別のシストロンに（図3.8 (c)），シスでは
野生型になるがトランスではならない場合には同じシストロンにある（図3.8
(b)）と考える．このように，機能単位として定義できるものをシストロンと
よぶが，現在の遺伝情報の知識からは1本のポリペプチドに相当すると考え，
概ね遺伝子と同じ意味に捉えることができる．

### 3.3.5 オペロン説

栄養要求性変異を数多く分離して，遺伝生化学的な解析ができる．例えば，
あるアミノ酸でみた場合，相補性試験の結果，それらはいくつかの遺伝子に分
類されるが，その多くは非常に強く連鎖して1つの領域に集中している場合が
多い．生化学的解析から，それら遺伝子の機能は該当アミノ酸の生合成反応経
路で働く一連の酵素類であることが多い．しかも，これらの遺伝子の配列順序
はしばしば生合成経路の順にならっている．これら複数の遺伝子は，単一のプ
ロモーターからの転写とそれを制御するオペレーターで発現制御される1本の
mRNAとして発現する．複数の構造遺伝子をコードするmRNAを**ポリシスト
ロニックmRNA**（polycistronic mRNA）とよび，原核細胞に特有のものである．

このような遺伝子配列と発現は，トリプトファン，ヒスチジン，ロイシンな
ど多くのアミノ酸合成経路の遺伝子群についてあてはまり，すべての場合が単
一の部位ではないとしても，代謝と関連した機能の遺伝子が連鎖して共通の発
現制御を受けている．このような転写単位を**オペロン**とよぶことをジャコブと
モノー（Monod, J. L., 1910-1976）が提唱した（operon theory；**オペロン説**）．
トランスに働く調節タンパク質とそれが結合するDNA上の標的部位（これは
シスにのみ作用する）との相互作用で調節される．

図3.9に，オペロン構造と発現制御の代表例であるラクトースオペロンを示
す．培地中に糖源として乳糖（ラクトース）があるときに発現が誘導され，な
いときに抑制されるオペロンである．*β*-ガラクトシダーゼはラクトースをガ
ラクトースとグルコースとに分解する酵素，ガラクトシドパーミアーゼはラク
トースを細胞内に取り込むのに必要な酵素であり，ガラクトシドアセチルトラ

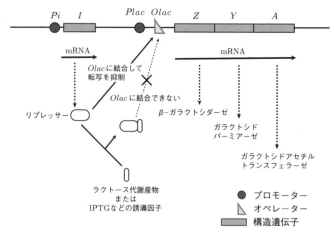

**図 3.9 ラクトースオペロンとその調節**

ンスフェラーゼは $\beta$-ガラクトシドにアセチル CoA からアセチル基を転移させる酵素である（ラクトース代謝における意味はよくわかっていない）．関連する 3 つの構造遺伝子が 1 つの転写単位のもとにオペロンとして一括して制御される．lacI 遺伝子産物のリプレッサーはオペレーターに結合して下流の転写を抑制する．ラクトースの存在下では，微量で存在しているパーミアーゼが働いてラクトースを菌内に取り込む．その代謝の中間産物がリプレッサーと結合してリプレッサーのオペレーターへの結合を阻害する．これにより抑制を解除して，短時間のうちに発現量を数百倍に誘導する．

ラクトースオペロンの制御遺伝子 lacI，Olac の変異が知られている．lacI$^-$（リプレッサーの欠損変異）と O$^c$（リプレッサーと結合できないオペレーター）変異は，ともにラクトースがなくても常に lac 遺伝子を発現する．このような変異を**構成的変異**とよび，その表現型を**構成的発現**とよぶ．lacI$^s$ 変異は誘導物質と結合できないタイプのリプレッサー変異で，常にオペレーターと結合して誘導物質の存在下でもほとんど lac 遺伝子の発現は起こらない．これを**非誘導型変異**とよぶ．非誘導型の他の変異は Plac プロモーターに起こる欠損変異で，転写自体が起こらなくなるので非誘導型となる．

### 3.3.6 レギュロン

菌の外的環境の変化に対応して複数のオペロンが同調して作動する場合がよくある．窒素やリン酸が枯渇したとき，温度変化が起こったときなどには，それに対応した複数のオペロンが協調的に転写誘導される．DNA に損傷が起きたときには修復，組換え系のオペロンが一斉に発現する．これらオペロンが共通した転写因子や転写制御系で支配されており，より高次の制御単位系を形成していると考えることができる．これを**レギュロン**とよぶ．

### 3.3.7 レプリコンとプラスミド

大腸菌染色体は環状で，その複製は細胞分裂と協調して制御される．次章で詳しく述べられるように，一定の部位から両方向に半保存的複製が行われる．複製の開始と場所は複製開始制御タンパク質（DnaA）の開始部位への結合で制御される．一方，菌細胞内には F 因子のように染色体からは独立して存在するものがある．この因子もサイズは染色体よりは小さいが環状の DNA で，染色体とは独立に複製する．F 因子複製開始と場所は F 因子に特異な複製開始タンパク質が複製開始部位に結合することで始まる．F 因子が染色体に組み込まれた Hfr 株ではこの F 因子特異的な複製が抑えられて，染色体の一部として複製維持される．このように，染色体と F 因子の複製はそれぞれ特異的なタンパク質の結合時期，場所で規定され，独立して完結した複製単位を形成していると考えられる．これを**レプリコン**とよぶ．染色体以外にレプリコンとして存在する比較的小さい環状 DNA を**プラスミド**と総称する．大腸菌には F 因子以外にも多様なプラスミドが存在する．代表的なものとして，薬剤耐性遺伝子を有し，その多くは接合伝達能をもつ **R 因子**とよばれる一連のプラスミドや大腸菌に対する抗菌性毒素（**コリシン**と総称される）を産生するプラスミド群である．種々の毒性を示す病原性プラスミドも知られている．中でもコリシン産生因子は colE1, colE2, colE3 などと区別される数種が知られているが，様々な DNA 操作を経た誘導体が汎用性のクローニングベクターとして利用されている．λファージも感染後には環状となり独自の複製単位として増殖するので，一種のレプリコンといえる．

56                                                    3. 細菌とファージの遺伝学

## ■演習問題

**3.1** ラクトースオペロンの構成的発現をきたす変異にリプレッサー変異 *lacI⁻* と
オペレーター変異 $O^c$ が知られている．この2つの変異を区別するにはどうす
ればよいか．

**3.2** *lacI⁻* 変異の大半は潜性（劣性）変異で，*lacI⁺*（野生型リプレッサー）遺伝子
の導入により野生型表現型が回復する．*lacI⁻ᵈ* 変異はそれと異なり *lacI⁺* 遺伝子
を導入しても構成的発現のままで，オペロンの正常な制御が回復しないことが
知られている．*lacI⁻ᵈ* 変異リプレッサーのいかなる性質でこのような現象が起
こるか，考えられるモデルをあげよ．

# 4 分子遺伝学

　本章では，遺伝情報を担う分子 DNA と遺伝のつながりを理解する．この概念は「セントラルドグマ」（DNA→RNA→タンパク質）に端的に表されているが，セントラルドグマを構成する分子が，いかに分子と遺伝をつなぐうえで優れた特性をもち，いかに巧みな仕組みで情報を伝達するかを解説する．

## 4.1　遺伝学に登場する分子の構造と機能

### 4.1.1　核酸（DNA と RNA）

#### （1）　核酸の化学構造

　核酸の発見は，1871 年，ミーシャー（Miescher, J. F., 1844-1895）による白血球核由来のリンを含む新規化合物ヌクレインの報告に始まる．1889 年にはアルトマン（Altmann, R., 1852-1900）が，精製した酸性化合物を**核酸**と名付けた．その後，核酸には **DNA（デオキシリボ核酸）**と **RNA（リボ核酸）**があることが判明し，20 世紀中頃には，以下に述べる基本的な化学構造が決定された．また，3 章で述べたように，DNA が遺伝子の本体であることが示され，1953 年にワトソン（Watson, J. D., 1928-）とクリック（Crick, F., 1916-2004）が DNA の**二重らせんモデル**を提唱したことで，**分子遺伝学**が本格的に始まった．

　核酸（DNA，RNA）は，**塩基，糖，リン酸**からなるヌクレオチドが重合した線状分子である．糖とリン酸は重合に使われ，4 種の塩基は遺伝情報を担う．塩基は，プリン塩基（Pu）のアデニン，グアニン，およびピリミジン塩基（Py）のシトシン，チミン，ウラシルで，このうち，チミンは DNA のみ，ウラシルは RNA のみに含まれる．糖は 5 炭糖で，この骨格となる炭素原子の配置は，塩基の骨格の番号 1, 2, 3, … と区別して 1′～5′ の番号でよばれる．RNA 中の糖は 2′ 位に水酸基（-OH）をもつリボース，DNA 中の糖はここに水素原子（-H）をもつデオキシリボースで，この違いが RNA と DNA の特性の違いを生む．この 1′ 位に塩基が *N*-グリコシド結合すると**ヌクレオシド**となる．アデニンを

57

含むヌクレオシドは，アデノシン，デオキシアデノシンとよばれる．ヌクレオシド（多くはその5′位水酸基）にリン酸が脱水縮合したものを**ヌクレオチド**とよぶ．ヌクレオチドは，アデノシンの場合，リン酸基の数に応じて**AMP**（アデノシン一リン酸），**ADP**（アデノシン二リン酸），**ATP**（アデノシン三リン酸）とよばれる．リン酸基間の結合は**高エネルギーリン酸結合**であり，ヌクレオシド三リン酸は，この高い反応性を使って重合し，DNA，RNAとなる．ヌクレオシド三リン酸の重合では，5′位の三リン酸から二リン酸（ピロリン酸）が外れ，残ったリン酸がDNA（またはRNA）鎖末端3′位の水酸基とエステル結合をつくる．この結果，ヌクレオチド間は，リン酸が両側で糖と結合した**ホスホジエステル結合**でつながる（図4.1 (a)）．こうして，1本のDNA (RNA) 鎖は，リン酸がついた5′から始まって水酸基をもつ3′で終わる方向性をもつ．

### （2） DNA二重らせんの立体構造

二重らせんモデルでは，2本のDNA鎖は互いに逆向きで，リン酸を含む親水性の骨格が外側になり，内側に疎水性の高い塩基が対合して右巻きのらせんをつくる．らせんは3.4 nmで1回転し，その間に約10個の塩基対が，らせん軸にほぼ垂直に並ぶ（図4.1 (b)）．

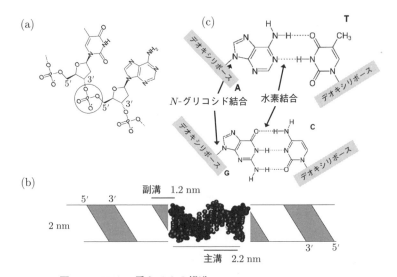

**図 4.1 DNA二重らせんの構造**
(a) DNA鎖の化学構造，(b) 主溝と副溝，(c) 塩基対合

4.1 遺伝学に登場する分子の構造と機能　　　　　　　　　　　　　59

　塩基対は，アデニン (A) とチミン (T)，グアニン (G) とシトシン (C) という組合せである．二重らせんモデル作成時に，ワトソンは，「A と T の割合，G と C の割合が等しい」というシャルガフ（Chargaff, E., 1905-2002）の経験則をもとに，A-T, G-C という対合を思いついた（図 4.1 (c)）．塩基対の特徴は以下の通りである．

1. A-T, G-C という塩基対の外形がほぼ同じなので，二重らせんの直径は塩基配列にかかわらず約 2 nm と一定になる．塩基とデオキシリボースをつなぐ $N$-グリコシド結合は，塩基対の両側で，ほぼ 120° の角度をなす．このため，向き合う 2 本の DNA 骨格はらせんの中心軸に対して 240° と 120°の開きをもち，らせんの溝は，約 2.2 nm の**主溝**と約 1.2 nm **副溝**の 2 種類ができる（図 4.1 (b)）．塩基配列を識別する DNA 結合タンパク質の多くは，主溝側から内部の塩基配列を読み取り結合する．

2. 塩基対の配列は任意で，$n$ 個の塩基対で $4^n$ 種類の配列が可能．これが遺伝情報となる．例えば 5′-AACTGGT-3′ と 5′-ACCAGTT-3′ のように塩基配列は互いに相補的なので，それぞれの DNA 鎖の塩基配列から，塩基対合のルールを使って新たな DNA 鎖を複製する**半保存的複製**が示唆される．

3. A-T と G-C は，それぞれ 2 個と 3 個の水素結合で結合するので，G と C の多い DNA が，より安定となる．DNA 溶液を加熱すると 2 つの 1 本鎖 DNA になる**変性**が起きる．変性した DNA 鎖は，徐々に常温に戻せば再び相補的な塩基対を形成し 2 本鎖に**巻戻る**（アニーリング）．

　通常の DNA 二重らせんは **B 型**とよばれるが，この他に，右巻きで圧縮された構造をもつ **A 型**，左巻きの **Z 型**などの二重らせんが知られている．

## （3）　DNA のトポロジー

　両端を結合した環状の DNA 二重らせんを切断し何回転か捻ってからつなぐと，回転数によって異なる高次構造（つながり方）をもつ環状 DNA ができる．この構造の違いを **DNA のトポロジー**とよぶ．二重らせんを捻ったときの歪みを解消するために DNA は超らせん構造をとるが，二重らせんを締め付けたときに生じるものを**正の超らせん**，その逆を**負の超らせん**とよぶ．負の超らせんは，二重らせんの一部を 1 本鎖に解離することで解消する．逆に，複製や転写の反応中に部分的に DNA が 1 本鎖に分かれると，その前方に正の超らせんが

60　　　　　　　　　　　　　　　　　　　　　　　　　　　　　4. 分子遺伝学

生じ，反応の進行の妨げになる．この問題を解消するため，細胞は**トポイソメ
ラーゼ** (DNAトポロジー変換酵素) をもっている．

#### （4）　RNAの構造と機能

　RNAはDNAと似るが，糖がリボースで，2′位に水素原子でなく水酸基をも
つ．この水酸基が反応性をもつので，アルカリ性で分解しやすい．時に，
RNAは酵素活性をもつが，このようなRNAを**リボザイム**とよぶ．細胞中の多
くのRNAは1本鎖で存在し，分子内で部分的に塩基対を形成し多様な立体構
造をとる．RNAにはmRNA，tRNA，rRNAなど，機能が異なる多様な種類が
存在する．

　RNAは塩基としてチミンの代わりにウラシル (U) をもち，G-C，A-Uの塩
基対合をする．DNAとRNAでチミンとウラシルを使い分ける理由は，DNA
の方にある．DNA中のシトシンが脱アミノ化するとウラシルとなるが，これ
は突然変異の原因になるため，細胞はこれを異常塩基としてDNAから除去し
修復する．ウラシルを異常塩基にするために，DNAは正常な塩基として，ウ
ラシルにメチル基を付加したチミンを使っている．

### 4.1.2　タンパク質
#### （1）　遺伝子とタンパク質

　メンデル遺伝学では遺伝子が生物の多様な表現型を決めるが，その仕組みは
不明だった．1902年にギャロッド (Garrod, A. E., 1857-1936) は，メンデル遺
伝するアルカプトン尿症などの研究から，特定の代謝を行う酵素が遺伝子で決
まることを示した．また，1941年にビードル (Beadle, G. W., 1903-1989) と
テータム (Tatum, E. L., 1909-1975) は，アカパンカビの**栄養要求性変異株**の研
究から**1遺伝子1酵素仮説**を提唱した．この説は，その後，遺伝子が決める
のは酵素に限らずタンパク質のペプチド鎖のアミノ酸配列であるとして，**1遺
伝子1ペプチド鎖**と言われるようになった．また，タンパク質をつくらない
RNAの遺伝子も知られるようになった．

#### （2）　タンパク質の構造

　タンパク質は多様な立体構造をもち，酵素の他に，構造形成，運動，物質輸
送，情報伝達など，様々な機能をもつものがある．その基本構造は，多数のア

4.1 遺伝学に登場する分子の構造と機能                                              61

ミノ酸が**ペプチド結合**でつながった**ポリペプチド**とよばれる単純な 1 次元分子
である．各ポリペプチド鎖は**アミノ末端 (N 末端)** から始まって**カルボキシル
末端 (C 末端)** で終わる．基本となる構成アミノ酸は，アラニン (Ala, A：カッ
コ内は 3 文字と 1 文字の略語)，アルギニン (Arg, R)，アスパラギン (Asn, N)，
アスパラギン酸 (Asp, D)，システイン (Cys, C)，グルタミン (Gln, Q)，グル
タミン酸 (Glu, E)，グリシン (Gly, G)，ヒスチジン (His, H)，イソロイシン
(Ile, I)，ロイシン (Leu, L)，リシン (Lys, K)，メチオニン (Met, M)，フェニ
ルアラニン (Phe, F)，プロリン (Pro, P)，セリン (Ser, S)，トレオニン (Thr,
T)，トリプトファン (Trp, W)，チロシン (Tyr, Y)，バリン (Val, V) の 20 種類
で，大／小，親水性／疎水性，塩基性／酸性など，多様な側鎖をもつ．側鎖ど
うしは弱い非共有結合で相互作用して，個々のタンパク質に固有の立体構造を
形成する．タンパク質のアミノ酸配列を **1 次構造**，$\alpha$ ヘリックス，$\beta$ シートな
どの特徴的な部分立体構造を **2 次構造**，ポリペプチド鎖全体の立体構造を **3
次構造**とよぶ．また，タンパク質の多くは，**サブユニット**とよばれる構成ポリ
ペプチドが集合して **4 次構造**とよばれる集合体をつくる．これらの立体構造
は，基本的に 1 次構造，つまりアミノ酸配列を規定する遺伝子の塩基配列で決
まる．

### 4.1.3　セントラルドグマ

#### （1）　DNA からタンパク質まで

DNA の塩基配列がタンパク質のアミノ酸配列を指定することが示唆された
が，真核生物では DNA は核内に局在し，タンパク質合成は細胞質で行われる
ので，DNA の遺伝情報を核から細胞質に伝える分子の存在が予想された．
1956 年にクリックは，まだ証明はないが，この分子は RNA に違いないと考え，
分子生物学の**セントラルドグマ**を提唱した (図 4.2)．これは遺伝子の情報が
DNA→RNA→タンパク質という順序で伝わるという説である．DNA の情報か
ら RNA がつくられる過程を**転写**，RNA の情報からタンパク質がつくられる過
程を**翻訳**とよぶ．これに DNA の情報から DNA をつくる **DNA 複製**を加えて生
物の遺伝情報の流れがすべて表される．多様な RNA の中で，DNA からタンパ
ク質へと情報を伝える RNA は **mRNA (メッセンジャー RNA，伝令 RNA)** とよ
ばれるが，その存在は，1961 年にブレンナー (Brenner, S., 1927-) らにより証
明された．その後，RNA を遺伝子としてもつ**レトロウイルス**で，RNA の情報

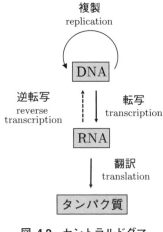

図 **4.2** セントラルドグマ

からDNAをつくる過程が見いだされたので，RNA→DNA（**逆転写**）を加えることもある．

**（2） 複製，転写，翻訳の概要**

　DNA複製では，逆平行の2本のDNA鎖からなるDNA二重らせん（図4.3 (a)）が1本鎖に解離し，各々の1本鎖を鋳型として相補的なDNA鎖が合成される**半保存的複製**（図4.3 (b)）が示唆された．1958年にメセルソン（Meselson, M., 1930-）とスタール（Stahl, F. W., 1929-）は，大腸菌を使い，鋳型DNA鎖と新たに合成されるDNA鎖を密度標識によって区別し，これを証明した．複製時に二重らせんは部分的に1本鎖に分かれ，その両端に**複製フォーク**（農具のフォークが語源）とよばれるY字構造ができ，この部分で新しいDNAが2本同時進行で合成される．このときに，DNA鎖を伸長する**DNA合成酵素（DNAポリメラーゼ）**は$5'→3'$方向への伸長，すなわちデオキシヌクレオシド三リン酸からピロリン酸を外してDNAの$3'$末端につなぐ反応しかできない．そのため，2本の鋳型DNA上の合成様式は必然的に非対称になる．全体の複製方向と同じ向きに合成されるDNA鎖（**リーディング鎖**）は連続的に合成されるが，もう一方のDNA鎖（**ラギング鎖**）は，全体の複製方向と逆向きに短鎖DNAが不連続的に次々と合成され，それらが**DNAリガーゼ**（DNA連結酵素）により順次，連結されて一続きのDNAとなる（図4.3 (c)）．この短鎖DNA（**岡崎フ**

4.1 遺伝学に登場する分子の構造と機能　　　　　　　　　　　　　　　63

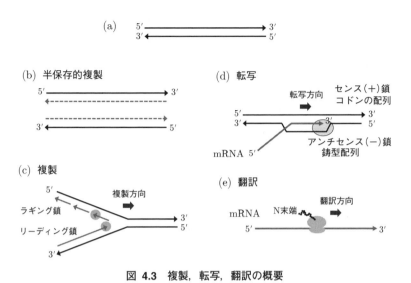

図 **4.3** 複製，転写，翻訳の概要

ラグメント）は，1966年に岡崎令治（1930-1975）らによって発見された．DNAポリメラーゼの多くは，3′→5′エキソヌクレアーゼ活性（DNAを3′末端から削る酵素活性）をもち，新しく取り込まれたデオキシヌクレオチドが鋳型鎖と対合できないと切り離す．この**校正機能**は，複製の正確さを格段に上げている．

　転写は特定の部位（転写開始点）を起点にし，進行方向に向かって**RNA合成酵素**（**RNAポリメラーゼ**）が2本鎖DNAを一時的に開く．このとき，鋳型となる片側のDNA鎖の配列に相補的なヌクレオシド三リン酸を，その5′端からピロリン酸を外して，合成途上のRNAの3′末端に連結する．複製と違い，鋳型は2本鎖DNAの片方だけで，合成された1本鎖RNAは速やかにDNAから遊離する（図4.3 (d)）．転写の鋳型とならないDNA鎖は，TをUに変えると転写産物RNAと同じ配列をもつが，これを**センス鎖**または**＋鎖**とよぶ．これに対し，鋳型になるDNA鎖を**アンチセンス鎖**または**－鎖**とよぶ．

　翻訳はRNAとタンパク質からなる巨大な複合体リボソームが行う．リボソームは大サブユニットと小サブユニットから構成され，mRNAはこの2つのサブユニットに挟まれる形で結合し，その塩基配列は**トリプレット**（三つ組という意味），あるいは**コドン**（暗号の単位という意味）とよばれる3塩基単位で読み取られアミノ酸配列に変換される．この読み取りに働く**tRNA**（トラン

**スファー RNA，転移 RNA**）は，末端にアミノ酸を結合し，自らのアンチコドン配列を使って，リボソーム上にある mRNA のコドンに結合する．このアミノ酸をリボソームが次々と連結する．リボソームは，mRNA 上を 5′→3′ 方向に進み，アミノ酸をタンパク質の N 末端から C 末端方向に連結する（図 4.3 (e)）．mRNA の合成と翻訳の読み取りがどちらも 5′→3′ 方向なので，核膜がない原核生物では転写と翻訳が同時進行する（転写と翻訳の共役；図 4.6 (c)）．

### 4.1.4 遺 伝 暗 号

mRNA の塩基配列をタンパク質のアミノ酸配列に翻訳するときの規則を**遺伝暗号**（**遺伝コード**）とよぶ（図 4.4）．遺伝暗号では，mRNA の塩基配列で重なりのない 3 個刻みの配列がコドンとして読み取られ，多くの場合，複数のコドンが 1 つのアミノ酸を指定する．この遺伝暗号の特徴は，1961 年にクリックらが T4 ファージのフレームシフト変異体（4.7.1）を使った解析で示した．具体的な遺伝暗号の解読は，1961 年にニーレンバーグ（Nirenberg, M., 1927–2010）らの実験で始まった．彼らが大腸菌抽出液に人工合成した polyU（塩基が U のみの RNA）を加えたら，フェニルアラニンのみが重合したペプチドが

2番目の塩基

| 1番目の塩基 | U | C | A | G | 3番目の塩基 |
|---|---|---|---|---|---|
| U | UUU F Phe | UCU S Ser | UAU Y Tyr | UGU C Cys | U |
| | UUC | UCC | UAC | UGC | C |
| | UUA L Leu | UCA | UAA 終止 | UGA 終止 | A |
| | UUG | UCG | UAG 終止 | UGG W Trp | G |
| C | CUU L Leu | CCU P Pro | CAU H His | CGU R Arg | U |
| | CUC | CCC | CAC | CGC | C |
| | CUA | CCA | CAA Q Gln | CGA | A |
| | CUG | CCG | CAG | CGG | G |
| A | AUU I Ile | ACU T Thr | AAU N Asn | AGU S Ser | U |
| | AUC | ACC | AAC | AGC | C |
| | AUA | ACA | AAA K Lys | AGA R Arg | A |
| | AUG M Met | ACG | AAG | AGG | G |
| G | GUU V Val | GCU A Ala | GAU D Asp | GGU G Gly | U |
| | GUC | GCC | GAC | GGC | C |
| | GUA | GCA | GAA E Glu | GGA | A |
| | GUG | GCG | GAG | GGG | G |

**図 4.4 遺伝暗号表（コドン表）**

合成され，UUU がフェニルアラニンのコドンと判明した．その後，ニーレン
バーグ，オチョア（Ochoa, S., 1905-1993），コラーナ（Khorana, H. G., 1922-
2011）らが競争で暗号解読を進め，1966 年までに 64 個のコドンと 20 種のアミ
ノ酸の対応を示した遺伝暗号表（コドン表）が完成した（図 4.4）．1 つのコドン
のみで指定されるアミノ酸はトリプトファン（UGG）とメチオニン（AUG）で，
それ以外は 1 つのアミノ酸に 2〜6 個のコドンが対応する．対応するアミノ酸
がない UAG，UGA，UAA は**ナンセンスコドン**または**終止コドン**とよばれ，翻
訳終止の信号となる．翻訳の開始には，通常 AUG が使われ，メチオニン（原
核生物ではホルミルメチオニン fMet）から始まる．したがって，AUG は（ホ
ルミル）メチオニンに対応する**開始コドン**の場合と，アミノ酸配列の途中にあ
るメチオニンのコドンの場合がある．翻訳開始の AUG から終止コドンまでの
アミノ酸を指定するコドンのつながりは **ORF**（open reading frame；**オープン
リーディングフレーム**）とよばれ，ポリペプチドの情報をもつ配列の候補とな
る．

## 4.2 遺伝子，ゲノム

### 4.2.1 遺伝子領域

遺伝子は DNA と同義でなく，DNA 上の機能の単位である．相補性試験（シ
ス／トランステスト）で定義されるシストロン（3 章）は，1 遺伝子 1 ポリペプ
チド鎖と考えるときの「1 つのポリペプチドの情報をもつ DNA 領域」に対応
する．塩基配列で決まる ORF が暫定的に遺伝子として扱われることも多い．
広義には，ある形質の発現に影響する変異が存在する領域，つまりプロモー
ター配列や転写終結などの制御領域も含めた範囲（**遺伝子領域**；図 4.5）を含め
て遺伝子という．原核生物では，多くの場合，**オペロン**（3 章）とよばれる遺
伝子発現制御単位があり，複数のタンパク質の情報を含む**ポリシストロニック
mRNA** が転写される．真核生物では，通常，1 つのタンパク質しかコードしな
い**モノシストロニック mRNA** が合成される．タンパク質をコードする遺伝子
の他に，rRNA や tRNA など，タンパク質の情報を含ない**非コード RNA**（ncRNA:
non-coding RNA）の配列が書かれた領域も遺伝子とよばれる．

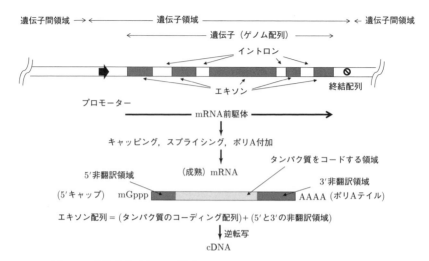

図 4.5 真核生物遺伝子の構成と成熟 mRNA になるまでの 3 つの修飾

### 4.2.2 ゲノムと遺伝子

ある生物がもつ一揃いの DNA または遺伝情報を**ゲノム**（1 章）とよぶ．ゲノムは，**遺伝子領域**と**遺伝子間領域**に分かれるが，その間隔は，生物種，遺伝子領域ごとに多様である．真核生物では，遺伝子領域内のアミノ酸配列に対応する配列（**エキソン**とよばれる）が**イントロン**とよばれる配列で分断されている．転写の直接の産物である **mRNA 前駆体**から成熟 mRNA ができる過程で，**RNA スプライシング**という反応でイントロンが切り出され，アミノ酸配列に対応する塩基配列が残る．したがって，真核生物のタンパク質の 1 次構造予測には，試験管内で mRNA から **cDNA**（complementary DNA; mRNA を DNA に逆転写した「相補的配列の DNA」という意味だが，センス鎖の配列で表記される）を合成し，その塩基配列を決定するのが普通である．

### 4.2.3 ゲノムと染色体

多くの原核生物のゲノムは，1 本の環状 DNA で構成され，これにタンパク質が結合して**核様体**という折り畳まれた構造をとる．一方，真核生物のゲノムは，複数の線状 DNA に分かれ，染色体構造をとる．よく目にする染色体の姿は，細胞の**分裂期**に**凝縮**した状態のものである．特徴的なくびれた構造は染色体分配に必要な**セントロメア**，両末端の特殊な構造は**テロメア**とよばれる．こ

4.3 転写と RNA スプライシング 67

れに対して**細胞周期** (6 章) の多くを占める**間期**では，染色体はより広がった
状態で核内に収納されている．

　染色体は DNA とタンパク質からなる巨大な複合体で，そのタンパク質の大
部分を**ヒストン**が占める (6 章)．ヒストンは真核生物で高度に保存された塩基
性タンパク質で，**H2A，H2B，H3，H4** の 4 種類が 2 分子ずつ集まりヒストン
8 量体（直径約 7.5 nm の円盤状）を形成する．この周囲に 140〜150 塩基の
DNA が左巻きに 2 回弱巻き付いた構造は**ヌクレオソーム**とよばれ，染色体の
構成単位となる．ヌクレオソームが 30〜50 塩基のリンカー DNA でつながれ
た数珠玉状の構造がさらに折り畳まれたものを**クロマチン**という．ヒストンの
N 末端側と C 末端側の領域は，ヒストン 8 量体から尾のようにはみ出ており，
**ヒストンテイル**とよばれる．この部分のアセチル化，メチル化，リン酸化など
の**翻訳後修飾**が，クロマチンの集合状態を制御する．染色体の中で，強く折り
畳まれて遺伝子発現が抑制されている領域は**ヘテロクロマチン**，折り畳みが緩
く活発な遺伝子発現が行われる領域は**ユークロマチン**とよばれる．

## 4.3　転写と RNA スプライシング

### 4.3.1　原核生物の転写機構

#### （1）　開始と伸長

　転写は DNA の**プロモーター**配列に RNA ポリメラーゼが結合して開始する．
転写開始点（+1 の位置）から RNA に読み取られる領域を下流（プラス番号で
表示）とよぶ．通常，この上流領域（マイナス番号で表示）にプロモーターが
存在する．大腸菌のプロモーターとして，−TTGACA−と−TATAAT−を共通配
列とする**−35 配列**と**−10 配列**（**プリブノーボックス**）が存在する（図 4.6 (a)）．
原核生物の RNA ポリメラーゼは 1 種類で，5 個のサブユニット（$\alpha$ 2 個，$\beta$，
$\beta'$，$\sigma$）で構成されるものを**ホロ酵素**，$\sigma$ がない複合体を**コア酵素**とよぶ．$\sigma$
は転写開始に必要で，大腸菌では 7 種類あり，−35 配列の違いを識別してプ
ロモーターの選択性を担う．

　まず，ホロ酵素がプロモーター領域に結合して閉鎖型複合体となる．次に，
−10 から +3 あたりまで二重らせんがほどけた開放型複合体となって，+1 の
位置からリボヌクレオチドの重合を始める（図 4.6 (b)）．このとき，プロモー
ターへの強い親和性が解除され，$\sigma$ が外れてコア酵素として DNA 鋳型上を移
動する（図 4.6 (c)）．伸長反応は 50 塩基/秒前後で進むが，速さは塩基配列に

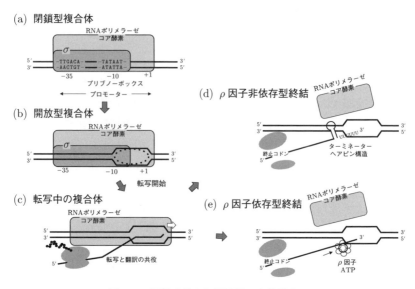

図 4.6 原核生物の転写開始から終結まで

影響される．RNAポリメラーゼは二重らせんをほどきながら進行し，開かれたDNA上でRNAが合成される．合成されたRNAは鋳型DNAと常に10塩基程度の対合を保ちつつ順次外れて，RNAポリメラーゼの後方でDNAの二重らせんが巻き戻る．

### (2) 終 結

転写終結はρ因子非依存型と依存型があり，**ターミネーター**とよばれる転写終結配列が使われる．ρ因子非依存型転写終結配列はG/C配列を多く含む逆位反復配列とそれに続くUが4個以上並んだ配列で構成される（図4.6 (d)）．逆位反復配列はRNAに写し取られると7〜20塩基の対合による**ヘアピン構造**をつくり，これがRNAポリメラーゼに作用して進行を止める．そのとき，合成されたmRNAの末端と鋳型DNA間は結合が弱いU-A対合なので解離し，同時にRNAポリメラーゼも外れて転写が終結する．

ρ因子依存型転写終結に働くρ因子は環状の6量体構造をもち，RNAの転写終結点上流にあるCを多く含む標的配列に結合する．さらに，ρ因子はATPを加水分解しながらRNA上を5′→3′向きに移動するが，転写終結部位でRNAポリメラーゼの進行が止まるとρ因子が追いつき，mRNAを鋳型DNA

4.3 転写と RNA スプライシング 69

から引きはがし，転写を終結する（図 4.6 (e)）.

原核生物では転写と翻訳が同時に進行するが（図 4.6 (c)），翻訳中のリボソームが mRNA のヘアピン構造形成や ρ 因子の動きを抑制し，転写が途中で終結するのを防ぐ働きをする.

### 4.3.2 真核生物の転写機構

#### （1） RNA ポリメラーゼ

真核生物の転写酵素は **RNA ポリメラーゼ I, II, III** の 3 種類があり，合成される RNA によって使い分けられる. I は核小体にあって rRNA を，II は核質にあって mRNA 前駆体を，III は 5S rRNA, tRNA を含む低分子 RNA を転写する. 3 種類とも，10 種以上のサブユニットからなる分子量 50 万以上の複合体で，サブユニットの多くは I〜III に固有だが，数種が共通する. どの RNA ポリメラーゼも，事前にプロモーターに集合した転写因子複合体を足場にして標的配列に呼び込まれ，活性化を受けて転写を開始する. この点は，RNA ポリメラーゼ自身がプロモーターを識別して転写を開始する原核生物と異なる.

#### （2） 転 写 因 子

**転写因子**は，RNA ポリメラーゼ I〜III に対応して，TF に I, II, III が付いた名前をもつ. 転写因子 **TBP（TATA-結合タンパク質）** は共通で，原核生物の σ 因子のように RNA ポリメラーゼがプロモーターに結合するときの中心的役割をもつが，プロモーターの種類ごとに異なるタンパク質と結合して各 RNA ポリメラーゼに特異的な転写因子をつくる. TBP は，DNA 結合タンパク質としては例外的にプロモーターの副溝側に結合し，DNA を結合部の反対側に屈曲させ，RNA ポリメラーゼなどがプロモーターと複合体形成するのを助ける.

#### （3） RNA ポリメラーゼ I

RNA ポリメラーゼ I は，28S, 18S, 5.8S rRNA の前駆体 RNA のプロモーターのみを標的とする. このプロモーターは開始点近傍のコア配列と開始点から 100〜180 塩基離れた上流配列からなり，それぞれの配列に特定の因子が結合する. TBP を含むコア配列結合因子（SL1 など）は RNA ポリメラーゼ I をプロモーターに呼び込む. また，上流配列に結合する因子（UBF）はコア配列結合因子の結合を促進する.

## （4） RNA ポリメラーゼ II

RNA ポリメラーゼ II は，すべての mRNA 前駆体，**miRNA**（マイクロ RNA；遺伝子発現を抑制する短い RNA），**snRNA**（核内低分子 RNA；スプライシングを行う複合体の構成成分）などの転写にかかわり，多様なプロモーター配列を標的とする．これらの多くに大腸菌のプリブノーボックスと類似した **TATA ボックス**（TATAAA など）が存在する．TATA ボックスは，−25 付近に存在し，ここにまず TBP を含む転写因子 TFIID，次に転写因子 TFIIA，TFIIB，TFIIF が結合して，RNA ポリメラーゼ II 結合の足場となる．さらに，TFIIE，TFIIH が加わって転写を開始する．これら転写開始点近傍に集まる転写因子を**基本転写因子**と総称し，形成される複合体を**転写開始前複合体**とよぶ．

RNA ポリメラーゼ II のプロモーターの一部は TATA ボックスをもたない．これらは基本的な細胞機能に働く遺伝子（ハウスキーピング遺伝子）に多くみられる．TATA ボックスの代わりに，上流の GC ボックスや下流＋30 付近の**下流プロモーター配列**（downstream promoter element: **DPE**）があり，そこに TFIID が結合して転写開始前複合体を形成する．

## （5） mRNA の修飾

RNA ポリメラーゼ II により核内で合成された mRNA 前駆体は，成熟 mRNA として核外に出るまでに 3 つの修飾を受ける（図 4.5）．最初が**キャッピング**で，三リン酸がついた RNA の 5′ 末端が，メチル化グアニンをもつヌクレオチドが特殊な結合をした**キャップ構造**に変わる．続いて**スプライシング**によりイントロンが除かれる．最後に 3′ 末端に**ポリ A 付加**が行われる．転写領域の最後に**ポリ A 付加配列**（−AATAAA−）が存在し，これが RNA に転写されると，特異的 RNA 切断酵素が働いてこの配列の 20〜30 塩基 3′ 側が切断される．これにポリ A ポリメラーゼが働いて，切断された mRNA の 3′ 末端に数百個の A が付加される．キャッピングとポリ A 付加は mRNA を両末端からの分解に対して保護する．また，これらの構造に特異的なタンパク質が結合し，核から細胞質への輸送や，翻訳の開始に必須の役割をもつ．

RNA ポリメラーゼ II で最大のサブユニットの C 末端には，−YSPTSPS−の 7 アミノ酸配列を何十回も繰り返す構造がある．この構造は **CTD**（C-terminal domain）とよばれるが，キャッピング，スプライシング，ポリ A 付加に関与する酵素などを結合し，転写と mRNA 修飾を共約する．また，CTD はリン酸

4.3 転写と RNA スプライシング　　　　　　　　　　　　　　　　　71

化を受け，それによって転写の制御にもかかわる．

### （6）　RNA ポリメラーゼ III

　RNA ポリメラーゼ III のプロモーターは 2 つに分類できる．1 つは下流の転写される領域内にあるプロモーターで，まずここに特異的な転写因子が結合し，次に TBP を含む転写因子 TFIIIB，さらに PolIII が結合して転写を開始する．もう 1 つは，RNA ポリメラーゼ II の場合と同様に，上流にある TATA を含むプロモーターで，この場合は TATA 配列に TFIIIB が直接結合して PolIII を呼び込む．

### 4.3.3　RNA スプライシング
### （1）　エキソン，イントロン

　真核生物遺伝子の多くはイントロンで分断された状態で存在するが，転写後に RNA スプライシングによりイントロンが除去され，タンパク質をコードするエキソンが連結されて成熟 mRNA になる．ただし，最初と最後のエキソンには，それぞれタンパク質をコードしない 5′ 非翻訳領域と 3′ 非翻訳領域が含まれる（図 4.5）．イントロンの数は生物種により異なり，出芽酵母の遺伝子の 96% がイントロンを欠くが，ヒトの遺伝子は平均 8 個のイントロンをもつ．ヒトのエキソンの平均長は 145 塩基だが，イントロンの長さ分布は広く，数百塩基から 50 kb 以上に及ぶ．このため多くの遺伝子では長さの 90% 以上をイントロンが占める．

　エキソンはタンパク質を構成する立体構造単位（ドメイン）に対応することも多い．このことから，進化の過程で異なる遺伝子のイントロン間で組換えが起き，エキソンに対応するタンパク質の部品（モジュール）が多様に組み合わされ，新たな機能をもつタンパク質ができる**エキソンシャッフリング**という，タンパク質の進化機構が提唱されている．

### （2）　スプライシングの反応

　イントロンの除去には，その両端にある **5′ スプライス部位（供与部位）**と **3′ スプライス部位（受容部位）**，および中間にある分岐部位の 3 つが関与する（図 4.7 (a)）．それぞれの部位には短い保存配列があり，特に供与部位の GU と受容部位の AG は高度に保存され，**GU-AG ルール**とよばれる．スプライシ

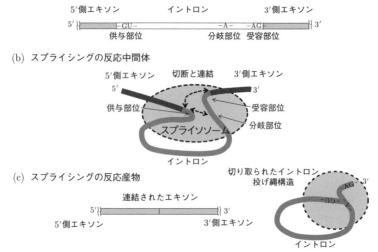

図 4.7 エキソン，イントロンの構造とスプライシング

ングでは，最初に GU の G の前で RNA が切られ，その 5′ 末端が分岐部位内の A と結合して，**投げ縄構造（ラリアート構造）**を形成する（分岐部位は 3′ スプライス部位の 10〜40 塩基上流にあり，-PyPyPuAPy- の配列をもつ）．これと連動して，上流の切られたエキソンの 3′-OH 末端が受容部位の AG の後のエステル結合に転移してエキソン間の連結とイントロン 3′ 末端の切断が起きる．この結果，投げ縄構造をしたイントロンが遊離する（図 4.7 (c)）．

この反応を行うのは，**スプライソソーム**とよばれる分子量約 1200 万の巨大な複合体である．これは U1，U2，U4，U5，U6 という名の 5 つの **snRNP**（核内低分子リボ核タンパク質；snRNA とタンパク質の複合体）を中心に形成される．スプライシングでは，スプライソソームの働きで，RNA 上の離れた位置にある供与部位・分岐部位・受容部位が近接し，snRNA がもつ触媒活性を使って mRNA 前駆体の切断と連結が正確に行われる（図 4.7 (b)）．

スプライシングの原型は，**自己スプライシング**（グループ I と II）にみられる．グループ II は菌類ミトコンドリアの mRNA などにみられ，スプライス配列の保存性や投げ縄構造など，通常のスプライシングと共通点をもつ．グループ I はテトラヒメナの rRNA などでみられ，投げ縄構造をとらないなど，より原始的な仕組みをもつ．いずれもタンパク質を必要とせず，RNA が自己触媒

4.4 翻　訳　　　　　　　　　　　　　　　　　　　　　　　　　　　　73

的に働く．1982年にチェック（Cech, T., 1947-）がグループI自己スプライシ
ングを発見し，酵素活性をもつRNA（リボザイム）の存在が明らかになった．
これを根拠に，RNAによる自己複製系が生物に進化したという**RNAワールド
仮説**が提唱されている．

## （3）　選択的スプライシング

　**選択的スプライシング**では，1種類のmRNA前駆体から異なるエキソンの
組合せをもつmRNAがつくられ，1つの遺伝子領域から一部のアミノ酸配列
が違う複数種のタンパク質ができる．その機構として，1つの供与部位が複数
の受容部位に働く場合やその逆，あるいはイントロンが残る場合などがある．
これにより，ウイルスなどの限られたゲノム配列から多様なタンパク質を産生
でき，また1つの遺伝子から細胞種により特性の異なるタンパク質をつくるこ
とができる．

## 4.4　翻　　訳

### 4.4.1　リボソーム

　リボソームは大小2つのサブユニットからなり，rRNAと多種類のタンパク
質からなる複合体で，rRNAがリボソーム全質量の2/3を占め，残り1/3をタ
ンパク質が占める．原核生物と真核生物で基本構造は同じだが，大きさと構成
が異なる．原核生物のリボソームは70S（Sは沈降係数の単位）で，23S rRNA
と5S rRNAを含む大きな50Sサブユニットと，16S rRNAを含む小さな30Sサ
ブユニットからなる．このうち，アミノ酸の重合を行う触媒活性は23S rRNA
にある．真核生物のリボソームは80Sで，28S rRNA，5.8S rRNA，5S rRNAを
含む大きな60Sサブユニットと，18S rRNAを含む小さな40Sサブユニットか
らなる．真核生物特有の5.8S rRNAは28S rRNAとともに機能し，両者で大腸
菌の23S rRNAに相当する働きを担う．

　大腸菌では3種のrRNAは，いくつかのtRNAも含む1つのオペロンとして
転写され，RNA切断酵素によって所定の長さに切られる．真核生物の5S
rRNAはRNAポリメラーゼIIIで転写されるが，それ以外の28S，18S，5.8S
のrRNAはRNAポリメラーゼIにより1つのRNAとして転写され，所定の長
さに切断される．

### 4.4.2 tRNA

アミノ酸を mRNA 上の対応するコドンに運ぶのが，74～95 塩基からなる **tRNA** である．tRNA は**アンチコドン**をもち mRNA 上のコドンと塩基対合するが，61 種類のアミノ酸コドンに対してアンチコドンは 40～50 種類程度しかない．1966 年にクリックは，同じアミノ酸に対応する複数のコドンで 3 番目の塩基が異なることに着目し，コドン 3 番目とアンチコドン 1 番目の塩基間では複数の組合せで対合が起きるという**ゆらぎ仮説**を提唱した．その後，実際に，U と G や，U, A, C の 1 つと I (ヌクレオシド名はイノシンだが，塩基名はヒポキサンチン．A の化学修飾でできる) という対合が見つかっている (図 4.8 (a))．

tRNA は種類ごとに塩基配列が異なるが，分子内の塩基対合によって**クローバーリーフモデル**で表される共通構造をもつ (図 4.8 (a))．5′ 末端配列と 3′ 末端配列の対合で形成される**受容アーム**と，**アンチコドンアーム**など 3 つのループ構造型アームが共通構造である．実際の立体構造は，さらに折り畳まれて L 字型になり，一端に受容アーム，他端にアンチコドンが位置する．受容アームの 3′ 末端には，-CCA 3′ の配列をもつ 1 本鎖部分が存在する．この配列は多くの原核生物では遺伝子にあるが，真核生物では遺伝子になく，後で酵素的に付加される．この 3′ 末端に**アミノアシル tRNA 合成酵素**がアンチコドンに対

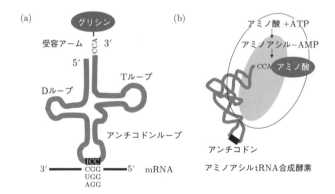

**図 4.8 tRNA のクローバーリーフモデル (a) と L 字構造 (b)**
(a) A の修飾で生じた I を最初の配列にもつアンチコドンに対してコドンの 3 番目に C, U, A のいずれもが対合できる．
(b) アミノアシル tRNA 合成酵素がアミノ酸に AMP を結合して活性化した後，特定の tRNA と共有結合させる．

応したアミノ酸を共有結合させる（図 4.8 (b)）．まず，アミノ酸を ATP により活性化してアミノアシル-AMP とし，これを tRNA に転移してアミノアシル tRNA をつくる．この酵素は各アミノ酸に対して 1 つしかないが，基本構造が似た tRNA の中から 1 つのアミノ酸に対応するアンチコドンをもつ複数の tRNA をすべて識別できる．tRNA を構成する塩基の約 10％は，メチル化など様々な修飾を受けるが，これは，ゆらぎ塩基対合やアミノアシル tRNA 合成酵素の識別に役立っている．

### 4.4.3　翻訳開始機構

翻訳開始では，リボソームの小サブユニット，いくつかの**翻訳開始因子**，開始コドン専用の (f)Met-tRNA の複合体が開始コドンを識別する．原核生物のポリシストロニック mRNA と真核生物のモノシストロニック mRNA の違いは，開始コドン識別機構の違いに反映されている．

#### （1）　原核生物の翻訳開始機構

1975 年，シャイン（Shine, J., 1946-）とダルガーノ（Dalgarno, L., 1935-）は，原核生物 mRNA の翻訳開始コドン AUG の上流 10 塩基以内に，5′-AGGAGG-3′ かその部分配列があることを見つけた．**SD（Shine-Dalgarno）配列**または **RBS（リボソーム結合部位）**とよばれるこの配列は，16S rRNA の 3′ 末端にある 5′-CCUCCU-3′ との対合により，開始因子を結合した 30S サブユニットを mRNA に結合させる．次に，別の開始因子の働きで開始コドンに fMet-tRNA が結合し，さらに 50S サブユニットが会合して翻訳の伸長を行う複合体が形成される．

#### （2）　真核生物の翻訳開始機構

真核生物では，5′ 末端のキャップ構造が mRNA とリボソームの結合に必須となる．キャップ構造といくつかの開始因子の複合体に対して，40S サブユニット，開始コドンに対応する Met-tRNA，さらに別の開始因子が結合する．この後，40S サブユニット複合体は ATP を加水分解して mRNA を 5′ 側から 3′ 側に走査し，最初に現れる AUG を開始コドンとし，60S サブユニットを結合して翻訳を開始する．開始コドン上流域にしばしばみられる**コザック**（Kozak, M.）**配列**は，翻訳開始の効率を上げるが必須ではない．

真核生物でも，ポリオウイルス，熱ショックタンパク質や発生関連遺伝子で，キャップ構造非依存的に mRNA の途中から翻訳が開始する例がある．この場合は，**IRES（内部リボソーム導入部位）**配列がリボソーム結合部位として機能する．

**4.4.4　翻訳の伸長・終止機構**（原核生物の場合．真核生物もほぼ同じ）

　リボソームの大小のサブユニットが接する場所に tRNA が結合できる 3 つの部位が存在し，これらは mRNA の 3′ 側から，**A サイト**，**P サイト**，**E サイト**とよばれる（図 4.9 (a)）．A サイトはアミノアシル tRNA の結合，P サイトはペプチジル tRNA (ペプチドを付けた tRNA)，ただし，翻訳開始時は fMet-tRNA の結合，E サイトはアミノ酸を運び終えた tRNA の出口のためのサイトである．mRNA の 3 塩基刻みの移動に伴い，個々の tRNA は A→P→E と移動する．小サブユニット側間隙には tRNA のアンチコドンアームが位置し，mRNA と tRNA の塩基の対合が行われる．大サブユニット側間隙には，tRNA の受容アームが位置し，ペプチド結合が形成される．

　アミノアシル tRNA は GTP 結合型の**翻訳伸長因子 EF-Tu** と複合体になって A サイトに入る（図 4.9 (b)）．コドンとアンチコドンが一致したとき，GTP の

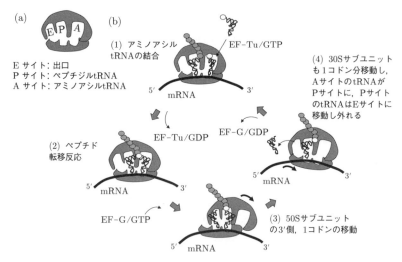

図 4.9　原核生物リボソームの 3 つの tRNA 結合サイト (a) とペプチド伸長サイクル (b)

4.5 遺伝子発現の制御 77

加水分解とともに EF-Tu が外れてアミノアシル tRNA が A サイトに残る．次に，アミノアシル tRNA のアミノ酸のアミノ基と P サイトのペプチジル tRNA のペプチド C 末端との間でペプチド転移反応が行われ，A サイトのアミノアシル tRNA にペプチドが移る．この後，次の**翻訳伸長因子 EF-G** が GTP 結合型で A サイトに結合し，GTP の加水分解でリボソーム構造が変化して mRNA が 3 塩基分移動し，A サイトのペプチジル tRNA の P サイトへの移動，ペプチドの外れた tRNA の E サイトへの移動が同時に進行する．この一連の反応で 1 アミノ酸分の伸長が終わると，使われた tRNA と GDP 型 EF-G はリボソームから離れ，次のアミノ酸連結サイクルが開始する．

リボソームによる翻訳は，終止コドンの 1 つに出会うと停止する．終止コドンに対応する tRNA はなく，代わりに A サイトに複数の**遊離因子（翻訳終結因子）**が作用し，合成されたペプチド鎖の遊離，最後の tRNA の遊離，リボソームの解離を行って翻訳を終了する．

リボソームが mRNA 上を移動すると，空いた開始コドンには別のリボソームが結合し次の翻訳が始まる．こうして，普通 1 本の mRNA には複数個のリボソームが結合し，複数のタンパク質の翻訳が同時に進められる．この状態の複合体は**ポリリボソーム**とよばれる．

## 4.5 遺伝子発現の制御

細胞の性質は，おもにタンパク質の種類と量で決まる．それを決める過程で最も重要なのは転写開始の制御で，その主役は**トランス作用因子（トランス因子）**と**シス作用配列（シス配列）**である．トランス因子は，制御される遺伝子とは別の領域から産生されるタンパク質や RNA，シス配列は制御される遺伝子と同じ DNA 上の配列で，トランス因子の標的となる．正（活性型）と負（抑制型）の調節系があるが，さらにそれらの組合せで精密な制御が行われることも多い．

原核生物の転写制御の基本的な仕組みは，3 章で，オペロン説として，大腸菌ラクトースオペロンの例を説明した．これは，誘導物質によりリプレッサーの活性が喪失し転写が活性化される例だが，トリプトファンオペロンのように代謝産物であるトリプトファンがリプレッサーを活性化し，転写を抑制する例もある．以下では，真核生物の転写制御機構を解説する．

### 4.5.1 真核生物の転写制御

真核生物の転写開始では，まず基本転写因子がプロモーターに結合し，そこにRNAポリメラーゼが結合するが，転写開始の効率は，さらに**エンハンサー**（シス配列）と**アクチベーター**（トランス因子）などで制御される．エンハンサーは，プロモーターとの相対的配置・距離・向きによらずに転写を活性化する配列として見つかったが，実体は，いくつかのアクチベーター結合配列が集まった構造で，ここに結合したアクチベーターは，**コアクチベーター**または**メディエーター**とよばれるタンパク質複合体を介して，プロモーター上の基本転写因子やRNAポリメラーゼに作用し転写を活性化する．これが可能なのは，DNAがループ構造をとり，エンハンサーとプロモーターが空間的に接近するからで，アクチベーター（メディエーター），基本転写因子などは**エンハンソーム**とよばれる複合体として転写の活性化を行う（図4.10）．この複合体には，近傍の染色体構造を緩めて活性型にする**ヒストンアセチル基転移酵素**（**HAT**）や**クロマチンリモデリング因子**なども含まれる．

真核生物でも抑制型の制御が存在する．この場合は，エンハンサーと逆の働きをする**サイレンサー配列**に真核生物型のリプレッサーが結合し，これに結合した**コリプレッサー**（メディエーターの一種）複合体が，基本転写因子やRNAポリメラーゼに作用し転写を抑制する．さらに，コリプレッサー複合体に含まれるヒストン脱アセチル化酵素は，近傍のクロマチン構造を凝縮させ転写を抑制する．

エンハンサーやサイレンサーの作用が，他のプロモーターにまで波及することを防ぐ仕組みとして**インシュレーター**とよばれる配列が存在する．これが間

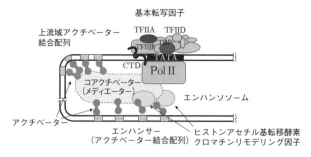

図 4.10 真核生物プロモーター領域の転写因子の集合とエンハンサー領域を含んだアクチベーター，コアクチベーターの集合（口絵参照）

に存在すると，プロモーターはエンハンサーやサイレンサーからの促進／抑制効果を受けなくなる．

## 4.6 複　製
### 4.6.1 複製フォーク
#### （1） DNA複製の主要な因子

4.1.3 (2) で示したように，**DNA複製**は半保存的に行われ，**複製フォーク**では**リーディング鎖**と**ラギング鎖**という非対称の合成様式をとる．複製フォークでは，DNAポリメラーゼ以外に多様なタンパク質が協同的に働く．その主要な因子は，**プライマーゼ，DNAヘリカーゼ，1本鎖DNA結合タンパク質，クランプ，クランプローダー（ローダー）**などである．

プライマーゼは，DNA合成の開始反応で約10塩基の短いプライマーRNAを合成し，その3′-OH末端からDNA合成の伸長反応が始まる．このRNAプライマー部分は後に分解される．DNAヘリカーゼは6量体の環状構造をもち，ATP分解のエネルギーを使って連続的に2本鎖DNAを1本鎖に開き続ける．

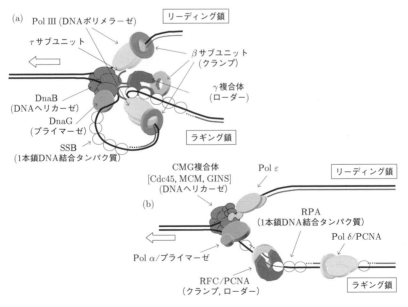

**図 4.11**　大腸菌(a)と真核生物(b)の複製フォーク複合体（レプリソーム）
（口絵参照）

真核生物型ヘリカーゼはリーディング鎖の鋳型 DNA 上を 3′→5′ 方向に，原核生物型ヘリカーゼはラギング鎖の鋳型 DNA を 5′→3′ 方向に進む（図 4.11）．1 本鎖 DNA 結合タンパク質は，1 本鎖 DNA に特異的かつ協同的に結合し，DNA に働く多様な酵素の活性を促進するとともに，不安定な 1 本鎖 DNA を切断や分解から保護する．クランプは環状構造をもち，2 本鎖 DNA に結合し自由に移動する．酵素活性はもたず，DNA ポリメラーゼを含め DNA で働く多様な酵素の反応の足場になる．多くのクランプはローダーの ATP 分解活性によって一時的に環状構造を開いて 2 本鎖 DNA 上に装着される．

### （2）　原核生物の複製フォーク

　大腸菌では，**レプリソーム**とよばれる複合体がリーディング鎖，ラギング鎖を協調的に合成する（図 4.11 (a)）．DnaB DNA ヘリカーゼが先頭に位置し，DNA 上を 5′→3′ に進行して 2 本鎖 DNA を解く．DnaG プライマーゼは DnaB と結合して移動し，ラギング鎖の鋳型 DNA 上で 1000 塩基ほどの間隔でプライマー RNA を合成する．この RNA から DNA ポリメラーゼ III (Pol III) が DNA 合成を行う．Pol III は $\beta$ サブユニットとよばれるクランプと結合して 500〜800 塩基/秒の速さで DNA 合成を行う．$\beta$ サブユニットは 2 量体の環状構造で，ローダーである $\gamma$ 複合体によって DNA に装着される．$\gamma$ には C 末端が長くなった $\tau$ とよばれる派生体があり，この C 末端部分を使って DnaB や Pol III と結合する．これによって，1 組の DnaB と 2 個の Pol III を繋ぎ止めた複合体になり，一方の Pol III がリーディング鎖，もう一方がラギング鎖の合成を担当する．リーディング鎖側の Pol III は最初のプライマーから連続的に DNA 鎖を伸長する．ラギング鎖側ではプライマー RNA が合成されるたびに，$\gamma$ 複合体によって $\beta$ サブユニットが装着され，Pol III が 1 つ前に合成された短鎖 DNA の 5′ 末端まで DNA 合成を行う．

### （3）　真核生物の複製フォーク

　真核生物では，原核生物のように 1 つの複合体として協調してリーディング鎖とラギング鎖を合成するという証拠は得られていない（図 4.11 (b)）．DNA ヘリカーゼの実体は，6 種の MCM タンパク質の複合体 MCM2-7 に Cdc45，GINS 複合体が加わった CMG (Cdc45, MCM, GINS) 複合体であり，リーディング鎖の鋳型 DNA 上を 3′→5′ 方向に進行する．DNA ポリメラーゼは，特性

4.6 複　　製　　　　　　　　　　　　　　　　　　　　　　　　81

の異なる Pol $\alpha$, Pol $\delta$, Pol $\varepsilon$ の3種類が複製フォーク複合体に組み込まれる.
Pol $\delta$, Pol $\varepsilon$ は高い校正活性をもつが, Pol $\alpha$ はもたない. Pol $\alpha$ とプライマー
ゼの複合体は, ラギング鎖鋳型上で10塩基ほどの RNA を合成し, ここから
10～20塩基の DNA を伸長する. 真核生物ではこの RNA-DNA ハイブリッド
がプライマーとなる. プライマー 3′末端に, ローダー複合体 RFC によって3
量体型のクランプ PCNA が装着される. Pol $\delta$ は, PCNA 依存性の高い DNA
合成酵素で, プライマーを起点にして100～200塩基のラギング鎖を合成する.
Pol $\varepsilon$ は CMG ヘリカーゼと複合体をつくり, リーディング鎖合成を行う.

**（4）　染色体末端の複製**

　真核生物の線状 DNA は, 複製時にラギング鎖の最後のプライマーから鋳型
DNA の 3′末端までの部分が複製されないので, 複製ごとに DNA が短くなる
のではないか？　これは1973年にワトソンによって**末端複製問題**として提起
された. これを回避するため, 染色体 DNA の末端には, 通常の DNA 複製と
は別の機構で複製されるテロメア配列（-TTGGGG-や-TTAGGG-が数百回反
復）が存在する. 1985年にグライダー（Greider, C. W., 1961-）とブラックバー
ン（Blackburn, E. H., 1948-）は, テトラヒメナからテロメラーゼを精製し, こ
れがこの配列に相補的な配列の RNA をもち, それを鋳型にしてテロメア DNA
を合成する逆転写酵素の一種であることを示した. テロメアは, 末端複製問題
に対処するとともに, この配列に結合するタンパク質を介して独特の構造を形
成し, DNA 末端を分解や他の染色体との融合から防いでいる. また, テロメ
アの短縮は細胞老化の1つの原因と考えられる. 動物の体細胞を培養すると,
分裂ごとにテロメアが短縮し, 限界まで達すると分裂を停止することなどが,
その根拠となっている.

**4.6.2　複製開始制御**

**（1）　レプリコン**

　1963年にジャコブ, ブレンナーらは, 独立した制御を受ける複製単位を**レ
プリコン**とよぶことを提唱した. オペロンと同様に, 各レプリコンは固有のシ
ス配列である**レプリケーター**と, それに作用するトランス因子である**イニシ
エーター**で構成される. レプリケーターは, 通常, 複製開始点を含み, イニシ
エーターが結合する配列と, 隣接する DUE とよばれる1本鎖になりやすい A,

Tの多い (AT-rich) 配列から構成される．イニシエーターは結合配列に結合すると隣接配列の DNA 構造を変え，複製開始に必要なタンパク質を集める．

### （2）　原核生物の複製開始反応

　大腸菌の例を紹介する．大腸菌の環状ゲノムには複製開始点である *oriC* が 1 か所存在する．*oriC* は 245 塩基の配列で，イニシエーターである DnaA タンパク質が結合する 9 塩基の配列 (DnaA box) 5 個を含む DnaA 集合領域と，13 塩基の AT-rich 配列が繰り返した DUE 領域で構成される．前者に ATP 結合型（活性型）の DnaA が集合体を形成すると DUE 領域が 1 本鎖に別れ，2 組の DnaB ヘリカーゼが装着され，*oriC* から両方向に複製フォークが進行する．複製開始頻度は，DnaA の量，ATP の結合／加水分解による DnaA の活性制御，*oriC* 領域の細胞内局在などで制御され，細胞増殖と複製が連携して進行する．

### （3）　真核生物の複製開始反応

　真核生物の DNA 合成速度は約 50 塩基/秒と遅いが，染色体 DNA に多数の複製開始点が存在するので，限られた時間内に原核生物の 10～1000 倍も大きな DNA を複製できる．すべての複製開始点は細胞周期の S 期に 1 回だけ複製を開始することから，1988 年にブロウ (Blow, J. J.) とラスキー (Laskey, R. A., 1945-) はライセンシング因子の存在を提唱した．これは，核膜が消失した M 期に複製開始点に結合し，S 期にそれを活性化して複製を開始し，同時にその DNA 領域から消失して再複製を不可能にする因子である．その候補として，1995 年に久保田らによって複製ヘリカーゼ MCM2-7 の 1 つのサブユニットが同定された．今では，ライセンシング因子に該当するのは，MCM を含め，以下に述べる **pre-RC** 形成にかかわる一群の因子と考えられている．

　出芽酵母では，ゲノムあたり数百か所存在する複製開始点として，T-rich な 11 塩基の保存配列 *ACS* を含む約 100 塩基対の *ARS* 配列が単離されている．この複製開始点にはイニシエーターである ORC が細胞周期を通じて結合しているが，Cdk（サイクリン依存性タンパク質リン酸化酵素）の活性が低い M 期の終わりから G1 期に Cdc6 と Cdt1 が蓄積すると，その助けにより 2 組の複製ヘリカーゼ MCM2-7 が ORC に結合して pre-RC を形成する．次に，G1 期の終わりから S 期に Cdk などのタンパク質リン酸化酵素の活性が急激に高くなり，これにより pre-RC が活性化され，活性型 CMG ヘリカーゼ (4.6.1 (3)) を

4.7 突然変異, 修復, 組換え    83

形成する. このヘリカーゼが近傍の DNA を開裂して 1 本鎖 DNA 領域を形成
し, Pol α/プライマーゼ複合体がプライマーを合成して DNA 複製が始まる.
S 期以降の高い Cdk 活性は同時に Cdc6 と Cdt1 の分解を導き, 複製開始点で
新たな pre-RC が形成するのを防ぐ.

　出芽酵母以外の大部分の真核生物では *ARS* のような複製開始にかかわる保
存配列は見つからないが, ORC の結合領域から複製が開始することは共通す
る. したがって, 酵母以外の真核生物の ORC は, 塩基配列というより DNA
の高次構造や染色体構造を認識して結合すると考えられる. 多数ある複製開始
点は, S 期に一斉にあるいはランダムに複製を開始するのではなく, S 期の初
期, 中期, 後期に決まった順序で複製を開始する. 一般的に, 転写が活発な
ユークロマチン領域は S 期初期に, 不活発なヘテロクロマチン領域は後期に
複製を開始する. 複製の開始や活性化を行う因子の核内の個数は複製開始点の
数よりずっと少ないので, 個々の複製開始点領域の染色体構造がそれらの接近
しやすさを決め, これによって複製開始の順序が決まると思われる.

## 4.7 突然変異, 修復, 組換え

### 4.7.1 突 然 変 異

　ゲノムの塩基配列に起きた永続的な変化を**突然変異**とよぶ. 多細胞生物で
は, 生殖細胞に起きた突然変異のみが子孫に伝わる. 一方, 体細胞に起きた突
然変異は, がんの原因などで重要である. DNA 複製のエラーや, 化学物質・
紫外線・X 線・放射線などによる DNA の損傷で, 修復されなかったものが,
突然変異の原因になる. また, トランスポゾン (4.7.3 (3)) の転移によっても
突然変異が生じる.

　突然変異には, 光学顕微鏡でわかる染色体レベルのもの (2 章) もあるが,
塩基の置換・挿入・欠失など, 塩基レベルのものもある. 遺伝暗号との関係
で, 塩基レベルの突然変異は, ミスセンス変異・ナンセンス変異・フレームシ
フト変異などに分類できる. アミノ酸のコドンが 1 塩基の置換により, 別のア
ミノ酸のコドンに変わる場合を**ミスセンス変異**, 終止コドンに変わる場合を**ナ
ンセンス変異**という. また, 1〜2 個の塩基の欠失または挿入によってコドン
の読み枠が変わり, タンパク質のアミノ酸配列が途中から全く別の配列に変わ
る場合を**フレームシフト変異**という. この他に, プロモーターなどのシス配列
の突然変異も存在する.

### 4.7.2 DNA 修復
#### (1) ミスマッチ修復

　DNA 合成酵素は，最初は約 $1\times10^5$ 塩基に 1 個の割合で間違ったヌクレオチドを入れる．これは校正機能 (4.1.3 (2)) で直され，約 $1\times10^{-7}$ まで減少する．これで直されなかった間違いは，塩基が正しく対合しないミスマッチとして残る．また，2～3 塩基が反復する配列でも，複製エラーで塩基の欠失や挿入が起きて反復数の変化が生じ，ミスマッチが生じる．これらのエラーは**ミスマッチ修復**によって修復される．この修復は，大腸菌では MutS, MutL, MutH, 真核生物では MSH, MLH などの高度に保存された因子が行う (図 4.12 (a))．ミスマッチ修復では，新たに合成された DNA 鎖を識別する必要がある．大腸菌では，ゲノム全体に分布するメチル化塩基が目印になり，メチル化のない鎖を新生鎖として切り取り修復する．真核生物ではこのような DNA 修飾がないため，DNA の切れ目が目印となるらしい．すなわち，ラギング鎖ではそれ自身のつなぎ目，リーディング鎖では誤って取り込むリボヌクレオチドの除去で生じる切れ目が目印になると考えられる．ヒトではミスマッチ修復因子 MSH の欠損変異が家族性大腸がんの原因の 1 つとなる．

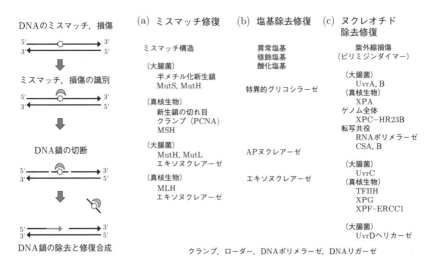

**図 4.12　DNA のミスマッチ，損傷の修復経路**

4.7　突然変異，修復，組換え　　　85

### （2）　DNA 損傷の除去修復

　DNA の片方の鎖の損傷では，損傷部位を切除して，傷のない方の DNA 鎖を鋳型として正しい配列が修復される．これには，1 塩基の損傷に対応する**塩基除去修復**と，複数の塩基にまたがる損傷に対応する**ヌクレオチド除去修復**がある（図 4.12 (b), (c)）．どちらも，損傷部位の切除後に DNA の合成と連結が必要で，クランプ，DNA ポリメラーゼ，DNA リガーゼなどによるラギング鎖連結と同じ反応が使われる．

　1 塩基の損傷で代表的なものは脱アミノ反応（4.1.1 (6)）で，A，G，C がそれぞれヒポキサンチン，キサンチン，ウラシルになる．これらの異常塩基は，専用の **DNA グリコシラーゼ**によって切除される．これで生じる「塩基が欠けた構造」も DNA 損傷の 1 つで，AP ヌクレアーゼ（脱プリン-ピリミジン部切断酵素）とエキソヌクレアーゼによって除去され修復合成が行われる．

　紫外線による損傷では，隣り合った Py どうしに架橋が入り，チミンダイマーなどのピリミジンダイマーを形成する．大腸菌では光依存的に直接 Py 間の架橋を分離するフォトリアーゼが存在するが，一般的な修復はヌクレオチド除去修復による．この反応では，修復因子 UvrA，UvrB，UvrC が，架橋による DNA 構造のひずみを検出し，損傷の両側のリン酸結合を切断し，損傷部位を除去し修復する．

　真核生物でも同様の反応があるが，より多くの因子が関与する．また，損傷の識別が異なる 2 つの経路，すなわちゲノム全体をモニターして損傷を探す経路と，RNA ポリメラーゼの進行停止を損傷信号とする経路が存在する．ヒトでは，この修復に関与する遺伝子の機能不全は，紫外線高感受性，高発がんなどの症状を示し，**色素性乾皮症**，**コケイン症候群**などの遺伝病を引き起こす．

### （3）　損傷乗り越え合成

　色素性乾皮症原因遺伝子の中に，ヌクレオチド除去修復因子以外に，DNA ポリメラーゼ Pol η をコードする遺伝子が見つかった．この酵素はチミンダイマーの向い側に A を取り込むなど，損傷を乗り越えて DNA を合成する（**損傷乗り越え DNA 合成**）．同様の DNA 合成酵素は，大腸菌から真核生物までいくつも存在し，DNA 損傷の修復はしないが，多様な損傷に対して損傷部位の DNA 複製を可能する．Pol η はその中でもチミンダイマーに特化した酵素といえる．

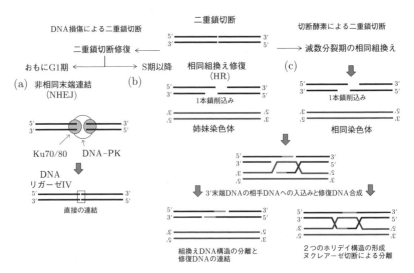

**図 4.13 二重鎖切断を起点とする修復と相同組換え**

### (4) 二重鎖切断修復

　以上は，2本鎖 DNA の片方で損傷が起きたときの修復だが，X線などの電離放射線では，2本の DNA 鎖が同時に切れる**二重鎖切断**が起きる．また，DNA 鎖の片側に切れ目が入った部位に複製フォークが進行したときも二重鎖切断が起きる．このような損傷の修復は，姉妹染色体が存在する S 期以降と存在しない G1 期ではおもな経路が異なる．G1 期では，**非相同末端結合**とよばれる直接的な連結が行われる（図 4.13 (a)）．この反応では，二重鎖切断部の2つの末端を特殊なタンパク質が保持して，DNA リガーゼ IV によって連結する．連結する末端どうしには特異性が必要ないため，不安定な DNA 末端を保護する一方で，ゲノムの改編を招くことが多い．これに対して，S 期以降で姉妹染色体が存在するときは，二重鎖切断された DNA は，姉妹間の相同な DNA 配列を使い，**相同組換え**（4.7.3 (1)）の経路を使って正確に修復される（図 4.13 (b)）．

### 4.7.3　遺伝的組換え

#### (1)　相同組換え

　**相同組換え**は，相同性のある塩基配列をもつ2つの DNA 間で，DNA の切断を起点にして DNA の繋ぎ換えが起きる反応である．真核生物の減数分裂期

## 4.7 突然変異，修復，組換え

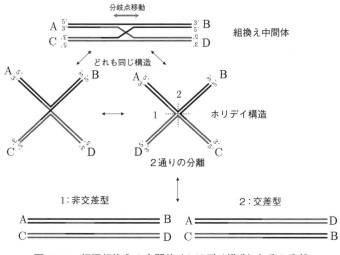

**図 4.14** 相同組換えの中間体（ホリデイ構造）とその分離

には，父方と母方の相同染色体間の相同配列を使った組換え反応によって交差が形成され，相同染色体間で遺伝情報の組合せが変わる．これは遺伝子（アレル）の組合せの多様性を増し，進化を早める効果があると考えられる．

　相同組換えには多様なタンパク質が関与するが，大腸菌ではRecAタンパク質，真核生物ではRad51タンパク質が相同配列間の交換に中心的な働きをする．これらのタンパク質はDNAの1本鎖部分に集合して右巻きのらせん状集合体を形成する．この構造で相同配列をもつ2本鎖DNAと複合体を形成し，1本鎖の3′末端から相手のDNAの相補鎖と対合を形成する．1964年にホリデイ（Holliday, R., 1932-2014）によって，**ホリデイ構造**とよばれる相同組換えの中間体が提唱された．これは，交差型の連結構造だが，分岐点が移動できるため，組換えを起こす位置を自由に選べる（図4.14）．この構造は切断されて2本のDNAに分かれるが，切り方によって，DNA鎖の片側の断片のみが相手側に移った非交差型と，2本のDNAが途中で交換された交差型のいずれかができる．

### （2） 部位特異的組換え

　DNA組換えには特定の配列間で行われる場合がある．代表的な例は，λファージの溶源化の際に，ファージDNAが宿主ゲノムに組み込まれる過程で

ある（3章）．P1ファージでは，ファージDNAが宿主細胞に入って環状化する際に，CreタンパクによってDNAの2つの*LoxP*配列間で組換えが行われる．このCre-*LoxP*の組換えは，Cre以外の因子を必要としないために，真核生物で条件的に遺伝子の破壊を行う道具として使われる．

### （3） トランスポゾン（転移因子）

トランスポゾン（転移因子）は，ほぼすべての生物のゲノム中に存在し，自律的な転移，増幅を行うDNAである．トランスポゾンの転移も，組換えの一種と考えられる．1940年代に，マクリントック（McClintock, B., 1902-1992）は，トウモロコシの斑入りの原因が染色体の一部の転移によることを示し，トランスポゾンを発見した．

トランスポゾンには，DNAトランスポゾンとレトロトランスポゾンの2種類がある．前者は，自身で**トランスポザーゼ（転移酵素）**をコードし，両末端に逆向き反復配列をもつ．転移酵素はこの配列を認識して切り出し，新たな挿入部位のDNAに数塩基互い違いに切れ目を入れ挿入し，切れ目間の隙間をDNA合成で埋めて連結する（図4.15 (a), (b)）．この転移には，切り出したDNA自体が転移する非複製型と，トランスポゾンの新たなコピーが挿入される複製型がある．**DNAトランスポゾン**は原核生物から真核生物まで存在し，原核生物ではしばしば抗生物質耐性遺伝子の運び手として見つかる．

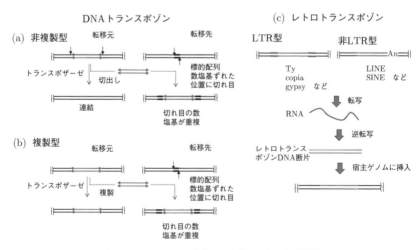

**図 4.15** トランスポゾンの種類とその転移機構

演習問題　　　　　　　　　　　　　　　　　　　　　　　　　　　　　89

　　**レトロトランスポゾン**には，レトロウイルスのように両末端に LTR とよばれる反復配列をもつ LTR 型と，もたない非 LTR 型がある（図 4.15 (c)）．レトロウイルスは RNA をゲノムにもつウイルスで，この RNA は自身の逆転写酵素によって DNA に写し取られ，**インテグラーゼ**とよばれる酵素の働きで宿主ゲノムに挿入される．この点で，ウイルスの殻をもったトランスポゾンとみることができる．実際に，LTR 型のトランスポゾンは，細胞外に出ないだけで，レトロウイルスと同じ様式で，LTR 間の転写産物を逆転写してコピーをつくりゲノムの別の位置に挿入する．一方，ヒトの LINE，SINE など非 LTR 型は，LTR の代わりに 3′ 側にポリ A 配列をもつ．LINE は 6〜8 kb の長さで，逆転写酵素やインテグラーゼの遺伝子をもち，自律的に転移できる．SINE は 300 塩基程度の長さで，タンパク質をコードせず，LINE などの他のトランスポゾンの酵素に依存して転移する．

　　トランスポゾンはゲノムに急激な変化を起こすので，高等動物や高等植物はエピジェネティックな機構（6 章）などを使って，トランスポゾンを抑制するように進化してきた．高等真核生物では，これが 1 つの原因となって，クロマチン構造の変化による高次の遺伝子発現制御機構が進化したとも考えられている．

## ▌演習問題

**4.1**　DNA と RNA の構造と機能の違いについて 6 項目以上あげて説明しなさい．

**4.2**　原核生物と真核生物の転写の仕組みの相違点をあげて説明しなさい．

**4.3**　出芽酵母とヒトの遺伝子にコードされたタンパク質のアミノ酸配列を知るのに使われる材料は異なっている．それぞれ何と何が使われるか，使われる理由とともに記述しなさい．

**4.4**　翻訳は開始コドン（AUG）を識別して開始するが，翻訳開始の仕組みは原核生物と真核生物間で大きく異なる．

　（1）　どのように異なっているか説明しなさい．

　（2）　その違いが生じている分子的な背景を説明しなさい．

**4.5**　原核生物と真核生物の DNA 複製の仕組みの相違点をあげて説明しなさい．

# 5 遺伝子の操作・解析からゲノム科学へ

　1953年のDNA二重らせんモデルから1966年の遺伝暗号表の解読に至る古典分子遺伝学の時代は，DNAの塩基配列を決定する技術がなく，おもにファージと大腸菌を用いた間接的な実験によって遺伝子の研究をせざるをえなかった．この限界を打ち破って，DNA塩基配列を読み取り，また動植物を材料とした遺伝子実験も可能にして応用への道を広げたのは，1970年代に出現した遺伝子操作・解析技術の出現である．この技術を用いて，研究者たちは，DNA二重らせんからわずか47年後の，21世紀に移行する記念すべき時期に，ヒトゲノムの全塩基配列決定という人類の知性にとって輝かしい金字塔を打ち立てた．その成果をもとにした21世紀の遺伝学は，現在でもゲノム科学として飛躍的な進展を続けている．本章では，飛躍のきっかけとなった遺伝子操作法について説明した後に，ゲノム科学へと発展していった経緯と現況について概観する．

## 5.1　遺伝子操作・解析技術

　細胞の中に含まれるDNAは多数の遺伝子を含むため，個々の遺伝子は非常に少量で，単離して分析することが困難だった．この問題を解決したのは，遺伝子を増幅する遺伝子クローニング法とPCR法であり，増幅した遺伝子を解析する塩基配列決定法である．遺伝子クローニング法では，試験管内でDNAを切り貼りして（試験管内DNA組換え），ベクター（細胞内で遺伝子を増殖させるための運び屋DNA）に挿入し，それを細胞に導入して増やす方法を用いる．

### 5.1.1　遺伝子操作を実現した重要な酵素群

#### （1）　DNAを切断するハサミとしての制限酵素

　遺伝子操作法出現の契機となったのは，スイスの小さなラボで生まれた大き

5.1 遺伝子操作・解析技術　　91

な発見であった．アーバー（Arber, W., 1929-）は，ある大腸菌で増殖したλファージが他の大腸菌では増殖できなくなるという奇妙なデータを前に頭を抱えていた．それから何日も謎が解けない時を過ごしていたが，ある日「これはファージDNAの特定の塩基配列を修飾して目印を付ける酵素（後にメチル化酵素と判明）と，修飾されていない塩基配列を選んで切断する未発見の酵素を大腸菌が産生するからではないか」とひらめいた．早速，実験を開始し，ファージが感染した大腸菌から新規な酵素（ファージの増殖を制限するという意味で**制限酵素**と名付けた）の存在証明に成功したのである．しかし，この酵素は，扱いが難しくDNAの切断配列もあいまいなI型制限酵素であったため実用的ではなかった．一方，この話を聞いて手元にあった別の細菌（*Haemophilus influenzae*）から制限酵素（*Hind*2）を精製したスミス（Smith, H. O., 1931-）は幸運を呼び込んだ．特定の塩基配列を認識してDNAを切断するII型制限酵素だったのである．同僚のネイサンズ（Nathans, D., 1928-1999）が，この酵素を借りてサルの細胞にがんを起こすSV40がんウイルスのDNAを切断したところ，何本かの断片に切断され，それらが電気泳動で分離できた．*Hind*2が現在*Hind*II，*Hind*IIIとよばれている2つの制限酵素の混合物であったために，SV40 DNAが程よい間隔で切断された．ついに人類はDNAを特定の位置で切断できるミクロなハサミを手に入れたことになる．

　1つ発見されると，よく似た制限酵素が次々と発見されていった．現在では，様々な塩基配列でDNAを切断する100種類近くの酵素が市販されていて，いずれの制限酵素もDNAを特定の4〜8塩基で切断する．切断配列の基本となるのは4，6，8塩基の，左右どちらから読んでも同一となる回文配列だが，それ以外の非対称な認識配列も見つかっている．制限酵素の名前は，由来する生物種の3文字略号（イタリック表示）とローマ数字で表される．例えば，大腸菌（*Escherichia coli*）のR株から見つかった1番目の制限酵素は*Eco* RIと命名されている．*Hind*IIIはヘモフィルス-インフルエンザ菌のd株（*Haemophilus influenzae* d）から単離された3番目の制限酵素である．切断されたDNAの切断面には，5′末端あるいは3′末端で1本鎖が飛び出た接着末端と，切断面が平らな平滑末端の2種類が知られている．同じ塩基配列を認識する制限酵素は**アイソシゾマー**とよばれるが，その中でも，切断面が異なる場合は**ネオシゾマー**とよばれる．例えば，*Sma* I（CCC＊↓GGG）と*Xma* I（C↓CC＊GGG）は切断点（↓）が異なるネオシゾマーである．この場合，3番目のC（＊）がメチ

ル化されている場合には *Xma* I でのみ切断される．この特徴は覚えておくと
遺伝子操作実験の際に有用である．

### （2）　核酸を壊すシュレッダーとして働く核酸分解酵素

　自然界には制限酵素以外にも核酸を分解する酵素（ヌクレアーゼ）が数多く
見いだされている．その多くは，制限酵素とは異なり，塩基配列にあまり依存
せずに核酸を分解する．核酸分解酵素には，DNA を分解するデオキシリボヌ
クレアーゼ（DNase）と RNA を分解するリボヌクレアーゼ（RNase）があり，
その各々について，端から順にヌクレオチドを除去するエキソヌクレアーゼ
と，内部の糖・リン酸骨格を切断するエンドヌクレアーゼがある．生物試料か
ら核酸を精製すると DNA と RNA の混合物が得られるが，その中の RNA また
は DNA を除きたい場合は，それぞれ RNase，DNase で分解して除く．また，
DNA エキソヌクレアーゼは，DNA 断片を短くするときに用いられる．

### （3）　核酸どうしを貼り付ける糊としてのリガーゼ

　制限酵素をハサミに例えるならば，**リガーゼは核酸を貼り付ける糊**に相当す
る酵素である（図 5.1 (a)）．リガーゼには，DNA リガーゼと RNA リガーゼが
知られている．T4 ファージ由来の DNA リガーゼは接着末端も平滑末端も
DNA 断片どうしをホスホジエステル結合で連結できるのに比べて，大腸菌由
来の DNA リガーゼは接着末端どうししか連結できない．また，T4 DNA リ
ガーゼが DNA と RNA，およびわずかながら RNA どうしでも連結できるのに
対して，大腸菌 DNA リガーゼはそのような能力がない．RNA リガーゼで最も
頻用される T4 ファージ由来の酵素はオリゴヌクレオチドの 5′-P 末端と 3′-OH
末端とを連結する酵素で，RNA の 3′ 末端の標識などに用いる．RNA どうしの
他，DNA と RNA の結合も反応速度は遅いながらも触媒でき，最小では pNp
と NpNpN も連結できる．

### （4）　DNA を複製する DNA ポリメラーゼ

　**DNA ポリメラーゼ**は DNA を鋳型にし，それに相補的なヌクレオチドを選ん
で次々と重合する酵素で，開始位置は**プライマー**とよばれるオリゴヌクレオチ
ドで指定される（図 5.1 (b)，4 章）．代表的な大腸菌 DNA ポリメラーゼ I は，
遺伝子操作に邪魔となる 5′→3′ 方向へのエキソヌクレアーゼ活性ももつため，

## 5.1 遺伝子操作・解析技術

(a) T4 DNAリガーゼによるDNAの連結

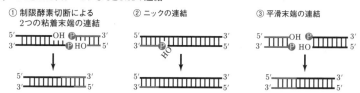

(b) DNAポリメラーゼによる相補鎖の生合成

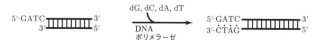

(c) T7 RNAポリメラーゼによるRNAの合成

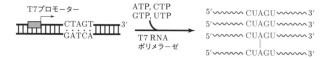

(d) 末端ヌクレオチド転移酵素（TdT）によるDNAの3′末端へのポリAの付加

(e) 逆転写酵素によるmRNAを鋳型とした相補鎖（cDNA）の合成

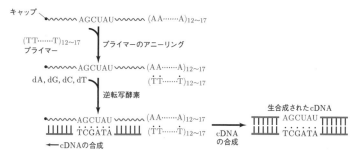

**図 5.1 遺伝子操作に用いる様々な酵素の作用機序**
（野島博 著，「医薬分子生物学（改訂第3版）」，南江堂（2014）より改変）

この活性を欠損させた**クレノウ断片**（発見者の名前 Klenow に因む）が，主として2本鎖 DNA の接着末端およびギャップの修復操作に使われる．一方，T4 DNA ポリメラーゼは 5′→3′ エキソヌクリアーゼ活性はもたないので便利だが，クレノウ断片ほどは長期保存がきかないのが欠点である．

Taq DNA ポリメラーゼは，煮えたぎった温泉中でも生育できる高度好熱菌（*Thermus aquaticus*）に由来する．DNA 二重鎖が1本鎖に解離するほどの高温下でも酵素活性を保つため，PCR 法（5.1.5）による DNA の増幅に使用される．ただし，400 塩基に1つの割合で合成ミスを生じるという，DNA ポリメラーゼらしからぬ重大な欠点をもつ．そこで，正確性を高めた熱安定な LA-Taq などが開発されてきた．一方，海底火山などから単離された好熱古細菌由来の耐熱性 DNA ポリメラーゼ（Vent，Pfu，KOD など）は合成ミスの割合が随分と低いため重宝されている．

### （5） DNA の塩基配列と相補的な配列の RNA を合成する RNA ポリメラーゼ

RNA ポリメラーゼは2本鎖 DNA の一方の鎖を鋳型にして，RNA 鎖の 3′ 末端に鋳型と相補的なリボヌクレオチドを付加するという，RNA 鎖伸長反応を触媒する酵素である．転写開始にプライマーを必要としないが，転写開始位置を決定するためにプロモーターとよばれる特別な塩基配列が必要となる（図 5.1 (c)）．遺伝子操作には，大腸菌に感染する T3 または T7 ファージ由来，あるいはサルモネラ菌（*Salmonella typhimurium* LT2 株）に感染するファージ SP6 由来の RNA ポリメラーゼが使われる．

### （6） 糊代(のりしろ)をつくってくれる末端デオキシヌクレオチド転移酵素

遺伝子操作の口火を切ったのは，スタンフォード大学の大学院生だったピーター・ロバンの講義レポートであった．当時は制限酵素を含めて DNA を操作する酵素が不揃いだったため，望む DNA 断片（例えば大腸菌の DNA とヒトの DNA）を切り貼りできる技術は存在しなかった．この壁を打ち破ったのがロバンのアイデアであり，その際に活躍したのが末端デオキシヌクレオチド転移酵素（TdT: terminal deoxynucleotidyl transferase）である．TdT は DNA の 3′-OH 末端に dNTP のうち同一のヌクレオチドを次々と重合する反応を触媒する酵素である（図 5.1 (d)）．3塩基という小さなオリゴヌクレオチドでも基質となって，その 3′-OH 末端を伸長させ接着末端をつくる．ただし，何個重

## 5.1 遺伝子操作・解析技術

合させるかの制御は容易でなく，反応温度や反応時間，あるいは反応液に加える dNTP の濃度を調節するしかない．

### （7） mRNA から cDNA を合成する逆転写酵素

レトロウイルスが産生する逆転写酵素は，1本鎖 RNA を鋳型として，それに相補的な塩基配列をもつ DNA を合成する．この反応には反応開始点を指定するプライマー（DNA または RNA）が必要で，そこから順々に重合させることで $5'→3'$ の方向に cDNA（complementary DNA；相補 DNA）を生合成する（図 5.1 (e)）．mRNA を鋳型にする場合には，その $3'$ 末端に存在するポリ A 配列（通常数百個のアデニン残基より構成される）にハイブリダイズさせるため，12〜17 塩基からなるオリゴ (dT) をプライマーとして用いることが多い．RNaseH とよばれるヌクレアーゼは RNA/DNA ハイブリッドの RNA 部分のみを $3'→5'$ 方向に分解するが，逆転写酵素もこれと同様のエキソヌクレアーゼ活性をもつので，cDNA 合成のためには便利である．

### 5.1.2 プラスミドベクターの基本構造

染色体 DNA とは独立に細胞内に存在し，自律的に複製する比較的小さな環状 DNA を**プラスミド**という．プラスミドは，任意の DNA を挿入して細胞内に運び込む運搬装置であるベクターとして，理想的なミクロマシーンである．

実験で使われる代表的なプラスミドベクターは以下のような基本構造をもっている（図 5.2）．❶DNA 複製開始点 (*ori*)：導入する細胞内でプラスミドとして自律増殖するために必須である．大腸菌に感染する1本鎖ファージである f1 ファージの *ori* を追加で組み込まれたベクターは1本鎖 DNA を簡単に作成できて便利である．❷選択マーカー：プラスミドを保有した細胞のみを選択的に増殖させるために有用である．抗生物質抵抗性（大腸菌の *Amp$^r$* など），栄養要求性（酵母の Ura$^+$）などのマーカーが使われる．マーカー遺伝子（ハイグロマイシン耐性遺伝子，ピューロマイシン耐性遺伝子など），SV40 プロモーター，SV40 ポリアデニル化シグナルから構成されている短い直鎖状の DNA 断片は，これらの選択マーカーを保有しないベクターに挿入した遺伝子とともに哺乳類培養細胞に導入することで，当該遺伝子をゲノムに取り込んだ細胞を選択するのに有用である．❸プロモーター：宿主細胞内で効率よく発現させるためのDNA 配列で，哺乳類細胞では CAG プロモーター，EF1 $\alpha$ プロモーターなどが

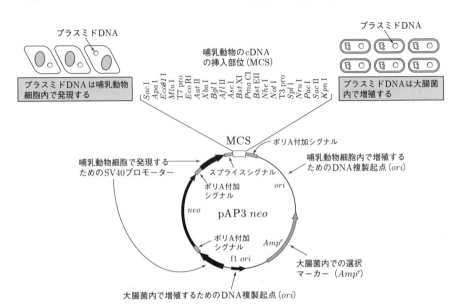

**図 5.2 シャトルベクターとして働くプラスミド DNA (pAP3 *neo*) の構造と各部位の機能**

挿入した DNA 断片を大腸菌内で選択的に増やすために，f1 ファージの *ori* と選択マーカーをもつ．一方，哺乳動物細胞内で適切に発現させるために，SV40 ウイルスのプロモーター，ポリ A 付加シグナル，スプライスシグナル，ネオマイシン選択マーカー (*neo*) をもつ．DNA 断片を挿入するための制限酵素サイトを多数並べた MCS (multi cloning site) には mRNA を *in vitro* でも転写できるように T3/T7 ファージプロモーターの塩基配列も入っている．(野島博 著，「医薬分子生物学 (改訂第 3 版)」，南江堂 (2014) より改変)

発現能力の高いプロモーターとして頻用される．また，テトラサイクリン応答因子の改良型配列 (TRE-Tight) は，トランス活性化因子との結合によりドキシサイクリン (Dox；テトラサイクリン誘導体) を培養液に添加するだけで目的遺伝子の発現を効率よく誘導する．❹ポリリンカー：ベクターに 1 か所しかない制限酵素認識部位が集中した DNA 断片．目的遺伝子の挿入に便利である．❺融合タンパク質として発現させるためのタグ (FLAG，HA，GST，GFP など) を組み込んであるベクターも，発現させたタンパク質の解析に有用である．

ベクターとしては，プラスミドの他に，ファージ ($\lambda$ ファージ，P1 ファージなどを遺伝子操作用に改変したもの) や酵母の人工染色体 (**YAC**: yeast artificial chromosome) なども用いられる．

### 5.1.3 大腸菌の形質転換

細胞にDNAを導入する操作を**形質転換**とよぶ．大腸菌は普通の条件ではDNAを取り込まないので，形質転換を行うには，以下のような処理を施して**コンピテント細胞**とよばれる待機状態におかなければならない（図5.3）．❶大腸菌をプレートに広げて，37℃で1日ほど培養する．❷単コロニーを選んで1 mLの培養液（SOB）に移して一夜培養する．❸この全量を250 mLのSOB培地の入った5Lの三角フラスコに移す．❹回転型シェーカーで激しく（>200 rpm）振とうし，18℃（無理なら室温でもよい）で19～50時間培養する．❺培養液が濁ってきたら（$OD_{600}$ = 0.4～1.5のどこでもよいので目測でOK）に達したら，培養を止め，すぐに氷中にて10分間冷却する．❻培養液を500 mLの遠沈管に移し，4℃で15分間遠心する（ベックマンJ6HCで3000 rpm）．❼上澄みは捨て，沈殿物を20 mLの氷冷TB（transformation buffer）に懸濁した後，1.5 mLのDMSO（最終濃度7％）を添加し，氷中で10分間冷却する．❽0.1～0.5 mLずつ1.5 mLチューブに分注し，すぐに液体窒素に浸し凍結させる（コールドショックは必須）．❾そのまま液体窒素あるいは−80℃冷凍庫で保存する．

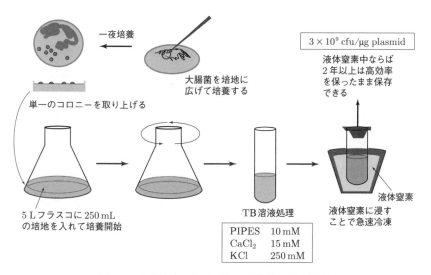

**図 5.3** 高効率なコンピテント細胞作成法の手順

形質転換操作は以下の手順で行う．①冷凍庫から取り出したコンピテントセルを氷水の中で融解後，サンプル数の分だけ 10～50 µL ずつ 1.5 mL チューブに分注する．②1～20 µL の DNA サンプルを加え，氷中で 30 分間冷却する．③42℃ のヒートブロック中で 30 秒間保持し，氷中で 2 分間冷却する．④薬剤（アンピシリンなど，選択マーカーによる）の入った寒天培地に広げた後，37℃ で一夜培養すると，翌朝にはコロニーがたくさん生えてくるはずである．

ヒト培養細胞では，高効率な形質転換のために様々な試薬（リポフェクタミンなど）が開発されており，それらを用いれば容易に DNA を導入できる．

### 5.1.4 遺伝子ライブラリー

細胞から抽出した DNA を断片化してベクターにつないだものを，**遺伝子ライブラリー**または**ゲノムライブラリー**という．また，細胞から RNA を抽出し，これから cDNA を合成してベクターにつないだものを，**cDNA ライブラリー**という．ライブラリーで大腸菌を形質転換させ，薬剤の入った寒天培地に広げると，コロニーごとに異なる DNA クローンをもつ大腸菌が得られる．

### 5.1.5 PCR 法による DNA 断片の増幅

試験管内 DNA 組換えの次の革命は，アメリカのバイオテクノロジー企業の一研究員，マリス（Mullis, K. B., 1944-）によってなされた．彼は自分のテーマである遺伝性疾患の点変異の位置を効率よく探し出す方法として，「2 つのプライマーで挟んで DNA ポリメラーゼによる相補鎖合成を繰り返す」という **PCR**（polymerase chain reaction；ポリメラーゼ連鎖反応）**法**を考案したのである．1 回の反応で 2 倍になる DNA 断片は，30 回の繰返し反応後には 2 の 30乗倍，すなわち約 10 億倍（ただし効率が 100％ の場合）に DNA 量が増幅できる．最初は手間のかかった PCR も，DNA の熱変性に必要な高温（95℃）に耐えられる好熱菌由来の DNA ポリメラーゼを使うことで自動化が可能となり，現在では 2 時間位で 30 回の繰返し反応が達成できる．PCR の与えたインパクトは甚大で，その後のゲノム科学の進展にも大きく貢献した．PCR 法ではプライマーとして適当な塩基配列の情報が必要だが，最近ではゲノム情報が得られることが多く，古典的な遺伝子クローニング法でなく PCR 法が使われることが多い．

## 5.1 遺伝子操作・解析技術

目的遺伝子の増幅は以下の手順で進める（図5.4）．❶増幅したい配列をもつDNAと，耐熱性DNAポリメラーゼ，および増幅したい範囲の両端を挟むように設計した2種類のプライマーをPCR反応液中に加える．❷DNAを95℃で約3分間熱すると熱変性により2つの1本鎖に分離する．❸温度を50〜60℃くらいまで下げて2分間以内でプライマーをDNAに結合させる．❹DNAポリメラーゼにより1分間以内でプライマーの部分から3′末端側から新たなDNA鎖が生合成される（増幅したい部分のみが2倍になる）．これが1サイクルのPCR反応である．❺2回目のサイクルも❶〜❹と同様にして温度を上下させると，今度は増幅したいDNA断片だけが4倍となって生み出される．❻あとは必要な回数だけ反応サイクルを繰り返すと望む量だけ目的のDNA断片が得られる．

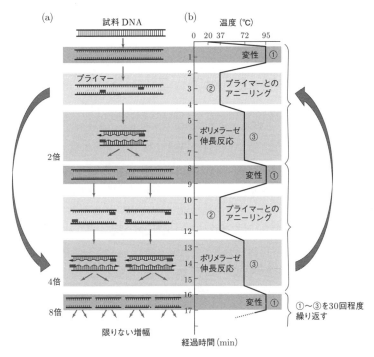

**図 5.4 PCR法によるDNA断片増幅の手順**
（野島博 著，「医薬分子生物学（改訂第3版）」，南江堂（2014）より改変）

### 5.1.6 DNA塩基配列決定法

サンガー (Sanger, F., 1918-2013) らが1975年に発明した**ジデオキシ法 (サンガー法)** は，例えば以下の手順で進める．❶反応液にdNTPとddCTPを加えておいてからDNAポリメラーゼを働かせると，蛍光試薬 (Cy5) を付加したdCTPが取り込まれるべき位置において部分的にddCTPが取り込まれる．ddCTPは3′-OHが3′-Hになっているのでそれ以上のDNA鎖の伸長は起きず，合成はその位置で停止する．これがCの位置を決定する反応である．❷同様に，A，T，Gの位置決定の反応もddCTPに代えて，それぞれddATP，ddGTP，ddTTPを加えて別々に行う．蛍光標識するのはいずれの場合もCy5-dCTPだけでよい．❸4つの反応産物を並べてキャピラリー電気泳動に流す．❹キャピラリー電気泳動により蛍光シグナルを流出順に端から順に読んでいくと塩基配列が決定できる．

## 5.2　ゲノム科学の勃興

### 5.2.1　ゲノム計画

遺伝子操作技術が現れると，研究者はそれぞれの研究対象である遺伝子をクローニングして塩基配列を決定するようになった．このような状況の中から，ゲノムの塩基配列をまとめて決めた方がずっと効率がよいという考えが出てきて，様々な生物の**ゲノム計画 (ゲノムプロジェクト)** が始まり，大腸菌 (約460万塩基，1997年)，出芽酵母 (約1200万塩基，1996年) 線虫 *C. elegans* (約1億塩基，1998年)，シロイヌナズナ (約1.3億塩基，2000年) などの全ゲノム配列が決定された．ヒトゲノム計画は1990年に始まり，国際的な協力体制のもとで，2001年2月にはヒトゲノム全塩基配列 (約31億塩基対) の大まかなデータ (ドラフト配列) が報告された．そして，DNA二重らせんモデル50周年を祝って2003年4月にはほぼ完全なヒトゲノム全塩基配列が公表され，2004年10月に最終論文が発表された．21世紀が始まると早々にポストゲノム時代に入り，遺伝学はゲノム塩基配列を基盤とする新たな時代を迎えたと言ってもよいだろう．

### 5.2.2　DNAデータベースとバイオインフォマティクス

DNAの塩基配列が世界中で決定されるようになると，研究者の利便のために，それを収集し公開する必要が出てきた．そこで，1980年代にアメリカ，

5.2 ゲノム科学の勃興　　　　　　　　　　　　　　　　　　　　　　　　101

ヨーロッパ，日本の3か所で，コンピューターの中に塩基配列を集めたDNA
塩基配列データベースとそれを運用する組織（DNAデータバンク）がつくられ
た．研究者は，塩基配列を決定すると，論文発表以前にいずれかのDNAデー
タバンクに登録することが求められる．登録に際して，登録番号としての「ア
クセッション番号」を付けるだけでなく，関係する生物学情報を注釈として付
与するが，この作業を**アノテーション**という．生命科学関連のデータベースと
しては，この他にタンパク質立体構造データベース，タンパク質アミノ酸配列
データベース，代謝経路のデータベース，遺伝子を中心とした個々の生物種の
データベース，生命科学の文献データベースなどがつくられている．

　DNAデータベースを入れたスーパーコンピューターには，利用のために
様々なソフトウエアが備えられている．塩基配列や予測アミノ酸配列に対して
相同性の高い配列をデータベースから検索するBLASTが有名だが，大量の塩
基配列情報の登録を助けるソフトウエアや，次世代シーケンサー（5.2.4 (1)）
の出力データを入れると遺伝子を同定し注釈の付いたゲノム配列にするソフト
ウエアなども備わっている．生命科学のデータベースの整備に伴い，生物学と
情報科学が融合した**バイオインフォマティクス**という分野が発展し，ソフトウ
エアの開発，ゲノムデータを使った進化モデル，タンパク質の構造予測，遺伝
子の機能予測などが研究されている．

### 5.2.3　ゲノム科学とそれに関連する網羅的解析

　種々の生物のゲノム塩基配列決定に伴って，ゲノム情報を基盤にして，全遺
伝子の発現動態や機能などを網羅的・系統的に解析する**ゲノム科学（ゲノミク
ス）**という分野が発展してきた．ゲノミクスの中にも，比較ゲノミクス，構造
ゲノミクス，機能ゲノミクス，薬理ゲノミクスなどの分野ができた．様々な微
生物を含む集団からDNAを抽出して塩基配列を決定し，微生物種とその割合
を推定する**メタゲノム解析**という手法が現れ，ミクロな生態系の研究に使われ
ている．1つの生物のもつ一揃いの遺伝情報を**ゲノム**というが，これにならっ
て全転写産物（RNA）を**トランスクリプトーム**という．生物の組織に含まれる
全遺伝子の転写産物量を決定するために**DNAマイクロアレイ（DNAチップ）**
が開発されたが，現在では次世代シーケンサーを使って多数のRNAの塩基配
列を決める RNA-seq の方が定量性と感度で優れているので，これを用いるこ
とも多い．さらに，1つの生物／組織に発現しているすべてのタンパク質の集

合を**プロテオーム**，代謝産物群の全セットを**メタボローム**と名付け，網羅的な研究から細胞や生物の働きを解明する研究が行われている．ゲノミクス，トランスクリプトミクス，プロテオミクス，メタボロミクスなどを総称して**オミックス**（omics）とよぶこともある．

システム工学の考え方や解析手法を使って，生物を遺伝子やタンパク質のネットワークとして総体的に把握し解析する，**システム生物学**という学問分野も展開されている．コンピューターを使ったシミュレーションによる生物学を**インシリコ**（*in silico*）**バイオロジー**と総称するが，そのような手法でモデル化したバーチャル細胞が作り出されている．

### 5.2.4 ゲノム科学の新しい技術

ゲノム科学の出現に伴い，ゲノムの塩基配列を高速で決定する技術や，それを基盤として全遺伝子の働きを網羅的に調べる技術が登場した．**DNA 塩基配列決定法**は第 1 世代（サンガー法，5.1.6）から第 4 世代まで開発が進み，次々と実用化されている．これらは一長一短な技術であるため，現在でも相補的に並行して使われているが，第 2 世代以降は第 1 世代と比べて 1000 倍以上，効率がよくなっている．また，塩基配列をもとに設計した二重鎖 RNA を細胞に導入して遺伝子機能を抑制する **RNA 干渉**，細胞内でゲノム DNA を切り貼りする**ゲノム編集**などが実用化されるようになった．

### （1） 次世代シーケンサーの開発
#### ●第 2 世代 DNA 塩基配列決定法

PCR 法による DNA 断片の増幅を交え，また極めて多数の配列を並行して決定する方法を**第 2 世代 DNA 塩基配列決定法**と総称する．原理として様々な方法が用いられるが，ここでは，逐次 DNA 合成技術を使ったイルミナ Illumina 社の機器（HiSeq, MiSeq）の方法を紹介する．このタイプの機器では以下の手順で自動的に反応が進む（図 5.5）．❶標的 DNA を数百塩基の長さに断片化し，両端に 2 種類のアダプターを付加して，サイクル数の少ない PCR で増幅する．❷アダプターをつけた DNA 断片は，フローセル（反応を起こす専用のスライドガラス）表面上に共有結合された「アダプターに相補的なオリゴヌクレオチド」に結合することで固定化される．❸固相増幅（ブリッジ増幅）により 1 分子の DNA 断片が最大 1000 分子まで増幅され，フローセル表面上に同一配列

5.2 ゲノム科学の勃興

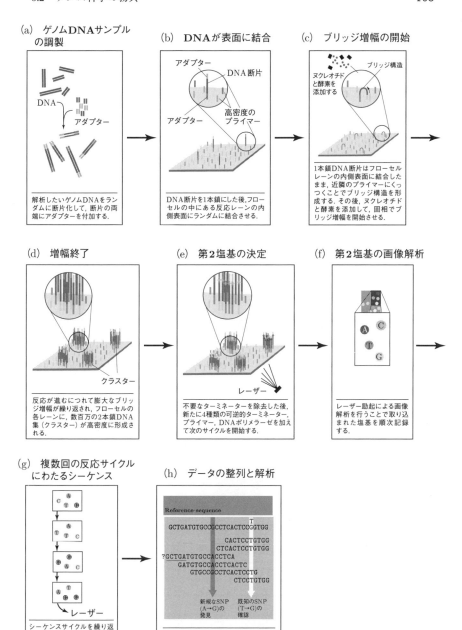

図 5.5　1塩基合成技術の原理

をもつ DNA 断片のクラスターが形成される．クラスターは 1 cm² あたり約 1000 万個形成されるよう高密度化されている．❹フローセル上に形成した数千万から数億個のクラスターを鋳型とし，4 種類の蛍光標識ヌクレオチドを用いて同時並行に 1 塩基ずつ合成させる．反応には 4 色の蛍光色素で標識した dNTP を用い，DNA ポリメラーゼにより塩基を合成する．この dNTP には保護基がついているため 1 塩基の合成で反応が止まり，この時点でどの色の塩基が取り込まれたかを検出できる．❺保護基と蛍光標識を外して，次の合成反応を繰り返す．保護基が取り外し可能なこの反応は，**可逆的ターミネーター法**ともよばれる．❻この 1 塩基合成サイクルが 100〜150 回まで繰り返され，各 DNA 断片クラスターから 100〜150 塩基の配列情報を得る．❼コンピューターを用いて決定した塩基配列を集めて並べ，読み間違いを訂正する．最新の HiSeq 4000 では 3 日以内に 12 人分のヒト全ゲノムが解読できるという．

- **第 3 世代 DNA 塩基配列決定法**

PCR 増幅をしない点で第 2 世代の機器と区別される．Pacific Biosciences (PacBio) 社の 1 分子リアルタイム DNA シーケンサー (PacBio RS II) で使われている SMRT (single molecule realtime) 技術では，DNA ポリメラーゼによる毎秒数塩基ずつの DNA 合成反応を 1 分子単位でリアルタイムに検出するため最大 4 時間 (反応自体は約 30 分間) で実験は終了する．その反応は，**zero-mode waveguide** とよばれる直径数 10 nm 深さ 100 nm で底面がガラス板の円

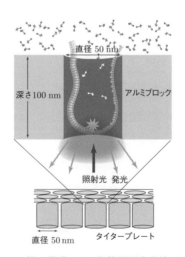

図 5.6　第 3 世代 DNA 塩基配列決定法の原理

5.2 ゲノム科学の勃興 105

筒状の穴の中で進む（図 5.6）．ガラス板の表面に固定化された 1 分子 DNA ポリメラーゼに 1 分子の鋳型 DNA が結合した後，dNTP が取り込まれて DNA 合成が進むが，DNA ポリメラーゼ近傍の蛍光だけを検出することにより蛍光色を区別して塩基配列を読み取る．光の波長は穴の直径より大きいため光は遠くにまで届かず，$10^{-21}$ L の容量の範囲内にある光のみ検出できるという原理に基づく．必要な DNA 量は 500 ng と少なく，1 反応あたり平均 10 kb の長い塩基配列が決定でき，PCR による増幅バイアスやエラーが入らないため，得られた塩基配列は 99.999％の正確さ（コンセンサス精度）を達成するという．

ハイチで流行しているコレラ菌のゲノム解析を 2 日間で終了したというニュース（2010 年）は世界に衝撃を与えた．塩基修飾も同時に検出できる魅力もある．例えば，決定したい塩基が 6 mA（6-メチルアデニン）のとき，T が結合するときの時間は A のときに比べて 5～6 倍長いので，6 mA と A の生データの比をとれば塩基修飾されているかどうか判断できる．現状では機器の値段と実験コストが高いのが難点だが，近い将来コストの問題は改善されるであろう．

**（2） RNA 干渉**

1998 年にメロ（Mello, C. C., 1960-）とファイアー（Fire, A. Z., 1959-）は，線虫 *C. elegans* に mRNA の一部と同じ配列をもつ 0.5～1 kb 程度の 2 本鎖 RNA を注入すると，その mRNA が分解されることを発見し，**RNA 干渉**（RNAi: RNA interference）と名付けた．この方法は，簡便な遺伝子発現抑制法として重要である．哺乳類細胞で RNA 干渉を起こすためには，2 本鎖 RNA が生体内で分解されて生じる **siRNA**（small interfering RNA，21～23 塩基対で 3′ 末端が突出した 2 本鎖 RNA）を細胞に導入する方法が効率がよい．ショウジョウバエなどでは，細胞内でヘアピン型の RNA（図 5.7）を発現させて遺伝子発現を抑制する．本来，RNA 干渉は RNA ウイルスやトランスポゾンなどの外敵から細胞を守る防衛機構であるため広範な生物種で実行可能であり，導入法を工夫すると個体レベルでも発現抑制が可能となる．

ところで，多くの真核生物細胞の中には内在的に siRNA と同様な作用をもつ，20～25 塩基の 1 本鎖 RNA 分子が存在し，**miRNA**（microRNA；マイクロRNA）と総称される．miRNA はゲノムの中でクラスターを構成しており，様々な遺伝子発現を制御している．ヒトでは約千種類もの miRNA が見つかってお

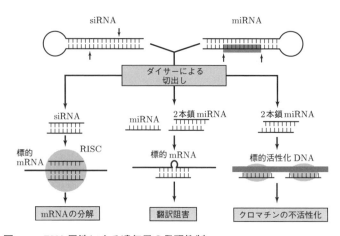

**図 5.7 RNA 干渉による遺伝子の発現抑制**
(野島博 著,「医薬分子生物学 (改訂第 3 版)」,南江堂 (2014) より改変)

り,その異常ががんを含めた様々な病気の原因となるため,新規薬剤開発のよい標的となっている.miRNA はヘアピンを構成する約 70 塩基の前駆体 RNA として転写された後,**ダイサー** (Dicer) とよばれる酵素によって切り出されてから,標的 mRNA の翻訳阻害や標的 DNA の構成するクロマチンの不活性化などを起こす (図 5.7).

よく似ている miRNA と siRNA も以下の点で相違がみられる.❶ siRNA は原則として外来性のウイルスやトランスポゾン由来の二重鎖 RNA からできるが,miRNA は内在性でゲノムから転写される.❷ miRNA は 1 本鎖 RNA として標的 mRNA に結合して翻訳を阻害する.一方,siRNA は 1 本鎖または 2 本鎖 RNA として標的 mRNA に結合してウラシルの位置で切断する.❸ 翻訳阻害や mRNA 分解に作用する RNA・タンパク質複合体の構成因子の詳細が異なる.❹ siRNA は標的 mRNA に完全に相補的な対合をするが,miRNA は標的 mRNA と完全に相補的ではない.

(3) ゲノム編集

細胞内のゲノム中で標的となる塩基配列を正確に切断する革新的なゲノム編集技術が開発され,**ノックアウト** (遺伝子破壊) や**ノックイン** (目的の部位への特定の塩基配列の挿入) を迅速に行えるようになり,ゲノム科学に新たな革

## 5.2 ゲノム科学の勃興

命が起きつつある．以下では，その中で最も広く用いられている **CRISPR/Cas9** という技術を紹介する．

1987 年に大腸菌で初めて報告された **CRISPR** (clustered regularly interspaced short palindromic repeats) とよばれる反復した塩基配列は，真性細菌や古細菌がもつ外来 (ファージ，プラスミド) の核酸を排除する免疫システムで，多くの CRISPR 遺伝子座には，*Cas* (CRISPR-associated proteins) 遺伝子群 (ヌクレアーゼ，ヘリカーゼをコードする)，先行配列 (AT-rich な領域)，リピート・スペーサー配列 (24〜48 塩基) の 3 要素が順不同で存在している

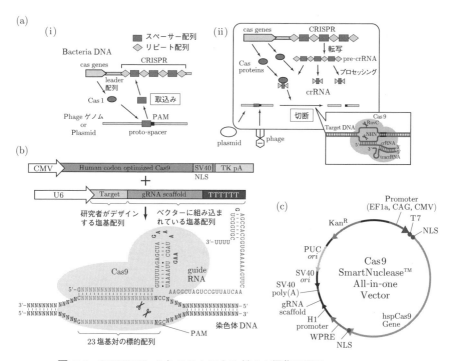

**図 5.8 CRISPR/Cas9 システムによるゲノム編集の原理**
 (a) 獲得免疫の仕組み，(i) 外来 DNA は Cas 複合体によって細断 (〜30 bp) されて宿主のゲノムのスペーサー領域に挿入される (獲得免疫の記憶)，(ii) 次回に侵入した外来 DNA は CRISPR/Cas9 複合体により認識されて切断される．(b) CRISPR/Cas9 システムのゲノム編集したい標的 DNA へ結合過程の模式図．(c) 実験に便利な一体型のベクターの構造 (野島博 著，「医薬分子生物学 (改訂第 3 版)」，南江堂 (2014) より改変)

（図 5.8 (a)）．CRISPR 外来 DNA は細断（〜30 塩基）されて，宿主ゲノムのスペーサー領域に挿入されることで免疫記憶が獲得される．その後，宿主細胞はその領域から pre-crRNA を転写し，そこからリピート部分を切り出して 1 本鎖 RNA (crRNA: CRISPR RNA) を量産する．外来 DNA が侵入すると同じ塩基配列をもつ crRNA が取り付き，Cas ヌクレアーゼ (RGN: RNA-guided nuclease) を呼び込んで外来 DNA を切断するため，2 回目以降の感染を防御することができる（**獲得免疫**）．この反応がヒトを含む広範な生物の細胞でも起きることが発見され，革命に火がついた（2000 年）．ゲノム編集に必要なガイド RNA と Cas ヌクレアーゼをまとめて発現できる CRISPR ベクターが市販され，誰でも簡単に実験できるようになった．

操作法を以下に述べる（図 5.8 (b)）．❶末端に GG がある領域を，切断したい標的配列の近傍から選択し，その上流 20 塩基でガイド RNA (gRNA) およびその相補鎖を人工合成する．その理由は，Cas9 が標的配列を認識するのに必要な **PAM** (protospacer adjacent motif) とよばれる近傍の塩基配列が NGG (N＝A, G, C, T) の 3 塩基であることによる．なお，PAM の存在により宿主は自己免疫を防ぐことができる．❷これらの RNA 断片を CRISPR ベクターに挿入する．❸細胞に導入すると CRISPR/Cas9 システムで NGG の 5′ 上流に隣接する 12〜13 塩基の領域でゲノムが切断され，そこで塩基の欠失や置換が起きるため遺伝子がノックアウトされる．❹切断した部位に特定の配列をノックインしたい場合には，その配列を含むドナーベクターを一緒に導入すると相同組換えによりその配列をノックインすることができる．

### 5.2.5 ゲノム科学の現状
#### （1）ヒトゲノム解読による発見

ヒトゲノムを解読した結果，改めて驚いたことがいくつかあった．まず，第 1 に，タンパク質をコードする遺伝子数が 22287 個しか存在しないことであった．その後，マウス（約 26 億塩基対），トリ（約 10 億塩基対），フグ（約 3.4 億塩基対）など他の脊椎動物の全ゲノム塩基配列からも同程度の数が見つかった．その数はショウジョウバエのわずかに 2 倍弱である．たったこれだけの遺伝子でどうやってまかなっているのだろうか？　その謎の一部は，続いて進められたヒトやマウスの全 cDNA 塩基配列決定により解決された．1 個の遺伝子から選択的スプライシングによりエキソンを多様に選択することで，合計 10

5.2 ゲノム科学の勃興　　109

万種類以上のタンパク質を産生していたのである.

　第2に，タンパク質をコードする遺伝子領域はイントロンも含めてゲノム全体のわずか数％を占めるにすぎず，残りの90％以上が反復配列や機能不明な「ジャンク（がらくた）DNA」だったことである（図5.9）．それらの多くはトランスポゾン（4章）由来の配列で，以下の4種類が括弧内の割合でヒトゲノムを占拠している．❶自律増殖可能な LINE（21％），❷LINE の一部が欠失した SINE（14％），❸その他のレトロトランスポゾン（18％），❹DNA トランスポゾン（3％）．ヒトの SINE で最もよくみられるものは，制限酵素 Alu I 切断配列をもつことから，**Alu 配列**ともよばれる．タンパク質をコードしない配列は，当初，生理機能をもたないジャンク DNA と考えられていたが，最近では何らかの重要な機能が示唆されており，その解明こそがゲノム科学の新たな重要テーマとなったという考えもある.

　第3に，tRNA や rRNA など，既知の機能をもつ少数の機能性 RNA 以外に，膨大な種類の**非コード RNA**（**ncRNA**: non-coding RNA）がゲノム全体にわたって発現していることがわかった．これら ncRNA の多くは mRNA と同様に，3′末端に数百塩基のポリ A 配列をもち，スプライシングを受けることもあるが，タンパク質の遺伝情報をもたない．ヒトゲノムには，タンパク質をコードする遺伝子が密集している領域（遺伝子密林）と，タンパク質をコードする遺伝子のない一見して不毛な領域（遺伝子砂漠）があるが，遺伝子砂漠の領域を含む全ゲノムの約7割から未知の RNA が転写されており，その半数以上がポリ A 配列をもつ非コード RNA であった．マウスでも同様で，同定された44147種類の poly (A)$^+$ RNA のうち23218種類（53％）が非コード RNA と報告されている．この発見は，コロンブスのアメリカ大陸発見になぞらえて，「RNA 新大陸」の発見（2005年）とよばれている．機能既知の ncRNA の例として Xist があるが，これは X 染色体を覆い尽くすことで不活性化し，哺乳類の遺伝子量補償（補正）に重要な役割を果たす．これと同様な新規の機能が各 ncRNA に期待されている.

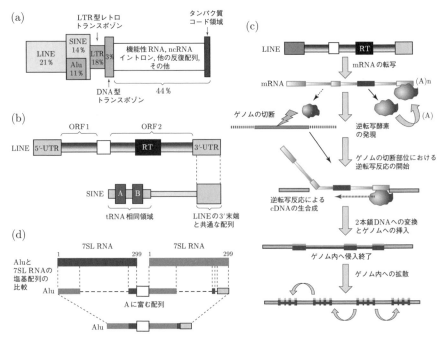

**図 5.9 ヒトゲノムの内訳と LINE, SINE の構造模式図**

(a) ヒトゲノムを構成する遺伝情報の分類と占有割合. タンパク質を産生する mRNA が占める割合は数％にすぎず, 残りは機能が未知な非コード領域で占められている. (b) LINE, SINE の比較. 3′-UTR (untranslated region) は類似しているが, その他の領域は塩基配列が異なる. LINE は mRNA として転写された後, DNA を切断して組み込む ORF1 (open reading frame 1) と逆転写酵素 (RT) の活性をもつ ORF2 という 2 つのタンパク質に翻訳される. これらの作用によりゲノムの中に挿入されたり, 切り出されたりしてゲノム内を転移・拡散する. tRNA を起源とする SINE は RT をもたないが, 3′-UTR を介して同様にゲノム内を転移・拡散する. (c) Alu は A に富む塩基配列を挟んで両側に 7SL RNA と類似した塩基配列をもつ. (d) LINE/SINE の発現とゲノム内への挿入 (侵入)・転移 (拡散) の仕組み. LINE は mRNA として転写された後, 翻訳され ORF1 と ORF2 (RT) を産生する. この mRNA は RT により DNA へと逆転写され, ORF1 によって切断された任意のゲノム DNA の位置でゲノム内へ侵入する. 潜伏後, 長い時間をかけて転写・挿入・転移を繰り返しながら広範なゲノム領域にわたって拡散する.
(野島博 著, 「生命科学の基礎」, 東京化学同人 (2008) より引用)

5.2 ゲノム科学の勃興　　　　　　　　　　　　　　　　　　　　　111

### （2）　ゲノムの比較：類似性と相違点

　多数の生物種の全ゲノム情報が揃ってくると，進化的に遠く隔たった生物においても多くの遺伝子がヒトと類似していることがわかり，生物にとって基本的な遺伝子とは何かという問題が解析されるようになった．例えば，チンパンジーゲノム（28億塩基対）とヒトゲノムとの比較から，約3500万か所の1塩基置換（1.23%の置換率），500万か所の欠失および挿入・領域の重複，数百の遺伝子を含む6つの領域で配列の差が大きいことなどが判明した（2005年）．この約1%の差異を調べることで，ヒト固有の高度な脳機能や精神性などの特徴を解明できるかもしれない．マウスのゲノムサイズ（25億塩基対）は，ヒトより14%小さいが約80%の遺伝子は共通であった．ヒトと同様に，遺伝子のうち約33%はタンパク質をコードせずRNAとして機能していることが，6万種類のマウスcDNAの包括的解析によって証明された．

　猛毒をもつトラフグは反復配列も遺伝子以外の領域も少ないために，脊椎動物としてはゲノムサイズが小さい（3.65億塩基対）．実際，約38000個のタンパク質をコードする遺伝子が同定され，そのうち73%でヒトとの相同性が見つかった（2002年）．発生生物学のよいモデルである熱帯魚のゼブラフィッシュは，ゲノムの約70%がヒトとの相同性をもつが，26000個のタンパク質をコードする遺伝子が同定された（2013年）．脊椎動物の祖先と考えられているナメクジウオ（5.2億塩基対）では，ヒトの遺伝子組成とよく似た約21600個の遺伝子が見つかった．ムラサキウニのゲノムサイズは8.14塩基対でヒトの約1/4だが，遺伝子数は23300個でヒトと大差なく，その70%がヒトと共通で，視覚・嗅覚をもたないウニにも視覚や嗅覚に関係している遺伝子が含まれていた（2006年）．次世代シーケンサーの普及に伴って，今後いっそう速いスピードで蓄積されていく塩基配列情報をベースにした系統進化の研究がゲノム生物学の主要な柱の1つとなるだろう．

### （3）　ゲノム重複とオオノログ

　ゲノム遺伝子内に遺伝子重複によって生じた2つの遺伝子（**パラログ**）が数多く見つかってきた．種分化の過程で生じた異なる生物に存在する相同な機能をもった遺伝子（**オーソログ**）とは別ものである．重複した遺伝子の一方は冗長で選択圧から開放されるため，経代に伴い，単一の遺伝子よりも迅速に変異が蓄積される．

全ゲノムが重複する大事件が，約5億年前に脊椎動物で2度起きたことがわかってきた．当初は全遺伝子が4個ずつ存在していたのだが，冗長な重複した遺伝子の大部分は消失していった．しかし，それでも残った重複遺伝子が数多く見つかり，「ゲノム重複による脊椎動物の進化」を提唱した大野乾 (1928-2000) に因んで**オオノログ**と名付けられた．最適な遺伝子数が厳密に決められている遺伝子群などでは，オオノログの重複や消失が有害な影響を与える．実際，オオノログは遺伝子のコピー数の増減に弱く，21番染色体が1本増加することによって発症するダウン症候群の原因遺伝子の75%がオオノログである．また，精神疾患にかかわる15のコピー数多型領域のうち，14領域にオオノログが含まれていた（無害のコピー数多型では約30%）．オオノログを含むゲノム領域の重複や消失が精神疾患を引き起こすことは，人類の知性の源泉は約5億年前に起きた2度の全ゲノム重複であるのかもしれない．

### （4） 生物の特殊な性質のゲノム科学による解明

迅速な大規模塩基配列決定という技術はゲノム科学の有効性を大幅に拡大させている．その一例を紹介する．ナイジェリア北部に生息するネムリユスリカ (Sleeping Chironomid: *Polypedilum vanderplanki*) の研究は現状を理解するための好例である．ネムリユスリカの幼虫は完全に乾いても死に至ることなく復活できる**クリプトビオシス**という性質をもつ．すなわち，半年以上続く乾季を生き延びるために，いったん乾燥状態になって代謝を停止させて生き延び，次の降雨で約1時間のうちに吸水して蘇生し，発育を再開する．この原因遺伝子を特定するため，ネムリユスリカおよび近縁種だが乾燥に耐えられないヤモンユスリカの全ゲノム塩基配列 (9600百万塩基対) を決定して比較し，ネムリユスリカのゲノムにしかない遺伝子が多重化した領域 (ARId) を発見した．この領域には抗酸化因子や老化タンパク質修復酵素，ストレスタンパク質の一種 (LEA) などの遺伝子が見つかった．細胞膜やタンパク質を乾燥から保護する機能をもつLEAタンパク質は，乾燥に伴って発現が上昇していた．元来は細菌の遺伝子であるLEA遺伝子が進化の過程で（おそらくレトロウイルスを介して），種の壁を越えてネムリユスリカのゲノムの中に侵入して多重化したことで，乾燥に強い特性を獲得したらしい．このような研究手法は従来では考えられないほど鮮やかであり，今後は様々な研究対象に対して類似の手法が採用されると考えられる．

演習問題　　　　　　　　　　　　　　　　　　　　　　　　　　113

## ▌演習問題

**5.1**　次の解説文に相当する用語を下から選べ.

(1)　端から順にヌクレオチドを除去する DNA 分解酵素

(2)　DNA の特定の塩基配列 (GAATTC) を認識して切断する制限酵素の一種

(3)　DNA 断片どうしを貼り付ける酵素

(4)　末端デオキシヌクレオチド転移酵素

(5)　mRNA から cDNA を生合成する酵素

(6)　同じ塩基配列を認識するが切断面が異なる制限酵素

　［用語］

　*Eco* RI, アイソシゾマー, DNA リガーゼ, RNA リガーゼ, TdT, DNA ポリ
メラーゼ, RNA ポリメラーゼ, DNase, RNase, エキソヌクレアーゼ, エン
ドヌクレアーゼ, 逆転写酵素

**5.2**　次の文章の正誤を答えよ.

(1)　ヒトゲノムにおいて, タンパク質をコードする遺伝子領域はゲノム全体
のわずか数％を占めるにすぎず, 残りの 90％以上が反復配列や機能不明な
DNA 領域である.

(2)　約 5 億年前に全ゲノムが重複する大事件が脊椎動物で 2 度起きた.

(3)　チンパンジーゲノムとヒトゲノムとの差異はわずかに 5％程度である.

(4)　すべての非コード RNA (ncRNA) は mRNA とは異なり, 3′ 末端に数百塩
基のポリ A 配列はもたない.

(5)　CRISPR/Cas9 システムにおける PAM の存在は, 宿主の自己免疫を防ぐ
ことに役立っている.

(6)　siRNA は外来性の二重鎖 RNA から生成されるが, miRNA は内在性でゲ
ノムから転写される.

**5.3**　オオノログは人類の知性の進化にかかわっているとされるが, その証拠をい
くつかあげよ.

# 6 細胞の分裂・分化と遺伝学

　「生物の特徴は何か？」と問われて，「自己複製能」と答える読者は多いだろう．自己複製の根底には DNA 複製があり，DNA 二重らせん構造の相補鎖の中に自己複製の原理がある．DNA 複製という分子レベルでのできごとは，染色体分離，細胞質分裂などを経て，光学顕微鏡で観察できる**細胞分裂**へとつながる（口絵 (a)）．

　細胞分裂の解析に遺伝学を用いる場合，細胞分裂が起きない変異体を分離・解析するのが常道であろうが，その場合，分裂できない変異体をどのように維持するかが問題なる．しかし，例えば，「高温でのみ分裂できない」という表現型（温度感受性）を用いればこの問題を回避できる．実際，酵母（口絵 (b)）の温度感受性変異株を用いた解析によって，細胞周期制御の分子基盤解明への突破口が開かれた．

　遺伝学の根底には「異常から正常を推理する」という方法論がある．細胞分裂の調節異常によって起こる**がん**，特に腫瘍ウイルスや遺伝性のがん（口絵 (c), (d)）の研究から，細胞分裂の調節にかかわる多くの分子が発見され，がんと細胞周期制御との関連が明らかになった．一方，動物の 1 個の受精卵が分裂し個体発生が進行する間に，個々の細胞は特定の役割を担う細胞へと分化するが，細胞の分化と分裂は深い関係にある．分化の異常は，その細胞が分担すべき役割の喪失と過剰な増殖，そして，がん化につながる可能性がある．

　遺伝学を用いて何かを解明しようとする場合，その目的に最も適した，できるだけ単純な材料を見つけることが重要である．例えば，「がんとは無縁にみえる酵母をがん研究に用いる」といった奇抜な材料選択が効を奏した例もある．「培養技術を用いて高等生物細胞を単細胞生物のように扱う」というアイデアは，EC 細胞，ES 細胞，iPS 細胞などを生んだが，これらの培養細胞を生体に戻す研究から，遺伝子操作動物，リプログラミング，再生医療などが大きく発展した（口絵 (e), (g), (h)）．本章では，細胞分裂と分化の分子基盤，そ

## 6.1 細胞分裂の遺伝学

### 6.1.1 酵母遺伝学と細胞周期

**(1) 細胞周期の特徴**

細胞分裂から次の細胞分裂までの過程, すなわち**細胞周期**は, 以下の4つの期 (phase) に分けられる (図 6.1 (a)).

1) **G1期** … DNA複製の準備期間 (染色体数:2倍体)
2) **S期** … DNA複製期 (2倍体→4倍体)
3) **G2期** … 分裂の準備期間 (4倍体)
4) **M期** … 分裂期 (4倍体→2倍体)

Sは**合成** (synthesis), Mは**有糸分裂** (mitosis), Gは**間隙** (gap) を意味する. M期以外をまとめて**間期** (interphase) とよぶこともある.

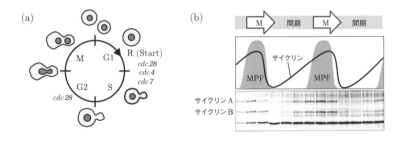

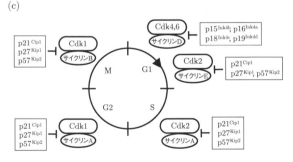

図 **6.1** 細胞周期のエンジン, アクセル, ブレーキ
 (a) 出芽酵母の CDC 変異
 (b) サイクリンの量的変動
 (c) 種々のサイクリン-Cdk 複合体および CKI の作用点

細胞周期の特性として以下の３つが知られている.

1) 細胞周期を回すか否かの判断は G1 期の１点 **R ポイント**で行われる. この点を越えた細胞は, 原則として次の R ポイントまで細胞周期を回そうとする.

2) 細胞周期の進行は, Cdk (エンジン役), サイクリン (アクセル役), Cdk 阻害因子 (ブレーキ役) という３種類の分子によって制御される.

3) 細胞周期の４つの期は, 順序よく整然と起こる. それを実現するために, 各期が完了したかどうかを確認する機構 (チェックポイント) があり, これをクリアしなければ次の期に進めない.

### （2） CDC 変異体

ハートウェル (Hartwell, L. H., 1939-) は, 細胞増殖が温度感受性 (室温 (25℃付近) で正常, 36℃ で異常) となった出芽酵母 (口絵 (b) 左) 変異株を多数分離し, これらの中に, 36℃ で細胞が互いによく似た形を示して増殖を停止する変異株があること見いだした. これらは, 細胞周期 (図 6.1 (a)) のどこか１点で停止したものと考えられ, **CDC (cell division cycle) 変異株**と命名された (1967 年). この実験材料の利点は, 単純で実験が容易であること, 変異体の示す形から各遺伝子の細胞周期における作用点が推測できること, 二重変異体がどちらの形態を示すかで変異遺伝子の作用点の前後関係が推定できることなどである. こうした実験の結果, 細胞周期の最も早期に作用する *CDC28*, その後で作用する *CDC4*, *CDC7* などが発見された (1974 年).

一方, ナース (Nurse, P. M., 1949-) は, 分裂酵母 (口絵 (b) 右) を用いて, 細胞が小型化する *wee* (「小さい」を意味するスコットランド語) 変異株を多数分離・解析することにより, 分裂のタイミング決定にかかわる *wee1*, 分裂および DNA 合成の開始に必要な *wee2* (別名 *cdc2*) などを発見した (1976-1981 年).

このような変異株に野生株の DNA ライブラリーを導入し, 性質が野生型に戻った株を選択することにより, 変異形質を抑制 (欠損変異の場合は相補) する遺伝子を見つけることができる. リード (Reed, S. I.) らが出芽酵母 *cdc28* 変異を相補する遺伝子, ナースらが分裂酵母の *cdc2* 変異を相補する遺伝子をそれぞれ単離したが, これらが互いによく似た構造をもつことが判明した (1982 年). また, これらがタンパク質リン酸化酵素 (プロテインキナーゼ) をコード

6.1 細胞分裂の遺伝学　　　　　　　　　　　　　　　　　　　117

すること，その活性は細胞周期の進行に伴って著しく変動し M 期にピークに
達すること，ヒトにもホモログが存在することなども見いだされた (1986-
1989 年).

　別の 2 つの変異株 *wee1*, *cdc25* の欠陥を相補する遺伝子も単離され，前者が
G2 期に Cdc2p タンパク質のチロシン残基をリン酸化して活性を抑制する酵素
(チロシンキナーゼ) を，後者がこれと逆の反応を触媒する酵素 (チロシンホス
ファターゼ) をコードすることが見いだされた (1986-1989 年).

### (3)　サイクリン

　ハント (Hunt, R. T., 1943-) は，ウニ卵が受精後に示す劇的な変化に注目し，
タンパク質を放射性同位元素で標識して，その経時変化を電気泳動法によって
分析した. すると，多くのバンドが受精後，徐々に濃さを増す中で，しばらく
濃くなった後に急激に薄くなる一群のバンドがあることに気付いた. この挙動
は，タンパク質分解を想定しないと説明できない. また，この経時変化は，卵
成熟を促す活性 (MPF) の経時変化と一致していた (図 6.1 (b)). ハントは，
このタンパク質 (**サイクリン**と命名) は MPF の成分だろうと予想した (1982
年). 一方，ビーチ (Beach, D.) らは，分裂酵母の *cdc13* 変異体に *cdc2* を過剰
発現させると変異形質が抑制されることを見いだし (1987 年)，Cdc13p は
Cdc2p の活性化因子ではないかと考えた. *cdc13* 変異を相補する遺伝子をク
ローニングすると，ハントが精製したサイクリンとよく似たアミノ酸配列を含
むことがわかった. これらの知見から，サイクリンは Cdc2p の活性化因子で
あり，細胞周期の進行に伴って波状に変動する MPF の本態は，波状の量的変
動を示すサイクリンによって活性化される Cdc2p プロテインキナーゼ活性で
あろうと推定された.

### (4)　細胞周期の推進役としてのサイクリン-Cdk 複合体

　その後の研究から，分裂酵母では Cdc2p タンパク質が G1 期と G2 期の両方
で細胞周期進行を促すのに対し，哺乳類では，Cdc2p と似たプロテインキナー
ゼ (Cdk ファミリー) が 9 種類，サイクリンと似た活性化タンパク質が 20 種
類もあり，特定の Cdk とサイクリンの組合せが，細胞周期の特定の時期の進
行にかかわることがわかった (図 6.1 (c)). また，**サイクリン-Cdk 複合体**は
別のリン酸化酵素複合体 CAK による修飾を受けて初めて活性化されるが，

CAK 自体もサイクリン H-Cdk7 複合体を含むことが見いだされた．サイクリン量の急速な低下は，一般にリン酸化が引き金となって特定のユビキチンリガーゼ複合体 (SCF，APC/C など) によるポリユビキチン化が起こり，プロテアソーム系による分解へと導かれることによる．

### （5） Cdk 阻害因子

1990 年代半ばに，酵母 two-hybrid 法を用いた研究から，サイクリン–Cdk 複合体に結合し，その機能を阻害する一連の分子 **Cdk 阻害因子 (CKI)** が発見された (図 6.1 (c))．CKI は Cip/Kip ファミリー ($p21^{Cip1}$，$p27^{Kip1}$，$p57^{Kip2}$) と Ink4 ファミリー ($p15^{Ink4b}$，$p16^{Ink4a}$，$p18^{Ink4c}$，$p19^{Ink4d}$) に分類されており，種々のチェックポイント機構にかかわる．

### 6.1.2 細胞周期チェックポイント

細胞周期が正常に回ることを保証するチェックポイント機構には様々なものがあるが，以下の4つが比較的よく研究されている (図 6.2 (a))．

### （1） G1 チェックポイント (図 6.2 (b))

休止状態の細胞に増殖刺激が加わると，サイクリン D の合成が高まる．サイクリン D-Cdk4 複合体は，CAK によるリン酸化を受け活性化されて RB タンパク質 (6.1.3) をリン酸化する．リン酸化されていない RB タンパク質は，転写因子 E2F と結合し，その機能を抑制するが，RB のリン酸化は，遊離した E2F による S 期進行に必要な遺伝子群 (サイクリン E など) の発現を促す．サイクリン E-Cdk2 複合体は，
1) RB をさらにリン酸化 (正のフィードバック)
2) Cdk 阻害因子 $p27^{Kip1}$ をリン酸化し分解へと導く (抑制解除)
3) 複製前複合体 (pre-RC) を活性化 (DNA 複製開始)

などの作用を通して S 期への移行を促す．また，サイクリン E 自体もリン酸化を受け，SCF によるユビキチン化を経て分解へと導かれ，S 期複合体 (サイクリン A-Cdk2) 形成を促す．

### （2） G2/M チェックポイント

S 期には，サイクリン B-Cdk1 複合体が形成されるが，不活性な状態にとど

6.1 細胞分裂の遺伝学

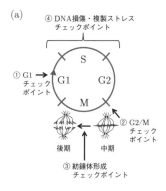

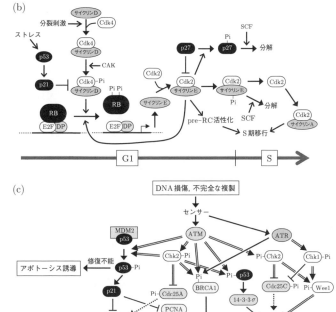

**図 6.2 細胞周期チェックポイント**

(a) 各チェックポイントの作用点．DNA損傷・複製ストレスのチェックポイントは様々な時期に働く（(c) 参照）

(b) G1チェックポイント．DP：E2Fと結合して転写因子として働く分子，SCF：ユビキチン化酵素複合体

(c) DNA複製とDNA損傷のチェックポイント．二重線矢印はリン酸化，点線矢印は脱リン酸化を示す．

まる．G2期に入ると，Cdk1の3か所（T14，Y15，T161）がMyt1，Wee1，CAKによりそれぞれリン酸化されるが，この高リン酸化型Cdk1も不活性であり，複合体は細胞質にとどまる．M期への移行は，ホスファターゼCdc25によるT14，Y15の脱リン酸化によって初めて起こる．この活性化型サイクリンB（pT161）-Cdk1複合体（上述のMPFに相当）は，

1) Cdc25のリン酸化を促して活性化（正のフィードバック）
2) Myt1，Wee1をリン酸化して不活化（抑制解除）
3) 核膜の裏打ちタンパク質ラミンをリン酸化して核膜崩壊へ（分裂開始）

などの作用によりM期への進行を促す．サイクリンBのAPC/C複合体によるユビキチン化と，それに続く分解は，M期からの脱出を促す．

### （3） 紡錘体形成チェックポイント

姉妹染色分体は細胞分裂中期まではコヒーシンにより結合している．コヒーシンは，染色分体に結合するSmc1/3とそれらを架橋するScc1/3からなり，Scc1/3がタンパク質分解酵素であるセパリンによって分解されると染色体分離が可能となる．この系にブレーキをかけているセキュリンがCdc20-APC/C複合体によるユビキチン化を経て分解されると，セパリンが遊離・活性化され染色体分離が始まる．

細胞分裂中期，両極から伸びた微小管（紡錘糸）の先端は赤道面に整列した姉妹染色分体の動原体（キネトコア）に付着し両極に向かって引き寄せるが，紡錘糸がついていない動原体にはMad1/Mad2が結合する．また，紡錘糸の張力に不均衡が生じると，動原体に局在するモータータンパク質CENP-Eが異常を感知し，キナーゼBub1などを介してMad1/Mad2に伝える．Mad2はCdc20と結合することでAPC/Cの活性化を抑制し，セキュリン分解（すなわち染色体分離）を止める．

### （4） DNA損傷・複製ストレスのチェックポイント（図6.2 (c)）

外的要因や複製エラーによって生じたDNA損傷は，MRN（Mre11-Rad50-Nbs1）複合体（センサー）によって感知され，核局在プロテインキナーゼATM，ATRの活性化を介してChk1，Chk2のリン酸化（活性化）をもたらす．その後の反応は，時期によって異なる．

6.1 細胞分裂の遺伝学　　　　　　　　　　　　　　　　　　　　　　　　121

1)　G1 期の場合

ATM や Chk2 が p53 (6.1.3) の Ser15 をリン酸化すると，Mdm2 (ユビキチンリガーゼ) との結合が阻害され，p53 が安定化する．安定化した p53 は転写因子として p21$^{Cip1}$ (CKI) の発現を誘導し，これがサイクリン E-Cdk2 の阻害を介して S 期移行を止める．p53 はまた，DNA 修復にかかわる Rad51，アポトーシス誘導にかかわる Bax，Puma，Noxa などの発現を誘導し，「いったん細胞周期を止めて DNA 修復を試み，手に負えない細胞は殺す」という細胞運命決定にかかわる．

2)　S 期の場合

p21$^{Cip1}$ が複製装置の足場である PCNA に結合し，DNA 複製を抑える．また，ATM や Chk2 による BRCA1 のリン酸化は，相同組換え修復系 (4 章) を活性化する．

3)　G2 期の場合

Chk1/2 は，Cdc25C (哺乳類で 3 つある Cdc25 の 1 つ) の Ser216 をリン酸化することでホスファターゼ活性を抑制し，核から排除する．この排除にかかわる 14-3-3s は p53 によって発現誘導される．また，Chk1/2 は，Wee1 をリン酸化して活性化する．これらはすべて，サイクリン B-Cdk1 の不活化を促し G2 期停止をもたらす．

### 6.1.3　がんと細胞分裂制御機構
#### （1）　RNA 肉腫ウイルスのがん遺伝子

1911 年，ラウス (Rous, F. P., 1879-1970) は，ニワトリに生じた肉腫の組織を破砕し，その濾液を別のニワトリに接種すると肉腫が生じることを示した．この病原体は**ラウス肉腫ウイルス (RSV)** と命名され，後にその実体が RNA ウイルスであることが判明した．1958 年，テミン (Temin, H. M., 1934-1994) とルビン (Rubin, H.) は，RSV 濾液を培養トリ線維芽細胞に加えて培養を続けると過剰増殖による**細胞塊 (フォーカス)** が生じ (図 6.3 (a))，この活性 (すなわち RSV) は培養細胞中で継代，維持できることを見つけた．テミンは，このフォーカスアッセイを用いて，RSV の増殖に対する様々な薬剤の効果を調べ，転写阻害剤であるアクチノマイシン D が RSV の増殖を阻害することを見いだした (1963 年)．RSV の生活環に転写が含まれるのならば，RSV のゲノム RNA は，いったん DNA に逆転写されなければならない．しかし，この仮説は

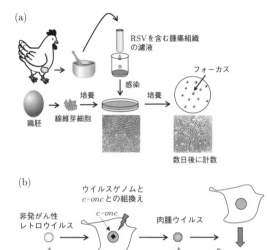

**図 6.3　ラウス肉腫ウイルス（RSV）**
(a) RSV のフォーカスアッセイ
(b) 肉腫ウイルスの起源．様々なプロトがん遺伝子（c-src を含む）を代表して c-onc と記す．

「DNA→RNA→タンパク質」というセントラルドグマに反するため，すぐには受け入れられなかった．1970年，テミン-水谷とボルチモア（Baltimore, D., 1938-）の2チームが独立に，RSV などの RNA ウイルス粒子内に逆転写酵素（RT）が含まれることを証明した．これを契機に上記の仮説が信じられるようになり，RT をもつウイルスは**レトロウイルス**とよばれるようになった．

　RSV ゲノムは gag, pol, env, src という4つの遺伝子をもち，このうち gag, pol, env の3つの遺伝子はウイルスの増殖に必要である．これに対し，src 遺伝子を欠くウイルスは増殖できるが，フォーカス形成能をもたない．すなわち，発がん活性とウイルス複製能が独立であることがわかり，肉腫を起こす遺伝子 src とその産物を同定しようという機運が高まった．

　1975年，ステーリン（Stehelin, D.），ヴァーマス（Varmus, H. E., 1939-），ビショップ（Bishop, J. M., 1936-），ヴォート（Vogt, P. K.）らは，フォーカス形成能をもたない RSV 変異株で欠けている部分（すなわち，がん遺伝子 src に対応する核酸断片）を精製した．驚いたことに，この断片と似た塩基配列が，ウイ

6.1 細胞分裂の遺伝学 123

ルス未感染のニワトリやキジの染色体中にも存在することがわかった。すなわち、RSV のもつがん遺伝子 v-src は、発がん性をもたないウイルスが複製の過程で宿主細胞にもともとあるプロトがん遺伝子 c-src と組換えを起こし、細胞外に持ち出したものと推定された（図 6.3 (b)）。

src 遺伝子産物は**チロシンキナーゼ**という新規の酵素活性をもつことを、エリクソン（Erikson, R. L., 1936-）、ハンター（Hunter, A. R., 1943-）らが発見した（1978-1980 年）。同じ頃、コーエン（Cohen, S., 1922-）らが上皮増殖因子受容体（EGFR；プロトがん遺伝子でもある）もまたチロシンキナーゼ活性をもつことを見いだした。その後、Src と EGFR に似たタンパク質群が見つかり、それぞれ、**Src ファミリーキナーゼ（SFK）**、**受容体型チロシンキナーゼ（RTK）**とよばれている。

多くの SFK は、それ自体もチロシンのリン酸化を受けることで酵素活性を変化させる。リン酸化チロシンは、そこに SH2 ドメインをもつタンパク質が結合することで効果を発揮する。SFK 自身も SH2 ドメインをもつものが多く、チロシンリン酸化の連鎖反応（**カスケード**）を仲介し得る特徴を備えている。

一方、RTK は増殖因子などのリガンドによって活性化される。RTK のリガンドの多くが 2 量体を形成するため、リガンドとの結合は RTK の細胞膜上での 2 量体形成を促し、これが、分子間での相互リン酸化を引き起こす。

### （2） DNA トランスフェクション法によるがん遺伝子の同定

培養動物細胞に DNA を導入する技術（**トランスフェクション**；transfection）は、1973 年、グラハム（Graham, F. L.）とファン・デル・エブ（van der Eb, A. J.）によって開発された。1982 年、ワインバーグ（Weinberg, R. A.）、ウィーグラー（Wigler, M. H.）、クーパー（Cooper, G. M.）らは、膀胱がん細胞の DNA をマウス線維芽細胞株（NIH3T3）に導入すると低頻度ながらフォーカスが生じることを見いだし、その原因遺伝子を単離した（図 6.4 (a)）。驚いたことに、この遺伝子はすでにハーベイ肉腫ウイルスで同定されていた v-Ha-ras 遺伝子のプロトがん遺伝子 HRAS だった。また、正常細胞由来 HRAS との比較から、膀胱がん由来 HRAS に起こったコドン 12 の点突然変異がフォーカス誘導能に必須であることがわかった。

RAS ファミリー遺伝子（HRAS, KRAS, NRAS）は、分子量約 21000 の低分子量 GTP 結合タンパク質をコードし、RTK の下流シグナル伝達にかかわる。

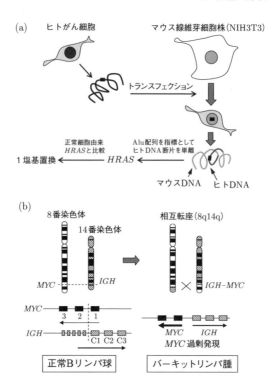

**図 6.4 ヒトがん遺伝子の発見**
 (a) がん細胞 DNA のトランスフェクションによる *HRAS* がん遺伝子の単離と点突然変異の発見
 (b) 染色体転座による *MYC* 遺伝子の活性化

増殖因子の結合によってチロシンをリン酸化された RTK には，SH2 ドメインをもつ GRB2 が SOS とともに結合する．正常 RAS タンパク質には，GTP 結合型（活性化型）と GDP 結合型（不活性化型）の 2 つの状態があるが，SOS は GEF 活性（不活性化型 RAS に結合して GDP を追い出し GTP を呼び込む活性，すなわち RAS 活性化能）をもつ．活性化された RAS は，分裂シグナルを下流に伝えるとともに，自ら GTP を GDP に加水分解して不活性化型に戻る．つまり，「タイマー付きスイッチ」のように働く．*v-ras* やがん細胞 RAS でみられる 12 番や 61 番アミノ酸の変異は，GTP 加水分解能の低下（つまり，タイマーが切れにくいスイッチ）をもたらす．これがフォーカス形成能の原因と考えられる．

## 6.1 細胞分裂の遺伝学 　　　　　　　　　　　　　　　　　　　　125

### （3）　染色体転座による発がんの機構

イモリ胚の発生における染色体の役割を研究していたボヴェリ（Boveri, T. H., 1862-1915）は，1914 年「体細胞における染色体異常ががんの原因となる」という仮説を提唱した．その後，多くの腫瘍で染色体異常が見つかったが，それが腫瘍の原因なのか結果なのかは判然としなかった．ヒト B リンパ球の腫瘍バーキットリンパ腫では，t（8；14），t（8；22），t（2；8）などの相互転座が頻繁にみられる．興味深いことに，どの組合せにも 8 番染色体が含まれ，相手方は免疫グロブリン遺伝子をもつ染色体である（14 番：H 鎖，22 番：λ 鎖，2 番：κ 鎖）．1982 年，クローチェ（Croce, C. M.），レダー（Leder, P., 1934-）らが，8 番染色体の転座点近傍に，トリ白血病ウイルスがん遺伝子 *v-myc* のプロトがん遺伝子 *MYC* が存在することをつきとめた．

正常細胞の *MYC* は，増殖因子処理により発現誘導される．一方，バーキットリンパ腫の転座点では，*MYC* 遺伝子の発現制御領域が，B リンパ球で転写活性の高い免疫グロブリン遺伝子の発現制御領域に置き換わっている．このため，増殖因子刺激なしに *MYC* が高発現し，細胞をがん化すると考えられる（図 6.4（b））．MYC タンパク質は核で転写因子として働き，細胞分裂の促進にかかわる．

### （4）　がん抑制遺伝子

1960 年代後半，ハリス（Harris, H.），クライン（Klein, G.）らは，がん細胞と正常細胞を融合させると正常細胞の形質を示すことを見いだした．これは，正常細胞には**がん抑制遺伝子**があり，がん細胞ではこれが不活化されていることを示唆する．一方，クヌードソン（Knudson, A. G., 1922-）は，小児がんの**網膜芽細胞腫（RB）**には家族性（遺伝性）のものと，個発性のものがあり，家族性の腫瘍は個発性よりも早期に発症し，しかも両眼に腫瘍を生じる場合が多いことを見いだした．年齢を横軸，未発症率の対数を縦軸にプロットすると，個発性 RB は 2 次曲線，家族制 RB は直線を描く（図 6.5（a））．この知見に基づき「RB は 2 回の変異によって生じる」という仮説（two-hit theory）を提唱した（1971 年）．

キャヴェニー（Cavenee, W. K.），ホワイト（White, R. L.）らは，DNA 多型による遺伝子地図作成法を用いてクヌードソンの仮説を検討し，2 ヒットのうち，一方は 13 番染色体 q14 領域の変異，もう一方は，この変異が**ヘミ接合体**また

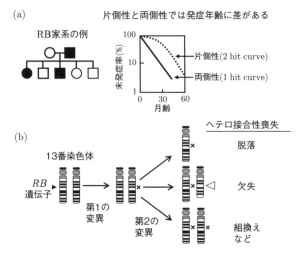

**図 6.5　がん抑制遺伝子**
(a) RB の疫学データに基づくクヌードソンの仮説 (two-hit theory)
(b) RB の発症メカニズム

はホモ接合体となるような染色体異常，すなわちヘテロ接合性喪失 (LOH) に対応することを示した (図 6.5 (b))．これは，発がんという表現型に関して 13q14 領域の変異が潜性 (劣性) であることを示す．その後，遺伝性の RB と強く連鎖する DNA マーカーを手掛かりとして 13q14 領域に存在する *RB* 遺伝子の候補が同定されたが，この遺伝子の不活化が RB の原因であるという確たる証拠は意外なところからやって来た．

**（5）　DNA 腫瘍ウイルス研究から解明されたがん抑制遺伝子の働き**

　DNA 腫瘍ウイルスである SV40 とポリオーマウイルス (Py) のがん遺伝子産物は，腫瘍 (tumor) に現れる抗原という意味で **T 抗原**と名付けられ，大きさにより，大型 T (LT)，中型 T (MT，Py のみ)，小型 T (ST) などとよばれる．一方，アデノウイルス (Ad) とヒトパピローマウイルス (HPV) では，感染初期に発現される遺伝子群 (early genes) の産物中に発がんに関与するものがあり，これらは E1A，E1B (Ad)，E6，E7 (HPV) などとよばれる．これらのがん遺伝子産物は，以下に述べるように，がん抑制タンパク質である p53 や RB と結合し，その働きを抑制することで発がん性を発揮することが判明した．

p53 タンパク質は，1979 年に，SV40 感染細胞内で LT と結合している宿主タンパク質として見つかり，その後，Ad-E1B タンパク質とも結合することが示された．また，HPV-E6 タンパク質が p53 と結合し，これを分解に導くことも見つかった．p53 は，悪性転換抑制活性を示すことから，**がん抑制タンパク質**と考えられるようになったが，その後，転写因子として働き，細胞増殖停止，DNA 修復，アポトーシスなどを引き起こすという，がん抑制の分子機構が解明された．

RB タンパク質も，Ad-E1A，SV40-LT，HPV-E7 と結合することが見つかった．RB は，細胞分裂促進にかかわる転写因子 E2F と結合してその活性を抑えることで，発がんを抑制する．サイクリン-Cdk によるリン酸化や E1A，LT，E7 との結合は RB を不活化すること（抑制の抑制）によって S 期への進行を促す（図 6.2 (b)）．

## 6.2　細胞分化の遺伝学

多細胞生物では，受精卵が分裂を繰り返し個体を形成する過程で，細胞集団内に多様性が生じ，それぞれが専門化した役割を担いつつ全体として高度な活動が実現できるような共生関係を構築する．この多様性の生じる過程を**分化**とよぶ．細胞の分化は，遺伝子発現の変化によると考えられる．この変化は，再現性よく起こる必要があるが，これを可能にするのがエピジェネティックな遺伝子発現制御である．以下では，細胞の培養や操作を用いた分化やリプログラミングの研究を中心に紹介し，最後にクロマチンの構造変化によるエピジェネティックな遺伝子発現制御の機構を解説する．

### 6.2.1　胚性幹細胞(ES 細胞)とキメラマウス

1954 年，スティーブンス（Stevens, L. C., 1920-2015）らは，**胚性がん腫**（1つの腫瘍中に多様な細胞種を含むがん；**EC**）を多発する白色のマウス系統（129-Ter Sv 株）を報告した．1964 年，ピアース（Pierce, G. B., 1925-2015）らは，移植した 1 個の **EC 細胞**から胚性がん腫が生じること，すなわち EC 細胞は多能性をもつことを証明した．129-Ter Sv マウスを入手したエヴァンス（Evans, M. J., 1941-）は，EC 組織の培養を試み，継代可能な細胞クローンを得た．これを黒色マウスの胚盤胞（着床前の胚）に注入し，仮親の子宮に戻すと，白黒まだらの毛色をもつ**キメラマウス**が生まれた（1975 年，口絵 (g)）．この実験

から，EC 細胞が正常胚中の多能性幹細胞（ES 細胞）に近い性質をもつことが示唆された．しかし，EC 細胞がキメラマウスの生殖系列に入り，次の世代に受け継がれることはなかった．

では，正常胚中の ES 細胞は培養可能か？　EC 細胞は腫瘍組織から豊富に採れるが，正常胚から採取する ES 細胞の数は限られている．エヴァンスは，この問題をカウフマン（Kaufman, M., 1942-2013）の**着床遅延**技術を用いて乗り越えようと考えた．交配後のマウスに卵巣摘出とホルモン処理を施すと着床遅延が起こり，この間に ES 細胞数が増える．この操作を加えた胚盤胞を培養すると，EC 細胞とよく似たコロニーが生じた．この細胞はキメラマウスを生じ，しかも次世代に受け継がれる能力をもっていた．マウス ES 細胞株の誕生である（1981 年，口絵 (e)）．

### 6.2.2　遺伝子ターゲティング

1987 年，カペッキ（Capecchi, M. R., 1937-）らは，マウス ES 細胞株の ***Hprt*遺伝子**を標的とした，哺乳類における初の遺伝子破壊実験に成功した（図 6.6 (a) 上段）．一方，スミティーズ（Smithies, O., 1925-）らは，マウス ES 細胞の Hprt 変異株に正常な *Hprt* 遺伝子を導入し，相同組換えによって正常化する**遺伝子治療**のモデル実験に成功した（図 6.6 (a) 下段）．

これら 2 つのグループが揃って *Hprt* を標的とした理由は 2 つある．第 1 に，

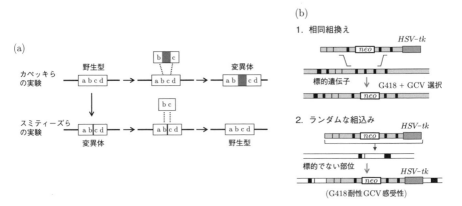

**図 6.6　ノックアウトマウス技術の開発**
　　(a) 最初のマウス相同組換え実験
　　(b) ポジティブ-ネガティブ選択

*Hprt* は X 染色体上にあり細胞あたり 1 コピーしか機能していないため，1 ヒットで表現型が表れる．第 2 に，正常細胞は 6-TG 感受性 HAT 耐性，*Hprt* 不活化変異体は逆に 6-TG 耐性 HAT 感受性という表現型を示す．このため，2 種の薬剤を使い分けることにより，「正常→変異体」「変異体→正常」という両方向の変化が選択できる．カペッキらは 6-TG 耐性 ES 細胞を，スミティーズらは HAT 耐性 ES 細胞を選択するという方法で簡便に遺伝子破壊／導入を検出できた．

遺伝子操作を *Hprt* 以外の遺伝子でも可能にするために，カペッキらは単純ヘルペスウイルス (HSV) のチミジンキナーゼ (tk) に着目した．ガンシクロビル (GCV) などの抗ヘルペス薬は，HSV 感染細胞を特異的に殺す活性をもつ．これは，HSV-tk が抗ヘルペス薬（ヌクレオシド類似物質）を三リン酸化できるのに対し，宿主細胞の TK はこれができず，その結果，ウイルス感染細胞のみが異常な塩基を核酸内に取り込むためである．

相同組換えの鋳型として導入する人工 DNA 断片を**ターゲティングベクター** (TV) とよぶ．一般的な TV は，標的遺伝子と相同な配列の中程に，選択マーカー遺伝子 (*neo*) を割り込ませた構造をもつ（図 6.6 (b)）．これは，遺伝子導入により標的遺伝子を破壊すると同時に，導入された細胞を選択可能にするためである．しかし，実際には，細胞に導入された TV には 2 つの運命が待っている；(1) 標的の配列と相同組換えを起こす（望ましい運命），(2) ゲノム中にランダムに組み込まれる（望ましくない運命）．そして，通常，後者の頻度が圧倒的に高い．カペッキらは，TV の端（標的相同配列より外側）に *HSV-tk* をつなぐという方法を考案した．相同組換えが起これば，この部分はゲノム中に残らないが，ランダムな組込みであれば残る可能性が高い．TV 導入後に G418 (*neo* をもつ細胞を選択）と GCV の両方を加えて選択する**ポジティブ-ネガティブ選択**により，ES クローン中に相同組換え体が見つかる頻度が飛躍的に高まり，あらゆる遺伝子の相同組換えが可能となった（1988 年，図 6.6 (b)）．

### 6.2.3 核移植によるリプログラミング

受精卵がもつ細胞核の全能性は，発生のどの段階まで保持されるのか．これを調べるためには，卵細胞の核を発生の進んだ胚や成体を構成する細胞の核で置き換えてみればよい．このアイデアを最初に試したのがブリッグス (Briggs, R.) とキング (King, T. J.) だった（1952 年）．北米産ヒョウガエル初期胚の割球

から取り出した核を，あらかじめ脱核しておいた卵に移植すると正常な発生がみられた．また，卵割が進むにつれ，こうした核の能力は急速に低下し，**核分化**が起こることが示唆された．ガードン（Gurdon, B., 1933-）は，飼育が楽で1年に何度も実験できるアフリカツメガエルを用いてこの結果を追試したところ（図 6.7 (a)），ブリッグス，キングらとは異なる結果が得られた．ドナー細胞の発生が進むと成功率は徐々に下がるもののゼロにはならず，オタマジャクシの腸の核を移植した卵からさえ正常発生がみられたのである（1962 年，図 6.7 (b)）．

通常の受精では，凝縮した精子核が巨大な雄前核へと脱凝縮され発生が始まる．体細胞の核を移植した卵においても，これと同様に核の脱凝縮がみられる．ガードンは，上述の実験の結果を「卵の細胞質には，体細胞の核を全能性の核へとリプログラム（初期化）するような活性がある．一方，体細胞の核は，分化が進むにつれ，このリプログラミングに抵抗性を示すようになる．これは，分化における核の役割が，遺伝子発現を安定に保つことにあるためと考えられる．」と解釈した．

1997 年，ウィルマット（Wilmut, I., 1944-）がヒツジの体細胞核を卵に移植

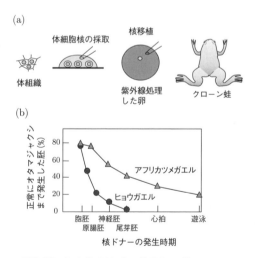

**図 6.7 細胞質による核のリプログラミング**
(a) アフリカツメガエルを用いた核移植実験
(b) 核ドナーの発生時期がクローン化成功率に与える影響

6.2 細胞分化の遺伝学　　　　　　　　　　　　　　　　　　　　　　131

する方法で正常なヒツジ（Dolly と名付けられた）をつくることに成功し，この方法が哺乳類にも応用できることを示した．この方法で得られた個体は，核を提供した個体と同一のゲノムをもち，**クローン（動物）**とよばれる．

### 6.2.4　MyoD と分化のマスター遺伝子

　マウス線維芽細胞株 C3H10T1/2 を DNA 脱メチル化剤 5-アザシチジンで処理すると，筋分化（多核の筋管形成）が誘導される．ワイントラウプ（Weintraub, H. M., 1945-1995）は，この系で発現が高まる遺伝子の中に筋分化の引き金を引く遺伝子が含まれると予想し，候補遺伝子を単離したが，その 1 つ（MyoD）が，単独で線維芽細胞に筋分化を誘導できることがわかった（1987 年）．MyoD タンパク質は，塩基性ヘリックスループヘリックス（bHLH）構造をもち，2 量体として DNA に結合する転写因子である．その後，MyoD と似た構造と活性をもつ 3 種の遺伝子（Myf5, myogenin, Mrf4）も発見された．これら 4 つを **MRF**（myogenic regulatory factor）**ファミリー**と総称する場合もある．

### 6.2.5　iPS 細胞

　1998 年，トムソン（Thomson, J. A.）らがヒト ES 細胞株の樹立に成功した．これにより，人間を対象とする**再生医療**という研究分野が生まれ，多くの研究者が ES 細胞を特定の臓器に発生・分化させる研究に向かった．山中伸弥（1962-）は，これとは逆の実験，すなわち体細胞への遺伝子導入により多能性幹細胞をつくる実験を始めた．これを考えた根底には，ガードンの核リプログラミング実験，クローン動物の成功，MyoD の発見などがあったと考えられる．

　山中は，まず Fbx15 という多能性幹細胞マーカーを発見し，この遺伝子のプロモーター下に薬剤耐性遺伝子（*neo*）を発現する線維芽細胞株を樹立した．この細胞は，多能性が誘導されたときにのみ薬剤（G418）耐性になると期待された．そこで，マウス ES 細胞で特異的に発現している 24 個の候補遺伝子を選び出し，それらをこの細胞に導入してから G418 選択するという実験を行った．24 個すべてを混ぜて導入した場合，ES 細胞と似た形態を示す少数の G418 耐性コロニーがみられた．そこで，高橋和利と山中は，24 個の遺伝子セットから 1 つずつ抜いたサブセットをつくり，それらの活性を調べた．その結果，*Oct3/4, Sox2, c-Myc, Klf4* という 4 種の転写因子遺伝子のいずれかを

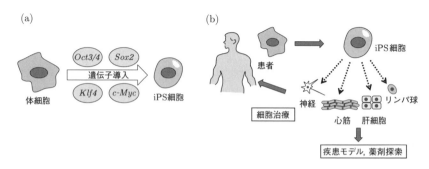

**図 6.8 iPS 細胞**
(a) iPS 細胞の作成, (b) iPS 細胞の応用

抜いたときに,薬剤耐性コロニーが出現しないことがわかった.また,これら4遺伝子のみを混ぜて導入すると,コロニーが生じた.得られた細胞クローンは,同系マウスに異所移植すると奇形腫を生じることから多能性をもつことが示唆され,**iPS 細胞** (induced pluripotent cells) と名付けられた (2006 年,図 6.8 (a)).

iPS 細胞は,生物学研究での利用の他に,(1) 再生医療,(2) 薬剤開発,という2つの方面での応用が期待されている.前者においては,拒絶反応や倫理問題が回避できること,後者においては,これまで細胞株が樹立できなかった疾患に関する研究や治療薬探索が可能になること,などの利点が考えられる (図 6.8 (b)).

**6.2.6 エピジェネティック制御**
**(1) エピジェネティック制御とは何か**

リプログラミング実験からもわかる通り,細胞分化の大部分は,塩基配列の変化を伴わないエピジェネティックな変化である.その基盤として,クロマチン(染色体を形成するDNA-タンパク質複合体)の構造変化が考えられる.クロマチン構造は,ヌクレオソームを構成する5種のヒストンサブユニットとDNAとの物理化学的な相互作用によって大きく変化し,この相互作用は,DNAのメチル化やヒストンN末端の化学修飾による調節を受ける (図 6.9 (a), (b)).ヒストンのN末端20～30残基は,塩基性アミノ酸のリシンとアルギニンに富み,分子のコア部分から突き出ていて,種々の酵素による化学修飾を受けやすい状態にある.一般に,リン酸化やアセチル化は短時間で起きる可逆的

6.2 細胞分化の遺伝学

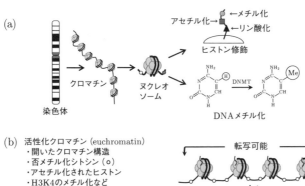

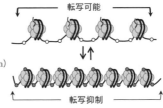

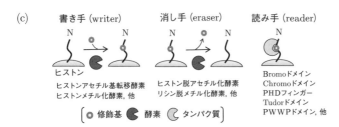

**図 6.9 エピジェネティック制御とクロマチン変化**
(a) ヒストン修飾は，ヌクレオソームコアから外側に突き出したアミノ末端部分 (tail) に起こる．DNAのメチル化はシトシン残基の 5′ 位に起こる．
(b) 活性化クロマチンと不活性クロマチンの特徴
(c) ヒストン修飾とその効果にかかわる 3 種類の因子

な過程であり，一過性の機能調節に適している．一方，リシン残基のメチル化は比較的安定で，細胞分裂を超えて保持されるエピジェネティックメモリーの担い手として重要である．また，アセチル化とメチル化が，同じリシン残基に起こる場合（例えばヒストン H3 のリシン 9 番；H3K9）もあり，2 値的なメモリー素子として機能する．このように，ある染色体領域の転写活性は，その領域のヌクレオソームを形成するヒストンの N 末端領域に刻印されている可能性があり，これを**ヒストンマーク**，その組合せを**ヒストンコード**とよぶ場合もある．ヒストン修飾や DNA メチル化にかかわる分子は，その役割によって，

書き手 (writer)，消し手 (eraser)，読み手 (reader) に大別される (図 6.9 (c))．

X 染色体やテロメア近傍，セントロメア近傍などに存在する高度に凝縮され，転写が不活発な領域を**ヘテロクロマチン**とよぶ．ヘテロクロマチン領域では H3K9 と DNA のメチル化が起こっており，これは，メチル化 H3K9 に結合する「読み手」タンパク質 HP-1 が，DNA メチル化酵素を呼び込むためと考えられている．

## （2） DNA メチル化

生理的に重要な **DNA メチル化**は，シトシンのピリミジン環 5 位に起こり，5-メチルシトシン (5mC) が生じる (図 6.9 (a))．哺乳類遺伝子の約半数がプロモーター近傍に **CpG アイランド** (CG という塩基配列を多く含む領域) をもち，その C のメチル化は一般に遺伝子発現を抑制する．一方，遺伝子内部にみられる DNA メチル化は，遺伝子発現を活性化する場合がある．

哺乳動物は 3 種類の DNA メチルトランスフェラーゼをもつが，そのうち DNMT1 は，DNA の一方の鎖がメチル化されているときに他方の鎖をメチル化する活性をもち，DNA 複製後もメチル化状態を維持する役割を担う．一方，DNMT3 は，新たなメチル化を引き起こす活性をもつ．

メチル化された DNA には，MBD1-3，MeCP2 などの「読み手」が結合し，これらがさらにヒストン修飾因子を結合する．その結果，遺伝子発現の抑制と高密度の染色体畳込みが起こり，細胞の分化状態維持につながる．

メチル化の消去は，複製鎖にメチル化が起こらないという消極的な方法によっても起こるが，TET タンパク質群 (TET1〜3) が 5mC のメチル基をヒドロキシル基 (5hmC)，ホルミル基 (5fC)，カルボキシル基 (5caC) へと多段階的に変換する能動的な脱メチル化機構も知られている．

## （3） ヒストンアセチル化

**ヒストンアセチル化**は，リシン残基の側鎖のアミノ基に起こる．これにより，リシン残基の正電荷が中和され，負電荷をもつ DNA 分子との間の静電的相互作用が弱まる．その結果，ヒストン 8 量体への DNA の巻付きが緩み，転写因子が結合しやすい状態になる．

ヒストン N 末端の特定のアミノ酸の修飾は，より特異的なクロマチン構造変化を引き起こす．例えば，H4K16 のアセチル化は，ヘテロクロマチン (不活

化状態）からユークロマチン（活性化状態）への転換を促すとともに，ブロモドメイン，PHD フィンガーなどの「読み手」タンパク質との結合を促し，転写を活性化する．

ヒストンのアセチル化状態は，アセチル基転移酵素（HAT）と脱アセチル化酵素（HDAC）の活性バランスによって動的に制御される．HAT は転写コアクチベーター複合体，HDAC はコリプレッサー複合体の成分として働いており，標的遺伝子や基質の特異性は，このような複合体のレベルで規定されるものと考えられる．

**（4）　ヒストンメチル化**

**ヒストンメチル化**は，リシン残基とアルギニン残基に起こる．リシン残基では，側鎖のアミノ基（$-NH_3^+$）の 3 個の水素原子のうち 1 個，2 個，3 個がメチル基に置き換わった 3 つの状態（me1，me2，me3）がある．

ヒストンメチル化も 2 種類の酵素のバランスによって動的に制御されている．メチル化は，S-アデノシルメチオニン（SAM）依存性メチル基転移酵素によって起こり，消去は，2-オキシグルタミン酸依存的な Jumonji ファミリー酵素またはフラビン依存的なリシン特異的脱メチル化酵素（LSD/KDM1）によって起こる．メチル化はヒストンの電荷を変化させず，その効果はもっぱら「読み手」を介したものである．ヒストンメチル化が転写に与える効果は，修飾部位や組合せによって異なる．例えば，H3K4me3 は転写の活発な遺伝子，H3K9me3 や H3K27me3 は不活性な遺伝子の目印となる．

**（5）　クロマチンリモデリング**（図 6.10 (a)）

転写因子や DNA 複製・修復因子が標的部位に結合しやすくする機構として，**クロマチンリモデリング**複合体による ATP 依存的なヌクレオソームの排除やスライディングが知られている．その担い手である SWI–SNF 複合体や INO80 複合体のコアタンパク質は，当初，酵母の接合型転換，糖代謝，イノシトール合成などの変異株から同定されたが，その後，動物細胞のエピジェネティック制御や DNA 修復に広くかかわることが判明した．

**（6）　長鎖非コード RNA によるクロマチン制御**（図 6.10 (b)）

非コード RNA の一部は，エピジェネティック制御にかかわる．200 塩基以

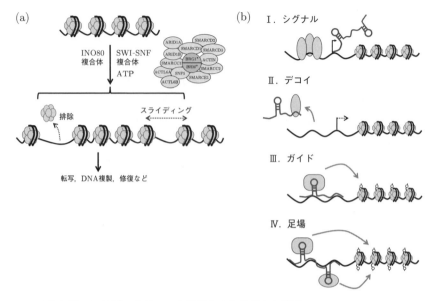

**図 6.10 エピジェネティック制御を支える様々な機構**
(a) クロマチンリモデリング．SWI-SNF 複合体は，＊で示したサブユニットの ATPase 活性を用いて能動的にヌクレオソームを移動したり，排除したりする．
(b) lncRNA の役割
　Ｉ．細胞の特徴や状態に応じて特定の染色体部位に目印を付ける．
　Ⅱ．転写因子などと結合し，標的遺伝子への作用を阻害したり，特定の染色体サブドメインにつなぎ止めたりする．
　Ⅲ．染色体上の特定の領域にクロマチン修飾因子を結合する．
　Ⅳ．複数のタンパク質に結合の場を提供し，リボ核タンパク質形成の足場となる．

上の長さをもつ非コード RNA を**長鎖非コード RNA（lncRNA）**とよぶが，その作用様式としては，シグナル，デコイ，ガイド，足場の４つが知られている．一部の lncRNA は，転写された後もその染色体領域に（姉妹染色体特異的に）付着し，クロマチン修飾因子を結合することによって，サイレンシング，染色体不活化，ゲノムインプリンティングなどの誘導にかかわる．

演習問題　　　　　　　　　　　　　　　　　　　　　　　　　　　　　137

（7）　エピジェネティック制御の維持

新生 DNA 鎖にはヒストン 8 量体が組み込まれていくが，これは PCNA を介して複製フォーク（RF）に結合している CAF1 の働きによる．DNMT1，H3K9 メチル化酵素 G9a なども RF に結合し，新生 DNA 鎖にクロマチン修飾状態を忠実にコピーする．

## ▌演習問題

**6.1**　細胞周期のエンジン，アクセル，ブレーキ役を担うのは，どんな分子群か．また，細胞周期のチェックポイントとはどんな概念か．

**6.2**　がん遺伝子とがん抑制遺伝子の違いは何か．

**6.3**　ある 1 つの遺伝子をノックアウトしたマウスでみられる表現型から，その遺伝子の何がわかるか．

**6.4**　細胞分化が遺伝子発現の変化によって起こるということを示す証拠をできるだけ多くあげよ．

**6.5**　細胞分裂と分化はどんな関係にあるか．

# 7 モデル生物の遺伝学的解析

　真核生物には私たち人間を含む多くの生物が属し，単細胞生物（原生生物など）から，進化の過程を様々にたどった多様な多細胞生物までを含む．高度な運動や思考を行うことのできる私たちの体は，もとはと言えば，1個の受精卵に由来している．1つの細胞が分裂を繰り返し，異なった種類の細胞・組織に分化し，徐々に形をつくって1つの生物体を作り上げていく過程は何度みても神秘的なものである．しかも，「カエルの子はカエル」であり，このような形作りの仕組みはその種に固有なゲノムにコードされ，遺伝により代々受け継がれているのである．そうだとすると，遺伝学はこのような多細胞生物のもつ適応的遺伝子発現の仕組み，発生の仕組みや，作り上げられた多細胞体が機能する機構についても有用な研究手法を与えるはずである．本章では，真核生物の織りなす多様な生命現象の仕組みを調べる様々な遺伝学の方法論について学ぶ．

## 7.1　モデル生物

　遺伝学を用いて発生や個体機能の仕組みを調べる際には，世代時間が短く，多数の個体を飼育できる生物を用いると，格段に研究の効率がよい．また，これまでの章でみてきたように，特定の種を取り上げて研究材料として整備し，**突然変異体**を集め，**遺伝子地図**を作成しておくと研究がしやすくなる．突然変異体の掛け合わせにより複数の変異をもつ個体を作製できることも必要である．種々の生物に共通して働く基本的な原理を明らかにするためには，できるだけ簡単な生物を用いた方が研究の効率がよい．このような条件を備えたいくつかの生物がよく研究に使われており，**モデル生物**とよばれる（表7.1）．モデル生物を用いて生命の神秘が数多く解き明かされてきたが，ここではそのいくつかを例として示す．

7.2 遺伝子発現の調節 139

表 7.1 遺伝学のおもなモデル生物

| 生物 | 学名 | 生物種 | 世代時間 | 遺伝子数 |
|---|---|---|---|---|
| 大腸菌 | *Escherichia coli* | 原核生物 | 30分 | ～4000 |
| 出芽酵母 | *Saccharomyces cerevisiae* | 真菌類 | 2時間 | ～6000 |
| 分裂酵母 | *Schizosaccharomyces pombe* | 真菌類 | 3時間 | ～6000 |
| 線虫 | *Caenorhabditis elegans* | 無脊椎動物 | 4日 | ～20000 |
| ショウジョウバエ | *Drosophila melanogaster* | 無脊椎動物 | 10日 | ～14000 |
| シロイヌナズナ | *Arabidopsis thaliana* | 植物 | 2か月 | ～27000 |
| ゼブラフィッシュ | *Danio rerio* | 脊椎動物 | 3か月 | ～26000 |
| メダカ | *Oryzias latipes* | 脊椎動物 | 3か月 | ～21000 |
| マウス | *Mus musculus* | 脊椎動物 | 3か月 | ～22000 |

## 7.2 遺伝子発現の調節

　原核生物である大腸菌は, 分子遺伝学が取り上げた最初のモデル生物であり, 前章までで述べたように, 私たちに生命システムの基本的な機構, 特に遺伝子とは何かという根本的な疑問に対する多大な理解をもたらした. 一方, 遺伝子の構造や遺伝子発現の制御など, 原核生物と真核生物とで大きく異なる仕組みもあることが知られ始めると, 大腸菌と同様なアプローチを真核生物に適用しようとの考えが起こり, その観点から注目されたのが酵母である. よく使われるモデル生物としての酵母には, **出芽酵母**の一種 *Saccharomyces cerevisiae* と, **分裂酵母**の一種 *Schizosaccharomyces pombe* とがある. 出芽酵母は楕円形の細胞をもち, 出芽により増殖する. 分裂酵母は桿形で, 均等分裂により増殖する. そのうちの *Saccharomyces cerevisiae* がより古くから使われている.

　酵母を使用した一連の研究の有名な例として, ガラクトース代謝系の研究から明らかにされた遺伝子発現制御の機構について解説する. 糖は栄養価の高い栄養源であり, 単細胞生物の多くは糖を主要なエネルギー源として使っている. 生物に最もよく利用されている単糖はグルコース (ブドウ糖) であり, 主要な糖代謝系である解糖系も基本的にはグルコースを代謝する経路である. 一

方，他の糖を栄養として与えると，生物はこれに適応するように遺伝子発現を変化させる．例えば，出芽酵母を通常のグルコース培地から，グルコースの代わりにガラクトースを含む培地に移し，時間が少し経つと，ガラクトースを代謝して増殖するようになる．これは，ガラクトースを細胞内に取り込んでグルコースに変換する酵素群が合成されるためである．グルコース培地上では増殖できるが，ガラクトース培地上では増殖できない突然変異体を分離することにより，ガラクトース代謝の制御機構が明らかにされた．

　これらの変異体は **gal（ガラクトース）変異体**とよばれる．このような変異体を多数分離した後に，相補性試験 (3.3.4) を行うことにより，これらの変異が相補群に分けられ，*gal1*，*gal2*，…と名付けられた．次に，各変異体でガラクトースの取込みと代謝に関する酵素の活性を測定することにより，どの遺伝子がどのタンパク質をコードするかがわかった．個々の酵素（つまりタンパク質）に対応する遺伝子を**構造遺伝子**とよぶ．一方，1つの変異によって複数の酵素の合成に影響を生じる変異も見つかった．これらは複数の酵素の産生を制御する遺伝子と考えられ，**調節遺伝子**とよばれる．

　このような調節遺伝子の1つが *GAL4* である．*gal4* 変異体（*GAL4* 遺伝子の機能がなくなっている）では，*GAL1*，*GAL7* などの遺伝子でコードされる多くの酵素の活性が下がっていた．このことから，*GAL4* の働きとして考えられることは何だろうか．原核生物のラクトースオペロンを思い出した人もいるだろう．実際に，*GAL4* 遺伝子の DNA が分離され，そこからつくられるタンパク質が調べられた結果，Gal4 タンパク質は，*GAL1* などの遺伝子のエンハンサー (4.5.1) に結合する転写因子であることがわかった．Gal4 が結合する DNA 領域を **GAL4-UAS** とよぶ．**UAS** は上流活性化配列の意味であるが，エンハンサーとほぼ同義である．Gal4 タンパク質のアミノ末端側には UAS 結合の機能をもつ DNA 結合ドメインがあり，カルボキシル末端側には転写活性化ドメインがある．これにより，Gal4 は GAL4-UAS をもつ遺伝子の GAL4-UAS 配列に結合して，その遺伝子の転写を活性化する．

　さらに，*gal4* 以外にも転写調節にかかわる変異が見つかった．例えば，*GAL80* 遺伝子の機能を欠く変異体では，面白いことに *GAL1* などの遺伝子の発現が軒並み上昇する．*gal4 gal80* 二重変異体では *GAL1* などの転写が起こらない．つまり，二重変異体は単独の *gal4* 変異体と見かけ上同じになり，*gal4* 変異によって *gal80* 変異の影響がなくなったことになる．このことを，「*gal4*

## 7.2 遺伝子発現の調節

変異が *gal80* 変異より遺伝学的に上位である」という．タンパク質レベルでの研究の結果，Gal80 は Gal4 に結合することによりその機能を阻害することがわかった．酵母細胞がガラクトースに出会うと，ガラクトースの代謝物が Gal80 に結合してその機能を阻害する．それにより Gal4 の阻害が解除され，ガラクトース代謝系の遺伝子の転写が開始する，という仕組みである（図 7.1）．このため，Gal80 の機能がなくなる *gal80* 変異体では Gal4 が常に活性をもち *GAL1* などが発現し続けるが，*gal4 gal80* 二重変異体では肝心の Gal4 がないために *GAL1* などは発現しない．このように，遺伝学においては，しばしば遺伝子産物の機能的な関係を調べるために二重変異体の表現型を観察し，その結果から制御の上下関係を推定することができる．以下でもそのような例を紹介するので注目してほしい．

酵母の遺伝学を用いることにより，他にも同様の調節タンパク質が見つかり，これらは遺伝子の転写開始点の上流域に存在する UAS 配列に結合することによって転写を調節することがわかった．遺伝子上流には，しばしば種類の異なる UAS エンハンサー配列が複数存在して多様な制御を実現している．次に述べる発生のプログラムでも，絶妙な遺伝子発現制御が鍵となっている．

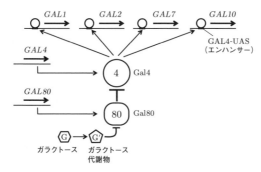

**図 7.1　出芽酵母のガラクトース代謝調節系**
　　Gal4 は各 *GAL* 遺伝子のプロモーター領域の GAL4-UAS に結合し，転写を活性化する．Gal80 は Gal4 に結合し，その機能を阻害する．

## 7.3 発生における形作り

本章の冒頭に述べたように，生物が種に固有の体をもつのは，種に特有のゲノム情報をもつからである．その情報に欠損があると，それに対応した形作りの異常が生じる．丹念に突然変異体を集め，それらの相互関係を解析することで，形作りの仕組みがわかってきた．ここでは，発生制御の仕組みを明らかにした基本的な例をいくつか紹介する．

### 7.3.1 ホメオティック遺伝子

キイロショウジョウバエは最も代表的な遺伝学のモデル生物である．ショウジョウバエの遺伝学の歴史は古く，メンデルの法則が再発見されてからほどなく，モーガン（Morgan, T. H., 1866-1945）がショウジョウバエを用いて突然変異体の分離ができないかと考えたのが最初である．当時は，突然変異を誘発するという発想がなく，モーガンはひたすらショウジョウバエを飼い続けて変異体の出現を待ち，ようやく3年後に，白眼の変異体を1匹発見し，分離した（通常のショウジョウバエは赤眼）．

それ以来，ショウジョウバエでは様々な変異体が集められてきた．その中でも，体の一部分の構造が別の部分の構造に置き換わるという衝撃的な一群の変異体が見つかった．このような発生異常は**ホメオシス**とよばれるので，これらの変異体は**ホメオティック変異体**と名付けられた．例えば，*Antennapedia*（*Antp*）変異体は触覚が足に変わり，頭から足が生えているような状態の成虫が羽化してくる．また，*Ultrabithorax*（*Ubx*）変異体のあるものは翅が4枚になる（通常のショウジョウバエは2枚翅）．昆虫の体の構造は，**体節**とよばれる節状の単位からなっており，ショウジョウバエはおよそ頭部の体節が3個，胸の体節が3個，腹の体節が9個ある．翅は胸部の2番目の体節にあるが，3番目の体節には平均棍という突起があり，前述の*Ubx*変異体ではこの代わりに翅が生えている．つまり，胸部の3番目の体節が2番目の体節のように変わっている．同様のホメオティック変異体は，いずれも体節（正確にはそれとは約半体節分ずれた擬体節）の単位で，他の体節（擬体節）の構造に置き換わるという異常が起こっている．

これらホメオティック変異体の原因遺伝子を調べることにより，*labial*（*lab*），*Proboscipedia*（*Pb*），*Deformed*（*Dfd*），*Sex combs reduced*（*Scr*），*Antp*，*Ubx*，

## 7.3 発生における形作り

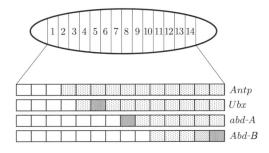

**図 7.2** ショウジョウバエの体節の発生を決める一部のホメオボックスタンパク質の発現領域 (灰色の濃淡は発現量を表す) (口絵参照)

abdominal-A (abd-A), Abdominal-B (Abd-B) などのタンパク質をコードする遺伝子が見つかった．これらの遺伝子は，特定の体節の性質（発生運命）を決定する重要な遺伝子と考えられた．これらの遺伝子がコードするタンパク質は，いずれも**ホメオボックス**転写因子という転写因子であることがわかった．これらのホメオボックスタンパク質は，少しずつ異なる体の領域に発現している（図7.2）．そしておそらく結合するDNA配列が異なり発現させる遺伝子も異なる．どうやら，これらの組合せおよび量的関係が，それぞれの体節がどういう遺伝子を発現してどういう構造をつくるか，という個性を決定しているようである．

ホメオティック遺伝子の発現の組合せにより各体節の特徴が決まることを述べた．このことから，それぞれの遺伝子を正しい部位で発現させることが重要であることがわかった．では，どのホメオティック遺伝子をどこで発現させるかはどう決まるのであろうか．つまり，どこが頭になりどこが尻（成虫では腹部の先端）になるかはどの時点で決まるのだろう．また，頭と尻の間の構造の順番はどう決まっているのだろうか．この仕組みは発生の初期，いや，発生が始まる以前に遡る．

### 7.3.2 母性効果

受精卵から発生の初期に働く遺伝子には母性効果を示すものが多い．次の議論に必要になるので，ここで母性効果について説明しておきたい．母性効果は，発生異常に限らずどのような変異にも使われる遺伝学用語であるが，例として発生がうまくいかなくなる *bicoid* の潜性（劣性）変異 *bcd* について考える．

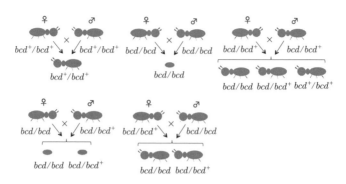

**図 7.3 母性効果**
発生に必須な遺伝子 $bcd$ の例．$bcd$ は変異遺伝子，$bcd^+$ は正常遺伝子を示す．母親の遺伝子型が変異 $bcd$ のホモ接合（$bcd/bcd$）の場合に正常な発生ができない．

潜性なので，$bcd/bcd^+$ のヘテロ接合体は表現型を示さない．では，$bcd/bcd^+$ のメスと $bcd/bcd^+$ のオスを掛け合わせることにより生じた $bcd/bcd$ の子供はどうであろうか．実は，この子供も正常に発生する（図 7.3）．この $bcd/bcd$ の子供がメスだった場合，どのようなオスを掛け合わせても，その子供は発生異常となる．一方，$bcd/bcd$ の子供がオスだった場合，$bcd^+/bcd^+$ または $bcd/bcd^+$ のメスと掛け合わせると正常な子供が生まれる．つまり，子供の初期発生が正しく行われるかどうかは，母親の遺伝子型にだけ依存している．これを**母性効果**とよぶ（逆に，もし父親の遺伝子型にだけ依存していれば**父性効果**である）．なぜこうなるのだろうか．母性効果は初期発生にかかわる遺伝子でしばしば観察される．初期発生に必要な遺伝子産物の一部は母親の生殖腺において卵細胞がつくられる際に，すでに卵の中に蓄えられている．このような場合，この遺伝子産物の性状は母親の遺伝子型により決まるため，初期発生の成否も母親の遺伝子型により決まるのである．

### 7.3.3 卵極性遺伝子

1980 年頃に，ニュスライン・フォルハルト（Nüsslein-Volhard, C., 1942-）らを中心とする一群の研究者が発生の初期に注目し，体の一部の発生が異常になる変異体を集めた．これらの変異体において変異している遺伝子は，大きく**卵極性遺伝子**とよばれる遺伝子群と**分節遺伝子**とよばれる遺伝子群とに分けられた．これらの変異体はホメオティック変異体と異なり，胚致死，つまり孵化前

7.3 発生における形作り

に死ぬという表現型を示す．そのうちの卵極性遺伝子はいずれも母性効果を示し，そのため**母性効果遺伝子**とよばれることもある．前述の *bicoid* もその1つである．*bicoid* の機能が低下した変異体では，体の前後軸のうち，頭側の一部が欠失したような胚ができる．このため，体節の数は正常より少なくなる．つまり，頭側のいくつかの体節が欠損しているようにみえる．これも，一部の体節の性質が変わるが体節の合計数は変化しないホメオティック変異と異なっている点である．母性効果を示すことより，卵極性遺伝子の遺伝子産物は受精卵の段階ですでに蓄えられていて，頭側の特性を付与するタンパク質ではないかと推定された．*bicoid* の mRNA とタンパク質の局在を調べると，実際に，発生開始時の胚に確認された．面白いことに，このタンパク質は胚の中で勾配をもって分布しており，将来の頭になる側に多い．この勾配は，どのようにしてつくられるのだろうか．この理由を考えるうえでは，卵巣の中での配置が鍵である．メスのショウジョウバエの生殖腺には，生殖細胞のまわりに**哺育細胞**とよばれる細胞があり，*bicoid* の mRNA は卵細胞でつくられるのではなく，哺育細胞から卵細胞に送り込まれて卵細胞の前部に留まる．この mRNA から合成される Bicoid タンパク質は卵細胞内で濃度勾配をつくる．このような仕組みでつくられる *bicoid* の勾配が胚の前後軸（将来の頭〜尻）を決めているのである．

　同様に，*nanos* は *bicoid* とは逆に胚の後端から前端にかけて勾配をつくり，*torso* は前端と後端の狭い領域に局在し，それぞれの変異体では対応する部位に欠損が生じる．これらの卵極性遺伝子の遺伝子産物が初期胚の前後軸を決めていると考えられている．

### 7.3.4　分節遺伝子

　卵極性遺伝子の勾配が体の各部位の情報をつくっているようにみえるが，これだけで 10 以上の体節を規定できるのだろうか．実際には，徐々に細かな位置情報をつくっていく仕組みがあり，それを行うのが**分節遺伝子**である．分節遺伝子の変異体の表現型は胚自身の遺伝子型によって決まる（これを母性効果と対比させて**接合子効果**とよぶ）．これら分節遺伝子は，表現型の違いにより，**ギャップ遺伝子，ペアルール遺伝子，セグメントポラリティー遺伝子**に分類される．例えば，ギャップ遺伝子の *hunchback* 変異体では，腹部の 1〜6 番目の体節が欠失する．これらギャップ遺伝子の発現場所を調べてみると，それぞれ

前後軸の一部の体節に発現しており，その部分につくられる体の構造を決定していると思われる．前後軸をつくる卵極性遺伝子の変異体では，ギャップ遺伝子の発現場所が移動する．したがって，卵極性遺伝子の組合せと強度により，それぞれのギャップ遺伝子の発現が誘導される仕組みがあると考えられる．一方，ペアルール遺伝子の変異体では，1個置きに体節がなくなる．例えば，*even-skipped* 変異体では偶数番目の体節がなくなり，*odd-skipped* 変異体では奇数番目の体節がなくなる．ペアルール遺伝子は，ほぼ2体節ごとの周期でストライプ状に発現する．ストライプの数は体節数の半分の7つである．最後に，セグメントポラリティー遺伝子は体節の数のストライプで発現し，変異体では各体節の内部での異常が生じる．例えば，*gooseberry* 変異体では，体節の後半が前半の鏡像のような形に変化する．セグメントポラリティー遺伝子は各体節の構造を決めているものと思われる．

　ホメオティック遺伝子はこのようなお膳立てのうえで発現してくる．つまり，卵極性遺伝子が決めた前後軸に従って，次にギャップ遺伝子が働いて大まかな体節領域を決め，ペアルール遺伝子が7周期をつくり，さらに，セグメントポラリティー遺伝子が14周期の各体節の構造を決めていく．これにより各体節の位置が正確に決まっていく．このように，胚の前後軸に従って番地が付けられて，その番地に従って，ホメオティック遺伝子がそれぞれ正しい領域に発現して，その場所に特異的な構造をつくる指令を出していると考えられる．

　当然，このような仕組みは，いろいろな生物の様々な発生過程で用いられている．例えば，ホメオボックスタンパク質は，全脊椎動物および一部の無脊椎動物で共通に見つかっている．ここで，共通に用いられているルールは，各ホメオティック遺伝子が体の特定の領域の個性を決めているという点であるが，その働き方の違い（例えば各体節をどの程度異なった形態にするか）により，生物の形態の多様性が作り出されている．ショウジョウバエの形態異常の変異体を分離するという遺伝学の方法によって，他の生物にも普遍的に用いられている制御原理が見つかってきた典型的な例である．

### 7.3.5　植物のホメオティック変異体

　植物にもホメオボックスタンパク質があり，発生過程で動物の場合とは少し異なる大事な働きをしているが，これとは別に，ホメオティック変異をもたらす **MADS** ファミリーとよばれる遺伝子群が見つかっている．よく知られた例と

## 7.3 発生における形作り

して，シロイヌナズナの花の形成にかかわる遺伝子群がある．**シロイヌナズナ**は，小型で栽培しやすく変異体も分離できるので，植物における代表的なモデル生物となっている．世代時間が短く，多数の種子が取れ，自家不和合性をもたないので自家受粉により子孫を残せることなども利点である．シロイヌナズナの花は4重の同心円状に，内側から雌しべ（心皮），雄しべ，花弁，萼片が並んでいる（図 7.4 (a)）．*apetala2* 変異体では花弁と萼片がなくなり，*agamous* 変異体では雄しべと雌しべがなくなる．よく調べると，前者では花弁が雄しべに，萼片が雌しべに変わり，後者ではその逆の変化が起こっている．これらのホメオティック変異体は A，B，C の3つのクラスに分類され，それぞれ4種

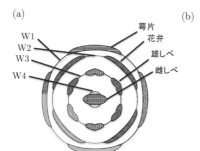

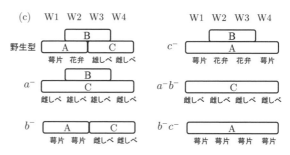

**図 7.4　シロイヌナズナのホメオティック変異体**
(a) 野生型の花の構造．萼片，花弁，雄しべ，雌しべ（心皮）が外側から W1，W2，W3，W4 の位置にできる．
(b) 変異体の表現型．$a^-$ は A クラスの遺伝子（*APETALA2* など）の欠損変異，$b^-$ は B クラスの遺伝子（*PISTILLATA* など）の欠損変異，$c^-$ は C クラスの遺伝子（*AGAMOUS* など）の欠損変異．
(c) ABC モデル．W1〜W4 の各部位で発現している遺伝子クラス（A〜C）を示す．A，B，C それぞれの遺伝子が，隣り合う2つの領域で働き，働く遺伝子の組合せにより異なる構造ができると考える．

の構造のうち2種が他の構造に変化する. 同じクラスに属する変異体は同様の表現型を示す. 例えば, クラスBの *apetala3* 変異体と *pistillata* 変異体はいずれも雄しべと花弁がなくなる. 二重変異体でも同じである. このことから, 両遺伝子産物は協調して1つの機能を果たしていると推測される. 一方, 異なるクラスの多重変異体では新たな表現型が生じる (図7.4 (b)). これらの関係から, どういう制御機構が推定されるだろうか. これらの結果をもとに, A, B, Cの3つのクラスの遺伝子産物の組合せがそれぞれの構造の個性を決定するモデル (**ABCモデル**) が提唱され, 分子的にもほぼ実証されている. つまり, Aクラス遺伝子群とBクラス遺伝子群がともに働くと花弁が生じ, BクラスとCクラスとの組合せにより雄しべが生じるといった具合である (図7.4 (c)). 組合せコードにより異なる構造を作り出す仕組みは, 動物にも植物にも共通した効率的な遺伝情報の使い方であり, 進化の過程で均一な構造の体から多様な構造が作り出されてきた歴史を反映しているものと考えられる.

### 7.3.6 線虫の陰門の発生

ここまでで, 体全体の中の位置によって番地が付けられて, それぞれの部位の発生プログラムを規定する仕組みを学んだが, 個体の形作りにおいては, しばしば細胞間の相互作用により分化が規定されることがある. 例えば, 体内のある部位に1つの器官がつくられる際に, 他の細胞からの働きかけにより, この器官の形成が指示されることがある. よく知られた例として, **線虫 *C. elegans*** (シーエレガンス, *Caenorhabditis elegans*, 以下単に線虫とよぶ) の陰門形成についてみていこう. 線虫は, 体長1mmほどの小さな土壌性の線虫である. 線虫類 (線形動物) は極めて多くの種からなるが, 遺伝学のモデル生物として使われるのは *C. elegans* という特定の種である. 1970年頃に, ブレナー (Brenner, S., 1927-) がショウジョウバエよりも体制の簡単な多細胞のモデル生物として選択し, 多くの突然変異体を分離して遺伝学の基礎を築いて以来, 様々な生命現象の解明に使われてきた.

ここで器官誘導の例として取り上げる**陰門**は, **産卵口**ともよばれ, その名の通り卵が産み落とされるための孔状の組織である. もともと上皮の組織であるが, 幼虫の発生過程で数個の上皮細胞が協調して分裂および形態変化を起こすことにより形成される (図7.5 (a)). 正しい形態をつくるためには複数の細胞が空間的に協調して分裂・形態形成を起こすことが重要であることは容易に想

7.3 発生における形作り

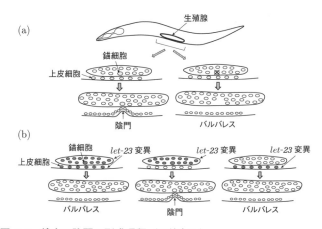

**図 7.5 線虫の陰門の形成過程**（口絵参照）
(a) 陰門は上皮細胞が分化してできる．一方，生殖腺の中の錨細胞を破壊すると陰門ができない．
(b) モザイク解析．*let-23* 変異体では陰門ができない．上皮細胞または生殖腺細胞の一方だけに *let-23* 変異をもたせることにより，いずれの組織で *let-23* が働くかを決定できる．

像できるだろう．この時期の陰門のできる位置の内側には生殖腺の原器があるが，その中の錨細胞という細胞を破壊すると陰門が形成されないことから，錨細胞からの作用が陰門形成に必要と考えられた（図 7.5 (a)）．

陰門ができない変異体が多数分離され，**バルバレス**（vulvaless）と名付けられた（vulva は陰門を意味する）．この中の *lin-3* 変異体は哺乳類の上皮増殖因子（EGF）に似たタンパク質の変異，*let-23* 変異体は哺乳類の上皮増殖因子受容体（EGFR）に似たタンパク質をつくる遺伝子の変異をもっていた．EGF との類推により，LIN-3 タンパク質は細胞外に分泌されて細胞膜の上の LET-23 タンパク質に働きかけ，その細胞にシグナルを伝えるのではないかと考えられた．また，別のバルバレス変異の原因となる遺伝子 *let-60* は，低分子量 GTP 結合タンパク質 **Ras** をコードする．Ras は，哺乳類ではがん遺伝子として知られ，細胞分裂を促進する機能があるが，線虫の陰門ではそれとは異なる作用を担う．なお，これらのバルバレス変異はいずれも潜性変異である．これらの遺伝子が働く場所を決めるために**モザイク解析**が行われた．通常，受精卵がもつ遺伝子が体の全細胞に受け継がれるため，すべての細胞が同じ遺伝子型となる．しかし，モザイク解析では，細胞分裂の際に遺伝子型が変化するような遺

伝学的なトリックを用いることにより，体の全細胞のうち一部だけが変異型となった状態を作り出して調べる．例えば，上皮細胞が *let-23* 変異をもち，錨細胞が正常な *let-23* 遺伝子をもつ個体はバルバレスとなったが，逆の組合せの個体では正常な陰門ができた (図 7.5 (b))．つまり，*let-23* 遺伝子は錨細胞でなく陰門をつくる上皮細胞で働くと推定される．一方，*lin-3* 遺伝子は *let-23* と異なり錨細胞で働くことがわかった．錨細胞から分泌された LIN-3 タンパク質が近くの上皮細胞に働きかけて，その細胞を陰門の細胞の性質に変化させると考えられている．

一方，正常な陰門に加えて，それと異なる位置（錨細胞から離れた位置）にも陰門様の構造ができる**マルチバルバ (multivulva) 変異体**も見つかった．そのうちの 1 つは *let-60* 遺伝子に変異が生じたものであることがわかったが，この変異は顕性（優性）変異であった（*let-60* (*gf*) と表記する）．つまり，*let-60* (*gf*)/*let-60* (+) の個体もマルチバルバ表現型を示す．機能欠損変異とは逆の表現型を示すことから，この変異は機能獲得型変異と考えられた．つまり，*let-60* (*gf*) 変異をもつと，錨細胞からの作用がなくともシグナル伝達系が働き陰門細胞に分化すると考える．実際，*let-60* (*gf*) 変異体は Ras タンパク質が恒常的に活性化された変異体であった．

### 7.3.7　サプレッサー変異とエンハンサー変異

ここで，遺伝子の機能関係を知るうえで重要な手がかりとなるサプレッサー変異とエンハンサー変異について述べる．ここでいうエンハンサーとは，転写制御エレメントとしてのエンハンサーとは全く違う意味であるので注意してほしい．

**サプレッサー変異**とは他の変異の表現型をなくす変異のことである．例えば，*a* 遺伝子に生じた *a¹* という突然変異体が A という表現型を示すとする．さらに，*b* 遺伝子に *b²* という変異が生じ（あるいは *b²* という変異が掛け合わせにより導入され），*a¹ b²* という二重変異体になったときに，A の表現型が現れなくなることがある．この場合，*b²* 変異は *a¹* のサプレッサー変異であるといい，*b²* は *a¹* の表現型 A をサプレスするという．*GAL* 制御系を思い出してほしい (7.2 節)．表現型 A を *GAL1* などの遺伝子が過剰に発現する表現型と定義すると，*gal80* 変異が *a¹* 変異にあたり，*gal4* 変異が *b²* 変異にあたる．すなわち，*gal4* 変異は *gal80* 変異のサプレッサー変異とみることができる．

7.3 発生における形作り 151

一方，逆の効果がみられることもある．$a^1$ の表現型が，$b^2$ 変異により顕著になることがある．この場合，$b^2$ 変異は $a^1$ の**エンハンサー変異**であるといい，$b^2$ は $a^1$ の表現型 A をエンハンスするという．

サプレスとエンハンスの関係は，注目する表現型を特定したうえで考えるのがよい．なぜなら，いずれかの変異体が別の表現型ももっている場合には，その表現型については遺伝子間の関係が異なる場合があるからである．例えば，*gal80* が *gal4* をサプレスするという関係はあくまで *GAL1* 過剰発現についてであり，*GAL1* が発現しないという *gal4* 変異体の表現型については，*gal80* が *gal4* をサプレスするわけでも *gal4* が *gal80* をサプレスするわけでもない（*gal80* 変異体はそもそもこの表現型をもたない）．

このように，サプレッサー変異もエンハンサー変異も遺伝子 *b* と遺伝子 *a* とが機能的に密接な関係にあることを示唆する．また，次に述べるように，遺伝子の分子的な機能が不明のときに，サプレッサー変異体やエンハンサー変異体を探すことにより，機能的に関連する遺伝子を見つけて機能解明の手がかりとする方法が遺伝学ではしばしば用いられる．

### 7.3.8 陰門形成のシグナル伝達経路

陰門形成において Ras と関連して働く遺伝子を探すために，様々な遺伝解析が行われたが，その１つの例では *let-60* (*gf*) のサプレッサー変異体の分離が試みられた．前述のように，*let-60* (*gf*) はマルチバルバ表現型をもつが，*let-60* (*gf*) 変異体の多数の個体を突然変異原処理してランダムに変異を誘発し，この中からマルチバルバ表現型が失われた個体を探して分離してきたのである（図 7.6 (a)）．得られたサプレッサー変異体はいくつかの遺伝子の変異に分類されたが，その多くが **MAP キナーゼシグナル伝達経路**の構成タンパク質の遺伝子の機能低下型の変異であった．MAP キナーゼ経路は，一連のタンパク質リン酸化酵素によりつくられるシグナル伝達経路である．MAP キナーゼキナーゼキナーゼ（MAPKKK）が活性化されると，活性化された MAPKKK は MAP キナーゼキナーゼ（MAPKK）をリン酸化し，MAPKK はリン酸化されることにより活性化して，MAP キナーゼ（MAPK）をリン酸化する（図 7.6 (b)）．最後にリン酸化された MAPK は活性化され，転写因子を含む多くのタンパク質をリン酸化してその活性を制御する．これにより，MAPKKK を活性化すると細胞内で多くの変化が起こることになる．MAP キナーゼ経路の変異が *let-*

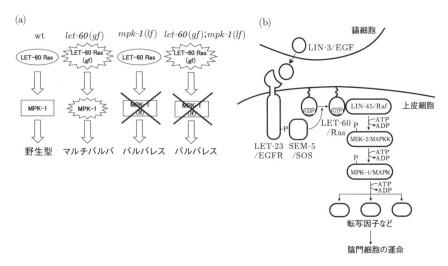

**図 7.6　線虫の陰門形成にかかわる Ras/MAP キナーゼ経路**
(a) サプレッサー変異の例. *let-60* (*gf*) 変異体は LET-60 Ras が異常に活性化されているため過度な陰門を形成するマルチバルバ (Muv) 表現型を示す. しかし, *mpk-1* (*lf*) 変異が生じて MPK-1 (MAP キナーゼ) が機能しなくなると, *let-60* (*gf*) 変異をもっていても過剰な陰門をつくる表現型が現れなくなる. つまり, *mpk-1* (*lf*) 変異は *let-60* (*gf*) 変異のサプレッサー変異である.
(b) Ras-MAP キナーゼ経路. 錨細胞から分泌された LET-3 は受容体である LET-23 に結合し, それを活性化する. その結果, LET-60 が GDP を結合した不活性型から GTP を結合した活性型に変換される. これが LIN-45 を活性化する. 活性化した LIN-45 は MEK-2 をリン酸化して活性化する. 同様に, MEK-2 は MPK-1 をリン酸化により活性化する.

60 の恒常活性化型変異をサプレスするという発見により, LET-60 Ras が MAP キナーゼ経路を活性化することにより細胞の性質を (上皮細胞から陰門細胞へと) 変えることがわかった. 一方, *lin-3* や *let-23* の変異は *let-60* (*gf*) をサプレスしない (二重変異体はマルチバルバ表現型を示す). このことは, 錨細胞から出された LIN-3 のシグナルを LET-23 受容体が受容してそれを LET-60 Ras に伝え, さらにそれが MAP キナーゼカスケードに伝わるというシグナル伝達のモデルを支持する. 実際, 哺乳類細胞の増殖制御やショウジョウバエの複眼など, 様々な生命現象において類似したシグナル伝達経路が細胞外からの刺激を細胞内, 特に核での遺伝子発現に結び付けていることがわかっている.

## 7.4 神経機能と行動

より高次の生命機能と目される神経機能についても遺伝学が有効だろうか. 実は, ショウジョウバエや線虫が遺伝学のモデル生物として取り上げられた当初から, これらを神経研究に適用しようという考えがあった. シナプス伝達と学習の研究に遺伝学が力を発揮した例をみてみよう.

### 7.4.1 シナプス伝達

多くの動物において, 神経の基本的な機能にかかわる遺伝子が欠損すると動けなくなるか致死となる. 実際, ブレナーが大々的に集めた線虫の変異体の中の一群は動けない, または動きが異常な変異体であり, これらには **unc** (uncoordinated) という名前が付けられた. これらの中には, 神経の基本的な機能にかかわる変異体が多数含まれる. 例えば, unc-2 変異体は神経の興奮に必要なイオンチャンネル, unc-6 変異体は発生時の神経軸索の伸長, unc-17 変異体は神経伝達物質をシナプス小胞に取り込むタンパク質が変異している. 神経細胞間の情報の伝達を行っている化学シナプスは特に精緻な構造であり, 多数のタンパク質や低分子量生体物質が関与している. unc-13, unc-18, unc-64 の変異体は**シナプス伝達**の効率が低下しており, これらの遺伝子はシナプス伝達にかかわるタンパク質をコードしている. これらのタンパク質はいずれも哺乳類にもオーソログがあることがわかり, それらは順に Munc13, Munc18, **シンタキシン**とよばれている. 生化学的・生理学的な解析, 電子顕微鏡による解析などを合わせ, これらはシナプス部位に局在し, シナプス小胞を細胞膜に接近させるために必要なタンパク質であるとわかった. これらをはじめとして, シナプス伝達の中心となる, あるいはそれを制御する多数の遺伝子が突然変異体の分離をきっかけに見つかっている.

これらのシナプスタンパク質の関係を調べるためにも遺伝学の手法が威力を発揮している. 1つの例をあげよう. クローニングした遺伝子を用いたタンパク質解析により, UNC-64 (シンタキシン) タンパク質の N 端側のドメインが UNC-13 などのシナプスタンパク質と結合する活性があることがわかった. UNC-13 と UNC-64 はいずれが欠損してもシナプス伝達が行えないため, この2つのタンパク質の関係には, 単純に考えて次の4つの可能性があるだろう. (1) UNC-13 が UNC-64 を活性化させる (UNC-64 が働けるようにする),

(2) UNC-64 が UNC-13 を活性化させる，(3) UNC-64 と UNC-13 が一体となって働く，(4) UNC-64 と UNC-13 は独立にシナプス伝達のために働く．いずれが正しいかを調べるために，以下のような実験が行われた（図 7.7）．UNC-64 タンパク質中の UNC-13 結合ドメインを遺伝子操作により変異させて UNC-13 と結合できなくした遺伝子を作製した．これを *unc-64 (open)* とよぶ．*unc-64 (open)* を *unc-64* 変異体に導入したところ，シナプス伝達が回復した．これより，UNC-13 結合能は UNC-64 の機能に必須ではないことがわかる．さらに，*unc-64 (open)* を *unc-64 ; unc-13* 二重変異体に導入したところ，やはりシナプス伝達が回復した．つまり，*unc-64 (open)* は *unc-13* 変異をサプレスした．*unc-64 ; unc-13* 二重変異体に通常の *unc-64* を導入しても回復はみられない．以上の結果から，(1) が正しいと考えられ，次のようなモデルが考えられた．UNC-64 の N 端ドメインは UNC-64 自身の活性を抑える自己抑制ドメインであり，UNC-64 単独ではこのタンパク質は機能しない．しかし，UNC-13 が結合するとこの抑制活性を抑え，UNC-64 が働くことになる．言い換えると，UNC-13 は UNC-64 の自己抑制を抑える形で活性化することにより，シナプス伝達の 1 つのステップを進めるものと考えられる．

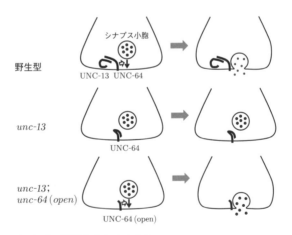

**図 7.7 シナプス伝達とシンタキシン**
シンタキシンの自己抑制ドメインを削除することにより，UNC-13 がなくともシナプス小胞の細胞膜への融合による神経伝達物質の放出を行えるようになる．

## 7.4.2 学習にかかわる遺伝子

　**学習**は神経系が環境に応じて多様な反応を起こすための基本的な機能であり，様々な実験系での研究が行われている．ここでは，ショウジョウバエで古くからよく使われている**嗅覚嫌悪学習**を取り上げる．ショウジョウバエの成虫を細長い管に入れ，両側から2種の匂いを流して，いずれに向かうか，行動を観察する．適当な匂いの組合せと濃度を選ぶと，いずれにも等確率で向かう．次に，電極を張り巡らせた管を用い，一方の匂いを嗅がせながら足への電気ショックを与える．その後，他方の匂いを嗅がせるが，電気ショックは与えない．このような刺激を繰り返し与えた後に，最初の二者択一の選択をさせると，電気ショックを与えた匂いを避け，電気ショックを与えなかった方の匂いに寄っていく（図7.8）．1970年代にベンザー（Benzer, S., 1921-2007）の研究室で，この操作を与えても学習をしない変異体を探すことを始めた．学習させたうえで行動テストを行い，学習のできなかった稀な変異体を見つける作業なので，多大な労力がかかることが想像できるだろう．最初のスクリーニングでは変異原処理した後に500系統を調べ，1つだけ変異体が分離できた．これは *dunce*（愚か者）変異体と名付けられた．以降，ベンザーとその門下の手により，*amnesiac*（健忘症），*turnip*（カブ，マヌケ），*rutabaga*（カブカンラン），*radish*（大根），*cabbage*（キャベツ）などが分離され，さらに時を経て，それぞれの遺伝子が同定された結果，どのような機構により学習が起こるかがわかってきた．おもな発見は **cAMP**（3′,5′-サイクリック AMP）シグナル伝達経路の役割である．*rutabaga* はアデニル酸シクラーゼ（cAMP を産生する酵素），

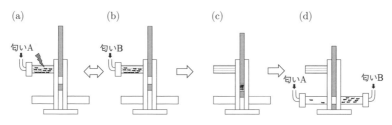

**図 7.8　ショウジョウバエの嗅覚嫌悪学習のテスト**
(a) 匂いAを与えながら電気ショックを与える．
(b) 匂いBを与えるときには電気ショックを与えない．
(c) 処理されたハエをテストチューブに移す．
(d) ハエは匂いAを嫌い，匂いBの方により多く移動する．

*dunce* はホスホジエステラーゼ（cAMP を分解する酵素）の変異であった．また，cAMP 依存性プロテインキナーゼ（A-キナーゼ）や CREB（cAMP 依存性転写制御因子）などの関与も明らかになった．では，これらの遺伝子はどこで働いているのだろうか．

### 7.4.3　GAL4 エンハンサートラップ

　このような問題を遺伝学的に調べるためには，特定の組織や細胞でだけ遺伝子を働かせる手法が有効である．該当の遺伝子が DNA として得られていれば，変異体にトランスジーンとして正常型の遺伝子を導入することにより，変異表現型をもとに戻すことができるはずである．この際に，プロモーターを操作して特定の細胞・組織にだけ発現させ，表現型がもとに戻れば，この発現させた細胞で遺伝子が働くことがこの表現型に十分であることがわかる．これを**細胞/組織特異的レスキュー**とよぶ．考え方はモザイク解析と似ているが，細胞/組織特異的遺伝子発現を用いる点がおもな違いである．

　組織特異的に遺伝子を発現させる手法はいろいろあるが，ショウジョウバエでよく使われる **GAL4 エンハンサートラップ**について解説する（図 7.9）．これは前述した酵母の *GAL4* の転写制御システムとエンハンサーの性質をうまく利用している．まず，*GAL4* 遺伝子に最小プロモーターをつけたものを **P 因子**などのトランスポゾンに載せてショウジョウバエに導入し，P 因子を転移させる．P 因子はランダムにゲノム上のいろいろな場所に転移し挿入される．挿入場所が遺伝子 *X* の近傍であり遺伝子 *X* のエンハンサーの作用を受けると，*GAL4* 遺伝子はそのエンハンサーが発現を指令する組織（*X* の発現組織と同様のことが多い）で発現する．このような挿入株を**エンハンサートラップ株**という．P 因子の挿入位置によって発現する組織は様々なので，多様な発現パターンを作り出すことができる．*GAL4* は酵母の遺伝子だから，単独ではショウジョウバエに何も影響を及ぼさない．しかし，組織特異的に発現させたい遺伝子を GAL4-UAS の下流につないでエンハンサートラップ株に導入すると，この遺伝子は Gal4 タンパク質により発現誘導されるので，結局，*X* 遺伝子エンハンサーの指令する組織で発現する．このようなエンハンサートラップ株を集め，あらかじめ発現パターンを確認したコレクションが研究用に用意されている．

　もちろん，このような回りくどい方法をとらず，直接，*X* 遺伝子のプロモーターやエンハンサーをクローニングして導入したい遺伝子の上流につないでも

7.4 神経機能と行動                                                                 157

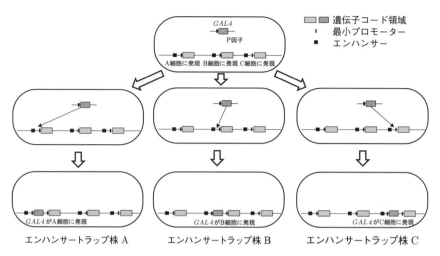

**図 7.9 エンハンサートラップ法**
最小プロモーターをもつ GAL4 がトランスポゾン P 因子とともに
ゲノム中に挿入されると，挿入された部位のエンハンサーの作用を
受けて特定の細胞で発現するようになる．これらのエンハンサート
ラップ株を維持して使う．

よく，線虫などではこの方法が使われることが多い．しかし，エンハンサートラップを用いると，掛け合わせにより様々な組織での発現を試せるので研究の効率がよい．

### 7.4.4 学習にかかわる遺伝子の機能部位

エンハンサートラップの使用例として，7.4.2 で述べた学習関連遺伝子の機能部位について考えてみよう．変異体の表現型から cAMP が学習に必要であることがわかったが，cAMP を産生する酵素 Rutabaga は脳全体に発現している．しかし，嗅覚嫌悪学習の際に学習を引き起こしているのは脳の中のどこだろうか．正常な *rutabaga* 遺伝子の cDNA を GAL4-UAS を含むプロモーターにつなぎ，*rutabaga* 変異体に導入し，様々なエンハンサートラップラインを掛け合わせて，いずれの株で学習能が回復したかを調べた．学習能が回復した株で共通に GAL4 が発現していたのは**キノコ体**という脳領域であった．名前の通り，この脳領域は傘をもったキノコのような形をしている．実は，キノコ体は，匂いを感じる神経の接続先の1つで，この構造を破壊すると匂い学習がで

きなくなることがわかっていた．このような実験により，脳全体で *rutabaga* 遺伝子が働く必要はなく，キノコ体だけで *rutabaga* 遺伝子が働けば学習を起こせること，すなわちキノコ体での cAMP シグナルが学習に重要な働きをしているであろうことがわかった．このような方法論は多細胞生物において遺伝子が機能する部位を決めるために常用されている．

### 7.4.5 tet-ON/OFF システムによる遺伝子の機能時期の特定

　GAL4 システムでは，酵母の遺伝子発現制御系をショウジョウバエに移植することにより，遺伝子の発現を人為的に制御することができるようになった．遺伝子機能の解明のために，同様な発想で人為的な操作を行えるようにした研究方法がいろいろ開発されている．その中で，マウスでよく使われている **tet-ON/OFF システム**についてもみておこう．これは，大腸菌のテトラサイクリン耐性遺伝子の制御系を移植したものである．酵母のガラクトース系と同様，抗生物質テトラサイクリンへの耐性を付与する耐性遺伝子は必要なときにだけつくられる．テトラサイクリン耐性遺伝子のプロモーターには *tetO* というオペレーター配列があり，ここに TetR（テトラサイクリンリプレッサー）タンパク質が結合して転写を阻害している．テトラサイクリンは TetR と結合し，TetR を *tetO* と結合できなくさせる．この機構により，大腸菌がテトラサイクリンに出会うとテトラサイクリン耐性遺伝子が発現する．マウスの tet-OFF システムでは，TetR に哺乳類の転写活性化ドメインを結合した tTA が使われる．発現させたい遺伝子の cDNA を *tetO* 配列の下流につないでマウスのゲノムに導入する．これと同時に，構成的に発現するプロモーターの下流に tTA をつないで導入しておく．このマウスをテトラサイクリン（またはより効果の強いドキシサイクリン）を含む餌で飼っておくと，tTA が *tetO* に結合しないために導入遺伝子は発現しないが，テトラサイクリンを除くと遺伝子が発現する．これを **tet-OFF システム**という．さらに，これでは少し使いにくいということで，tTA にうまく変異を導入することによってテトラサイクリンが結合すると，*tetO* に結合する変異型の tTA（tTA と逆なので reversed tTA の意で rtTA とよばれる）がつくられた．これを用いると，テトラサイクリンの添加により遺伝子発現を誘導することができる（**tet-ON システム**）．これらを用いて，発生の過程での一定の時期に遺伝子を発現させたり，一連の学習課題の中の一時期（学習時，記憶保持時，テスト時など）に遺伝子を発現させ，どの時期にそ

演習問題　　　　　　　　　　　　　　　　　　　　　　　　159

の遺伝子が働く必要があるのかを調べることが行われている.

## 7.5　ま　と　め

　本章では，多細胞のモデル生物を用いた遺伝学の研究方法について概観した. 多細胞生物を構成する多くの細胞は，同じゲノムをもつにもかかわらず，1つの個体の中で多様に分化した形態と役割をもっている. このような機能分化は精緻な制御を受けた遺伝子発現の違いによる部分が多く，このような時間的空間的な遺伝学の機能発現を明らかにするためには，遺伝学の独特な方法論が必要となる. 本章では，遺伝学を使ったからこそわかったといえる研究の例をいくつか取り上げた. また，これらの方法論は多細胞生物の織りなす様々な生命現象を理解するうえでいずれも基本的な概念であるので，よく理解しておいてほしい.

## ▮演習問題

**7.1**　ある潜性変異 $a$ があり，変異体はある変異表現型 A を示すとする. ただし，この表現型の現れ方は少し変わっている. 遺伝子型 $a/a^+$ のメスと $a/a^+$ のオスを掛け合わせて得られる子供はすべて表現型 A を示さない (野生型と同じである). このうち，$a/a$ のメスの子供に $a/a^+$ のオスを掛け合わせると，その子供 (孫世代) はいずれも表現型 A を示す. 一方，$a/a$ のオスに $a/a^+$ のメスを掛け合わせると，その子供 (孫世代) はいずれも野生型と同じである. このような現象を遺伝学的に何というか. また，遺伝子 $a$ の産物は体内のどのような部位 (臓器) で働くものだと考えるか.

**7.2**　ショウジョウバエのホメオティック遺伝子とギャップ遺伝子の変異はいずれも体の一部の構造が欠損する. しかし，これらの2種の遺伝子はいくつかの点でその機能が異なっている. その違いを述べよ.

**7.3**　$a$ 遺伝子の機能が完全に欠損した変異 $a^0$ をもつ変異体は体の構造 M がなくなり (表現型 A)，$b$ 遺伝子の機能獲得型変異 $b^1$ をもつ変異体は表現型 A を示さないとする. これらを掛け合わせてつくった $a^0 b^1$ 二重変異体は表現型 A を示さなかった. このとき，次の問いに答えよ.

(1)　$a^0$ 変異と $b^1$ 変異の関係を遺伝学の用語で述べよ.

(2)　問題文の結果だけから判断すると，以下のうちいずれの可能性が高いと考えられるか.

(a)  遺伝子 $a$ の産物は遺伝子 $b$ の産物と協調して働くことにより構造 M をつくり，構造 M をつくるためには両方の産物が必要である．

(b)  遺伝子 $a$ の産物は遺伝子 $b$ の産物により活性化される．活性化された遺伝子 $a$ の産物が構造 M をつくるのに必須である．

(c)  遺伝子 $b$ の産物は遺伝子 $a$ の産物により活性化される．活性化された遺伝子 $b$ の産物が構造 M をつくるのに必須である．

# 8 進化と集団遺伝学

本章では，まず生物進化の歴史を概観した後，進化理論の基礎となる集団遺伝学を解説し，最後に集団遺伝学に基づいて分子レベルの進化を研究する分子進化機構論を説明する．

## 8.1 生物の多様性と進化

現在，地球上には約 200 万種の生物種が同定されているが，熱帯林に住む生物や微生物には未発見・未同定の種が多く，現存の生物種は約 500 万種以上と考えられる．

これらの生物は多様で，生息環境によく適応している．物理的環境への適応として，血中に不凍タンパク質をもち氷点下の極海に生きる魚，氷河で活動できるユスリカの仲間，100℃ 近くの熱水に棲息する細菌など，生物的環境への適応として，病原体に対抗する免疫機構，捕食者から逃れるチョウの擬態などがあげられる．

環境に適応した多様な生物種がどのように出現したかを説明し，**進化**理論の基礎を築いたのはイギリスの博物学者ダーウィン（Darwin, C. R., 1809-1882）である．彼は，調査船ビーグル号で世界中を探検した経験をもとに，著書「種の起原」（1859 年）の中で，多様な生物種は太古に存在した一または少数の共通祖先種から生じ，**自然淘汰（自然選択）**による適応で多様な形質を獲得したと主張した．発表当時は，神による生物種創造を説く聖書の教えと異なるので大論争を引き起こした．しかし，20 世紀に入って，遺伝学の発展と生物地理学的調査や化石の発見などの進化学研究により，現在の**生物多様性**をよく説明していることが認められるようになった．

## 8.2 生物進化の歴史

生物進化の歴史を振り返ってみよう（表 8.1）．地球が形成されたのは約 46

表 8.1 地質年代と生物進化

| 地質時代 | | | 開始年 | 化石・出来事 | 起こった年 |
|---|---|---|---|---|---|
| 始生代 | | | 約 46 億年前 | 地球の誕生<br>最古の生命の痕跡？ | 約 46 億年前<br>35 億～38 億年前 |
| 原生代 | | | 25 億年前 | 最古の真核生物化石<br>最古の多細胞生物化石<br>大型多細胞生物化石 | 17 億～19 億年前<br>6 億 3500 万年前<br>5 億 7500 万年前 |
| 顕生代 | 古生代 | カンブリア紀 | 5 億 4200 万年前 | カンブリア爆発 | 5 億 3000 万年前 |
| | | オルドビス紀 | 4 億 8800 万年前 | 陸上植物の出現？ | |
| | | シルル紀 | 4 億 4400 万年前 | 維管束植物の化石<br>節足動物の陸上侵入 | 4 億 2800 万年前<br>4 億 2500 万年前 |
| | | デボン紀 | 4 億 1600 万年前 | 最初の種子植物・四足動物 | 3 億 6500 万年前 |
| | | 石炭紀 | 3 億 5900 万年前 | 脊椎動物の陸上侵入 | 3 億 5000 万年前 |
| | | ペルム紀 | 2 億 9900 万年前 | ペルム紀末の大絶滅 | 2 億 5100 万年前 |
| | 中生代 | 三畳紀 | 2 億 5100 万年前 | 恐竜の最初の化石 | 2 億 4000 万年前 |
| | | ジュラ紀 | 2 億年前 | 恐竜の繁栄 | |
| | | 白亜紀 | 1 億 4600 万年前 | 被子植物の最初の化石<br>最初の鳥類の化石<br>白亜紀末の大絶滅 | 1 億 4000 万年前<br>1 億 5000 万年前<br>6500 万年前 |
| | 新生代 | パレオジーン | 6500 万年前 | 哺乳類・被子植物の放散 | |
| | | ネオジーン | 2300 万年前 | ヒトとチンパンジー分岐<br>ホモサピエンスの出現<br>ヒトの出アフリカ | 500 万～800 万年前<br>20 万年前<br>5 万～10 万年前 |

(N. H. バートン 他著，宮田隆・星山大介 監訳，「進化―分子・個体・生態系」，メディカル・サイエンス・インターナショナル (2009) を参考に作成)

## 8.2 生物進化の歴史

億年前だが，当時の地球は隕石の衝突などにより過酷な環境で，約 40 億年前までは生命活動が営める状態ではなかった．最初の生命の痕跡は 35 億～38 億年前の地層から見つかるので，この前に生命が誕生したと考えられる．

**原始生命**については様々な推測がなされてきた．現存の大部分の生物は，DNA を設計図として多様な機能をもつタンパク質をつくり生命活動を営む．一方，DNA の複製には，様々なタンパク質が必要になる．では，生命活動に必須の DNA とタンパク質が同時に出現して原始生命が生まれたのだろうか．この問題を解決したのは RNA が酵素活性をもつことの発見で，これに基づいて設計図と機能分子の両方の働きをもつ RNA から生命活動が始まったとする **RNA ワールド仮説**が提唱された．RNA ワールドから現在の DNA とタンパク質の生命システムへの進化の過程はまだ不明だが，遺伝暗号表が全生物でほぼ共通なので，現存生物の共通祖先は一種と考えられている．

遺伝物質と機能分子を膜で包むと原始細胞ができるが，初期の生物は核膜をもたない**原核生物**だった．その後，大気中の酸素濃度が増大した 17 億～19 億年前の地層から，核膜やオルガネラをもつ真核生物の化石が出現し始める．次に述べる多細胞生物化も含めて，酸素濃度の増大が生物サイズの増大に寄与したらしい．ちなみに，ミトコンドリアは大腸菌などに近縁な α プロテオバクテリア，葉緑体は光合成システムをもつシアノバクテリア（ラン藻）の一種が，それぞれ真核細胞内に共生してできたとする**細胞内共生説**が，マーギュリス（Margulis, L., 1938-2011）によって提唱され，分子系統学の研究により支持されている．

原生代の終わりに再度の酸素濃度上昇が起こり，約 6 億年前を過ぎた頃から**エディアカラ生物群**などの多細胞生物の化石が見つかる（図 8.1 (a)）．この後，5 億 4 千年前から始まる古生代カンブリア紀中の約 2 千万年の間に，**バージェス動物群**に示される多様な動物が出現し（図 8.1 (b)），脊索動物や節足動物を含む現在の動物の主要な「門」が出揃う（**カンブリア大爆発**）．この時点まで，生命活動はすべて水中で行われていた．

陸上に生物が出現するのはオルドビス紀で，緑藻から進化したコケ植物が陸に進出したようだが，コケ植物は固い組織（維管束）をもたないので，化石は見つかっていない．次のシルル紀になると維管束をもつシダ植物の化石が見つかる．この頃，節足動物も陸上に進出した．石炭紀にはシダ植物が繁茂し，脊椎動物の陸上侵入も起こるが，ペルム紀の終末（2 億 5000 万年前）には，おそ

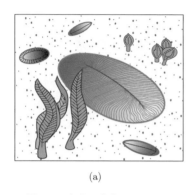 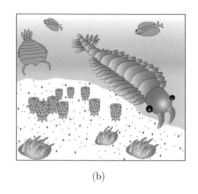

(a) (b)

**図 8.1 太古の生物**
(a) エディアカラ生物群は殻や骨格をもたない扁平な多細胞生物
(b) バージェス動物群は節足動物，環形動物など多様な動物を含む．

らく大規模な火山噴火により生物種の 90% 以上が絶滅したと考えられている．

その後の中生代は恐竜と裸子植物が繁栄した時代で，約 6500 万年前のおそらく隕石の衝突による大絶滅まで続く．これで恐竜やアンモナイトなどが完全に絶滅する．白亜紀の地層からは鳥類や被子植物の化石がみられるようになる．

新生代に入ると，すでに古生代から他の系統と分かれていた哺乳類や被子植物の多様化（放散）が起こる．猿の仲間からヒト，ゴリラ，チンパンジーを含む大型類人猿が進化し，500 万〜800 万年前にアフリカでヒトとチンパンジーの祖先が分岐する．直立歩行を始めたヒトの祖先種の一部は約 200 万年前にアフリカを出てアジア，ヨーロッパに広がるが，約 20 万年前にアフリカに出現した現人類（*Homo sapiens*）の祖先の一部が 5 万〜10 万年前にアフリカから世界中に広がり，アフリカに残ったものも含めて現在の人類となった．

古生代以降，大絶滅は 5 回（オルドビス紀末，デボン紀末，ペルム紀末，三畳紀末，白亜紀末）起こった．ペルム紀末と白亜紀末の大絶滅を除いて直接の原因は不明だが，絶滅により生息地が解放され，そこで生物の適応放散が可能となった．私たちを含む哺乳類の適応放散も，白亜紀末の恐竜などの絶滅に因ると考えられる．

## 8.3 集団遺伝学

集団での交配様式を仮定すると，メンデルの法則から，集団の遺伝的構成が次世代にどう変化するかを予測できる．このような解析を行う学問を**集団遺伝学**とよぶ．進化は集団の遺伝的構成の変化なので，集団遺伝学は進化の基礎過程を研究する学問といえる．様々なモデルを仮定して統計的解析を行うことで，進化機構の定量的理解が可能になる．

実際の生物ゲノムは多数の**遺伝子座**からなるので，集団遺伝学は集団内の各個体がもつゲノム全体の変化を扱う必要がある．しかし，問題が複雑になるので，以下ではおもに1遺伝子座での遺伝的構成の変化について説明する．

### 8.3.1 遺伝子型頻度と遺伝子頻度

2倍体生物の1遺伝子座に2つのアレル $A$, $a$ があるとする．この集団の遺伝的構成は，集団内の遺伝子型頻度を使って表8.2のように表すことができる．

例えば，図8.2の10個体からなる集団では，$P_{AA}=0.4$, $P_{Aa}=0.5$, $P_{aa}=0.1$ である．ここで，**遺伝子型頻度**は集団からランダムにサンプルした個体がその遺伝子型をもつ確率と解釈できることに注意したい．

表 8.2

| 遺伝子型 | $AA$ | $Aa$ | $aa$ | 総和 |
|---|---|---|---|---|
| 遺伝子型頻度 | $P_{AA}$ | $P_{Aa}$ | $P_{aa}$ | 1 |

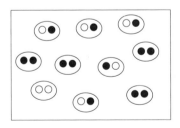

**図 8.2 遺伝子頻度と遺伝子型頻度**
10個体からなる2倍体生物集団の1遺伝子座での遺伝的構成を表している．この遺伝子座には2つのアレル $A$ (●) と $a$ (○) がある．大きい円は個体を表す．

166                                                          8. 進化と集団遺伝学

　集団の遺伝的構成を，遺伝子型頻度でなく遺伝子頻度を使っても表すことができる．$A$, $a$ の**遺伝子頻度**を $p_A$, $p_a$ で表し，$p_A$ が集団からランダムにサンプルした遺伝子が $A$ である確率を表すことに注意すると

$$p_A = P_{AA} + \frac{1}{2}P_{Aa} \tag{8.1}$$

を得る．集団からランダムにサンプルした個体が $AA$, $Aa$ である確率がそれぞれ $P_{AA}$, $P_{Aa}$ で，前者の場合は確率 1，後者の場合は確率 1/2 で $A$ 遺伝子がサンプルされるからである．図 8.2 の例では，$p_A = 0.65$ となる．

　1 遺伝子座に関する集団の遺伝的構成の世代変化は，遺伝子型頻度または遺伝子頻度の変化で記述できる．以下では，簡単な場合について説明する．

### 8.3.2　任意交配とハーディ-ワインベルク平衡

　$A$ 遺伝子頻度が $p_A$ で，交配が遺伝子型によらない**任意交配**集団を考える．次世代の子供の遺伝子型が $AA$ となるためには，父親と母親双方から $A$ 遺伝子が伝わる必要があるが，その確率はそれぞれ $p_A$ である．そこで，次世代の頻度を ′ をつけて表すと

$$P_{AA}' = p_A{}^2$$

を得る．子供の遺伝子型が $Aa$ となるのは，父親から $A$，母親から $a$（確率 $p_A p_a$）が伝わるか，その逆（確率 $p_a p_A$）の場合なので

$$P_{Aa}' = 2p_A p_a$$

を得る．$aa$ の子供の確率も同様に得られるので，次世代のそれぞれの遺伝子型頻度は

$$P_{AA}' = p_A{}^2, \qquad P_{Aa}' = 2p_A p_a, \qquad P_{aa}' = p_a{}^2 \tag{8.2}$$

となる．遺伝子型頻度が式 (8.2) で表されている状態を**ハーディ-ワインベルク平衡**（Hardy-Weinberg equilibrium: HWE）とよぶ．ここで，親の世代には HWE を仮定していないことに注意する．よって，1 世代の任意交配で集団は HWE となる．また，式 (8.2) を使うと次世代の遺伝子頻度 $p_A'$ は

$$p_A' = p_A{}^2 + \frac{1}{2} \times 2p_A p_a = p_A$$

となり，変化しないことがわかる．同様にして，アレル数が $k$ 個のときも次世代の遺伝子型頻度が変化しないことを示せる．

8.3 集団遺伝学 167

さて，1世代の任意交配で集団は HWE となり，遺伝子頻度は変化しないが，この導出では以下の仮定をした.

(1) 遺伝子型により生存率や産卵力に差がない（自然淘汰が働いていない）.

(2) 突然変異が起こらない.

(3) 任意交配が行われている.

(4) 他集団からの移住がない.

(5) 集団が非常に大きく，各遺伝子型の子供が生まれる確率と実際の集団での割合が等しい.

このどれかの条件が成立しないと，HWE が成立しなかったり，遺伝子頻度が変化したりする. 次のところでは，(1)～(5) の条件が満たされない場合について順次説明する.

その前に，集団が HWE にあることを帰無仮説として統計的に検定する方法について，MN 血液型遺伝子座を調べた例（表 8.3）を使って説明しよう. この集団での遺伝子型頻度は $P_{MM}=119/500=0.238$, $P_{MN}=242/500=0.484$ と推定されたので，$M$ 遺伝子頻度は式 (8.1) より $p_M=0.48$ となる. そこで，HWE を仮定すると，$MM$ 遺伝子型の期待数は $500 \times 0.48^2=115.2$ となる. 同様に，他の遺伝子型の期待数も計算できる（表 8.3）. この表での観察数と期待数の若干の差異が，HWE が成立しているが調査個体数が有限であるための誤差によるのか，それとも HWE が成立していないからかを，適合度検定でよく使われる $\chi^2$ 検定により調べる. 観察数 ($O$) と期待数 ($E$) の差を表す $\chi^2$ 値を

$$\chi^2 = \sum \frac{(O-E)^2}{E}$$

と定義する. サンプル数が多いとき，$\chi^2$ 値は自由度 $k$ の $\chi^2$ 分布することが知

表 8.3 New York のアフリカ系アメリカ人の MN 血液型遺伝子座での調査

|  | *MM* | *MN* | *NN* | 総和 |
|---|---|---|---|---|
| 観察数 ($O$) | 119 | 242 | 139 | 500 |
| 期待数 ($E$) | 115.2 | 249.6 | 135.2 | 500 |

(J. F. クロー 著，木村資生・太田朋子 訳，「クロー遺伝学概説」，培風館 (1991) より引用)

168                                              8. 進化と集団遺伝学

られている．表8.3の例での $\chi^2$ 値は 0.464 で，この場合 $k=1$ なので，HWE を
仮定してこれ以上のずれが起こる確率は，$\chi^2$ 分布の分布関数から50%程度と
なる．したがって，このデータからは HWE を棄却できない．

　この検定で帰無仮説である HWE が棄却された場合は，(1)～(5) の少なく
とも1つの仮定が成立しないと推測される．集団遺伝学では，このように単純
な仮定に基づくモデルの予測と実際のデータとの比較によって，現在の遺伝的
構成を生み出した可能性のある (1)～(5) の進化的要因を検出したり，その要
因の程度を推定することが行われる．

### 8.3.3　自　然　淘　汰

　個体が次世代に残す子孫数の期待値を**適応度**とよぶ．適応度の要素として，
成体までの生存率，産卵数，交配能力などがある．遺伝子型間で適応度が異な
ると，次世代の子孫の残り方に差がでる．その差が**自然淘汰（自然選択）**であ
り，その結果，次世代の遺伝子頻度が変化する．簡単な場合として，1遺伝子
座に2つのアレル $A$，$a$ があり，$AA$，$Aa$ の生存率は1だが，$aa$ の生存率は0
の場合（潜性致死）を考える．具体的に，$p_A=0.5$ とし任意交配を仮定すると，
接合体（受精卵）の遺伝子型頻度は遺伝子頻度の積となるので表8.4のように
なる．ここで，成体での遺伝子型頻度を計算する際に，平均生存率（成体での
比の和）で割ったことに注意する．成体での遺伝子型頻度を使うと次世代の遺
伝子頻度は

$$p_A' = \frac{1}{3} + \frac{1}{2} \times \frac{2}{3} = \frac{2}{3}$$

となり，$A$ 遺伝子頻度が1/2から2/3に増加した．これを続けると，$A$ 遺伝子
頻度は漸次増加し1に近づき，潜性致死遺伝子は集団から除かれる．

　次に，自然淘汰による遺伝子頻度の変化を，より一般的に調べる．簡単のた

表 8.4

| 遺伝子型 | $AA$ | $Aa$ | $aa$ | 総和 |
|---|---|---|---|---|
| 接合体遺伝子型頻度 | 0.25 | 0.5 | 0.25 | 1.0 |
| 生存率 | 1 | 1 | 0 | |
| 成体での比 | 0.25 | 0.5 | 0 | 0.75 |
| 成体遺伝子型頻度 | 0.25/0.75 | 0.5/0.75 | 0 | 1.0 |

8.3 集団遺伝学

**表 8.5 自然淘汰による遺伝子型頻度の変化**

| 遺伝子型 | $AA$ | $Aa$ | $aa$ | 総和 |
|---|---|---|---|---|
| 接合体遺伝子型頻度 | $p_A^2$ | $2p_Ap_a$ | $p_a^2$ | 1 |
| 生存率 | $w_{AA}$ | $w_{Aa}$ | $w_{aa}$ | |
| 成体での比 | $w_{AA}\,p_A^2$ | $w_{Aa}(2p_Ap_a)$ | $w_{aa}\,p_a^2$ | $w_m$ |
| 成体遺伝子型頻度 | $w_{AA}\,p_A^2/w_m$ | $w_{Aa}(2p_Ap_a)/w_m$ | $w_{aa}p_a^2/w_m$ | 1 |

め，適応度の要素として生存率のみを考慮し，任意交配を仮定する．各遺伝子型の生存率を表8.5のように与える．表8.5の成体遺伝子型頻度を使って次世代の遺伝子頻度を表すと

$$p_A{}' = \frac{p_A(w_{AA}p_A + w_{Aa}p_a)}{w_m} \tag{8.3}$$

を得る．ここで，$w_m$ は平均生存率で

$$w_m = w_{AA}p_A^2 + w_{Aa}(2p_Ap_a) + w_{aa}p_a^2 \tag{8.4}$$

と表される．初期頻度を与え式 (8.3) を繰り返して使うと，任意の世代での遺伝子頻度を計算できる．また，式 (8.3) を使うと1世代の遺伝子頻度の変化は

$$\Delta p_A = p_A{}' - p_A$$

$$= \frac{p_Ap_a\{(w_{AA} - w_{Aa})p_A + (w_{Aa} - w_{aa})p_a\}}{w_m} \tag{8.5}$$

となる．

　ここで，式 (8.3)，式 (8.5) の右辺の分母・分子に同じ値を掛けても，式の値は変わらないので，生存率の相対値から遺伝子頻度変化が計算できる．そこで，相対生存率を使って，2つの典型的な自然淘汰モデルについて遺伝子頻度の変化を考察する．

　まず，$A$ 遺伝子が有利な場合，相対生存率を表8.6のように与える（ライト (Wright, S. G., 1889-1988) の表記）．

　ここで，$s$ を**淘汰係数**，$h$ を**顕性の度合い**とよぶ．$h$ はヘテロ接合体での $a$ 遺伝子の表現型への寄与の程度を表す．よって，式 (8.5) から

**表 8.6**

| 遺伝子型 | $AA$ | $Aa$ | $aa$ |
|---|---|---|---|
| 相対生存率 | 1 | $1-hs$ | $1-s$ |

$$\Delta p_A = \frac{sp_A(1-p_A)\{1-h-(1-2h)p_A\}}{1-2hsp_A(1-p_A)-s(1-p_A)^2} \quad (8.6)$$

を得る．上式から，遺伝子頻度の変化速度は $s$ に比例することがわかる．$h=0$（$A$ が顕性），0.5（半顕性），1（潜性）の場合の遺伝子頻度変化を図 8.3 に示す．どの場合も $p_A$ は単調増加して 1 に収束するが，その様子は $h$ の値によって変わる．顕性（$h=0$）のとき初期増加は急速だが，1 に近づくと変化は遅くなる．これは，$p_A$ が低い初期には生存率の異なる $Aa$ と $aa$ の頻度が高く互いが競合し $p_A$ を増加させるが，$p_A$ が高くなると生存率が同じ $AA$ と $Aa$ の頻度が高くなり $A$ 遺伝子の有利性が発揮されにくくなるからである．これから，例えば殺虫剤に対する抵抗性の進化では，散布初期には顕性の抵抗遺伝子がよく見つかることが予想される．潜性（$h=1$）の場合は，これと反対のことが起こる．

次に，ヘテロ接合体の生存率がホモ接合体の生存率より高い**超顕性淘汰**を考えよう．生存率を表 8.7 のように与える．

式 (8.5) から

$$\Delta p_A = \frac{p_A(1-p_A)\{t-(s+t)p_A\}}{1-sp_A{}^2-t(1-p_A)^2} \quad (8.7)$$

を得る．遺伝子頻度の変化が 0 となる（$\Delta p_A=0$）頻度を**平衡点**とよぶが，この

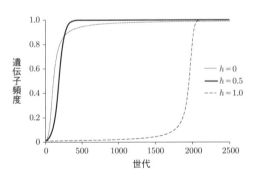

**図 8.3** 自然淘汰が働いているときの遺伝子頻度の時間変化
 初期頻度は $p_A=0.01$，$s=0.05$ で，$h=0$（顕性），0.5（半顕性），1（潜性）の場合の遺伝子頻度変化をプロットする．

表 8.7

| 遺伝子型 | $AA$ | $Aa$ | $aa$ |
|---|---|---|---|
| 相対生存率 | $1-s$ | 1 | $1-t$ |

8.3 集団遺伝学　　　　　171

場合 $p_A = 0$, $t/(s+t)$, 1 の 3 点が平衡点となる．このうち $t/(s+t)$ は，$0 < p_A < t/(s+t)$ なら $\Delta p_A > 0$, $t/(s+t) < p_A < 1$ なら $\Delta p_A < 0$ となるので，**安定平衡点**である．一方，0, 1 は**不安定平衡点**なので，遺伝子頻度は $t/(s+t)$ に近づく．

このように，0 と 1 の間に安定平衡点をもち，安定的に多型を維持する自然淘汰を**平衡淘汰**とよぶ．超顕性淘汰の例として，鎌形赤血球貧血症を引き起こす $\beta$ グロビン遺伝子座の $S$ 遺伝子が知られている．$SS$ ホモ接合体は貧血症で成年に至るまでに死亡するが，ヘテロ接合体がマラリア抵抗性を示して野生型ホモ接合体よりも生存率が高くなるので，熱帯では多型が維持される．平衡淘汰の他の例として，場所や空間によって有利なアレルが異なる多様化淘汰，頻度によって有利な遺伝子が変わる頻度依存性淘汰，植物の自家不和合性遺伝子の淘汰などがある．

### 8.3.4　突 然 変 異

**突然変異**の影響を考える．2 つのアレル $A$, $a$ があり 1 世代あたりの $A$ から $a$, $a$ から $A$ への突然変異率をそれぞれ $u$, $v$ で表す．ハーディ-ワインベルク平衡 (HWE) の他の仮定は成立しているとき，次世代集団からとった遺伝子が $A$ となるのは，親遺伝子が $A$ で突然変異が起こらないか，親遺伝子が $a$ で突然変異が起こる場合なので

$$p_A{'} = (1-u)p_A + v(1-p_A) = (1-u-v)p_A + v \tag{8.8}$$

となる．

一般に，**突然変異率**は非常に低いので（$10^{-8}$/塩基/世代以下），突然変異による遺伝子頻度の 1 世代での変化や HWE からのずれは検出できない程度に小さい．しかし，突然変異は遺伝的変異を生み出す唯一の機構であり，また自然淘汰などの他の進化的要因が働かないか弱いとき，遺伝子頻度の平衡状態を決めるのに重要な役割を果たす．自然淘汰が働かないとき，式 (8.8) を $p_A{'} = p_A$ として解くと，平衡頻度は $v/(u+v)$ となる．

次に，$A$ 遺伝子が有利で，$A$ から $a$ への突然変異率が $u$ の場合を考える．このとき，$a$ 遺伝子は自然淘汰により集団から除かれるが，絶えず突然変異により集団に供給されるので，集団は自然淘汰と突然変異の平衡状態に向かう．式 (8.6) を使うと，$u$, $s$ が 1 よりずっと小さい場合は，自然淘汰による $p_a$ の変化は近似的に

$$\Delta p_a = -\Delta p_A \approx -hsp_a$$

となる．一方 $a$ から $A$ への突然変異を無視すると，突然変異による変化は式 (8.8) より

$$\Delta p_a = -\Delta p_A \approx u$$

となり，この和が 0 のとき，遺伝子頻度は変化しなくなる．このとき，$a$ 遺伝子頻度は

$$p_a = \frac{u}{hs} \tag{8.9}$$

となる．よって，突然変異率をヘテロ接合体の有害度で割った値となる．前述した通り，突然変異率は塩基あたり $10^{-8}$ 以下で，1 つの遺伝子が 1000 塩基対からなるとしても，1 遺伝子座での突然変異率は $10^{-5}$ 以下である．このため，$s$ が非常に小さくないかぎり，有害遺伝子の集団中での頻度は非常に低くなり，この遺伝子座は単型に近い状態となる．

### 8.3.5 近親交配

集団が任意交配していない例として，近縁者どうしが交配する**近親交配**と，似た者どうしが交配する**同類交配**があげられる．同類交配は種分化などで重要な役割を果たすが詳しい説明は他書に譲り，ここでは近親交配について説明する．

近親交配の最も極端な例として，自らの配偶子で卵を受精させる**自殖**（図 8.4 (a)）を考える．この場合，子供 I の 2 遺伝子がどちらとも親の同一遺伝子に由来する可能性があり，その場合は，突然変異が起きないかぎり，子供はホモ接合体になる．つまり，近親交配により生まれた子供は，祖先の同じ遺伝子由

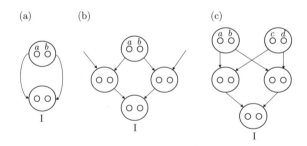

**図 8.4 様々な近親交配**
(a) 自殖 (selfing)，(b) 半兄妹交配 (half-sib mating)，(c) 全兄妹交配 (full-sib mating)．図中の小さな丸は遺伝子，大きな丸は個体を表す．

8.3 集団遺伝学　　　　173

来（同祖）の遺伝子を 2 つもつことにより，ホモ接合体となる可能性が増す．これは，兄妹交配（図 8.4 (b), (c)）など，他の近親交配でも程度は異なるが同じように起こる．

近親交配の程度を定量化するために，個体 I の**近交係数**を

$$F_{\mathrm{I}} = P(\text{個体 I の 2 遺伝子が同祖である})  \tag{8.10}$$

と定義する．ここで，$P(\text{事象})$ は事象が起こる確率を表す．

図 8.4 に示す近親交配での近交係数を計算してみよう．自殖の場合，個体 I の 2 遺伝子が両方とも親の $a$ 遺伝子由来である確率はメンデルの法則から $(1/2)^2$，同様に $b$ 遺伝子由来の確率も $(1/2)^2$ である．個体 I の 2 遺伝子が同祖となるのは，この 2 つの場合だけなので，個体 I の近交係数は両確率を加えて $1/2$ となる．同様に，半兄妹交配では個体 I の 2 遺伝子が祖先遺伝子の $a$ 由来である確率は $(1/2)^4$，$b$ 由来の確率も $(1/2)^4$ なので，近交係数は $1/8$ となる．全兄妹交配の場合も，同じように近交係数を計算してみてほしい．

次に，集団中で近親交配が行われ，平均近交係数が $F$ であるときの次世代の遺伝子型頻度を求めよう．2 つのアレル $A$, $a$ を仮定し $A$ 遺伝子頻度を $p_A$ で表す．$AA$ 個体が生まれるのは，子供の 2 遺伝子が同祖（確率 $F$）で，かつ一方の遺伝子が $A$（確率 $p_A$）の場合と，同祖ではなく（確率 $1-F$）かつ両遺伝子が $A$ である（確率 $p_A{}^2$）場合の 2 つである．子供の 2 遺伝子が同祖の場合，一方の遺伝子が $A$ ならばもう一方の遺伝子も $A$ となるので，まとめると

$$P_{AA}{}' = Fp_A + (1-F)p_A{}^2 = p_A{}^2 + Fp_A p_a  \tag{8.11}$$

を得る．すなわち，任意交配の場合に比べて，$AA$ ホモ接合体頻度が $Fp_A(1-p_A)$ 増加する．同様に

$$P_{aa}{}' = Fp_a + (1-F)p_a{}^2 = p_a{}^2 + Fp_A p_a  \tag{8.12}$$

を得る．$Aa$ が生まれるのは，2 遺伝子が同祖ではなく（確率 $1-F$）かつ，一方の遺伝子が $A$ でもう一方が $a$ の場合（確率 $2p_A p_a$）のみなので

$$P_{Aa}{}' = 2(1-F)p_A p_a  \tag{8.13}$$

を得る．ヘテロ接合体の割合が $F$ だけ減少する．

最後に，近親交配が集団の平均適応度に及ぼす影響を考察する．有利な遺伝子に働く自然淘汰を考察したときと同じライトの表記を使う．平均近交係数が $F$ の集団の平均適応度は

$$w_{mF} = 1 \times (p_A{}^2 + Fp_A p_a) + (1-hs)\{2(1-F)p_A p_a\} + (1-s)(p_a{}^2 + Fp_A p_a)$$

となり，整理して任意交配のときの平均 $w_m$ との差をとると

$$w_m - w_{mF} = Fs(1 - 2h)p_A p_a \tag{8.14}$$

を得る．よって，$s > 0$ ならば，$h < 1/2$ のとき近親交配により集団の平均適応度は減少する．このような近親交配による平均値の減少を**近交弱勢**とよぶ．一般に，任意交配集団では，自然淘汰‐突然変異平衡で保持されている部分潜性有害遺伝子（$h < 1/2$）による近交弱勢がみられることが多い．

### 8.3.6 集団の地理的構造と移住

生物の集団は地理的に離れた複数の分集団からなる場合が多い．ここでは，分集団 1，2 からなる簡単な場合を考える．分集団 1，2 での $A$ 遺伝子頻度を $p_1$，$p_2$ で表す．各分集団で前世代の別分集団に由来する遺伝子の割合（同じと仮定）を**移住率**とよび $m$ で表す．次世代の分集団 1 からサンプルした遺伝子が $A$ であるのは，分集団 1 由来（確率 $1-m$）で $A$ である（確率 $p_1$），分集団 2 由来（確率 $m$）で $A$ である（確率 $p_2$）のいずれかなので，次世代の分集団 1 での $A$ 遺伝子頻度は

$$p_1' = (1 - m)p_1 + mp_2$$

となる．同様に

$$p_2' = (1 - m)p_2 + mp_1$$

を得る．両者の差をとると

$$p_1' - p_2' = (1 - 2m)(p_1 - p_2) \tag{8.15}$$

となり，両分集団間の遺伝子頻度の差が 1 世代あたり $2m$ の割合だけ減少することがわかる．このように，一般に，移住は分集団の遺伝子頻度を均一化する．分集団ごとに有利な遺伝子が異なる多様化淘汰や，次に述べる遺伝的浮動により分集団間の遺伝子頻度の分化が起こるが，移住はそれに拮抗した働きをする．

### 8.3.7 遺伝的浮動

実際の生物集団はサイズが有限なので，ハーディ‐ワインベルク平衡（HWE）の仮定のように，次世代集団での各遺伝子型の実際の割合が確率と等しくはならない．これは，サイコロを 600 回振ったときに 1 の目が常に 100 回は出ないのと同様である．このため，次世代の遺伝子型頻度や遺伝子頻度が確率的に変化する．この現象を**遺伝的浮動**とよぶ．

## 8.3 集団遺伝学

ここでは，有限集団の遺伝子動態を単純化したライトとフィッシャー (Fisher, R. A., 1890-1962) のモデルを使って，自然淘汰が働かないときの遺伝的浮動を定量的に解析する．個体数 $N$ の 2 倍体生物集団では，1 遺伝子座には $2N$ 個の遺伝子が存在する．ライト-フィッシャーモデルでは，次世代は現世代の $2N$ 個の遺伝子から重複を許して $2N$ 個ランダムに抽出して形成されると仮定する．現世代の $A$ 遺伝子の頻度を $p$ としたとき，次世代の $A$ 遺伝子数 $I$ は確率的に決まり（このような変数を**確率変数**という）

$$P(I=i) = \frac{(2N)!}{i!(2N-i)!} p^i (1-p)^{2N-i}$$

で表される二項分布をもつ．確率変数 $X$ の平均を $E(X)$，分散を $Var(X)$ で表すと，二項分布では $E(I)=2Np$, $Var(I)=2Np(1-p)$ となるので，次世代の遺伝子頻度 $p'=I/(2N)$ の平均と分散は

$$E(p'|p) = p, \quad Var(p'|p) = \frac{p(1-p)}{2N} \tag{8.16}$$

となる．

ライト-フィッシャーモデルを使い，遺伝子頻度の変化をコンピューターシミュレーションで調べた結果を図 8.5 に示す．この図から次のことがわかる．

(1) 同じ初期頻度から始めても，遺伝子頻度はランダムに変動し，それぞれの集団は遺伝的に分化する．
(2) 小さな集団の方が，頻度の変動が大きい．

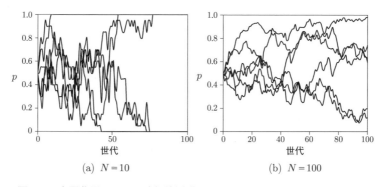

**図 8.5 有限集団における遺伝的浮動**
集団サイズが $N=10$ と $N=100$ の場合について，初期頻度を 0.5 とし，それぞれ 6 集団での遺伝子頻度変化を示す．

(3) $N=10$ のときはどの集団でも，観察した 100 世代のうちに $A$ 遺伝子の
消失 ($p=0$) または固定 ($p=1$) が起こった．集団が大きい場合でも，長
時間経つと必ず消失または固定が起こることがわかっている．

(4) 遺伝子頻度はだんだん 0 または 1 に近づくので，時間とともに遺伝的
変異量が減少する．

ここでは，(3) と (4) について定量的に考察する ((1) は 8.3.8 参照)．

まず，(3) について考える．$A$ 遺伝子の初期頻度を $p$ とし，世代 $t$ での遺伝
子頻度を $p_t$ で表す．また，$A$ 遺伝子の固定確率を $x$ で表す．式 (8.16) の最初
の式を繰り返し使うと，無限世代後の平均頻度は $E(p_\infty)=p$ となる．究極的に
有限集団では必ず消失か固定が起こる．よって，$p_\infty=0$ または $p_\infty=1$ となるの
で，平均値の定義に従い

$$E(p_\infty) = 1 \times x + 0 \times (1-x) = p$$

を得る．上式から固定確率は $x=p$ となる．

この結果を使って，中立遺伝子の進化速度 $k$ (集団での遺伝子置換率) を求
めよう．この遺伝子座での中立突然変異率を $u$，集団サイズを $N$ とする．こ
のとき，集団には 1 世代あたり $2Nu$ 個の突然変異遺伝子が現れる．それぞれ
の頻度は $1/(2N)$ なので固定確率も $1/(2N)$ となり，1 世代に現れる究極的に
固定する突然変異遺伝子の数，つまり進化速度は

$$k = 2Nu \times \frac{1}{2N} = u \tag{8.17}$$

となる．したがって，進化速度は中立突然変異率に等しくなる．

次に，(4) について考える．遺伝的変異量の指標として，平均ヘテロ接合頻
度を集団からランダムにサンプルした 2 遺伝子が異なるアレルである確率と定
義する．アレルが 2 つの場合，一方の遺伝子頻度を $p$ とすると，平均ヘテロ接
合頻度はほぼ $E(2p(1-p))$ と等しい．世代 $t$ での平均ヘテロ接合頻度を $H_t$ で
表すことにする．世代 $t+1$ にサンプルした 2 遺伝子は，前世代の同じ遺伝子
に由来するか (確率 $1/(2N)$)，異なる遺伝子に由来する (確率 $1-1/(2N)$) (図
8.6)．2 遺伝子が異なるアレルである確率は，前者の場合は 0，後者の場合は
世代 $t$ のランダムにサンプルされた 2 遺伝子が異なるアレルである確率 $H_t$ な
ので

## 8.3 集団遺伝学

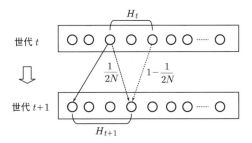

**図 8.6** ライト–フィッシャーモデルのもとでの平均ヘテロ接合頻度の変化
集団サイズが $N$ のとき，集団には $2N$ 個の遺伝子が存在する．$H_t$ は世代 $t$ でのヘテロ接合頻度を表す．

$$H_{t+1} = \frac{1}{2N} \times 0 + \left(1 - \frac{1}{2N}\right) H_t = \left(1 - \frac{1}{2N}\right) H_t \tag{8.18}$$

となる．式 (8.18) を繰り返し使うと

$$H_t = \left(1 - \frac{1}{2N}\right)^t H_0 \tag{8.19}$$

となる．したがって，式 (8.19) から，遺伝的変異量を表す平均ヘテロ接合頻度は世代ごとに $1/(2N)$ ずつ減少することがわかる．この減少は集団サイズが小さいほど大きい．

### 8.3.8 遺伝子系図学

ここまでは，様々な条件下で遺伝子頻度がどのような時間変化をするかについて説明してきた．これとは逆に，時間を遡って遺伝子集団の動態を解析する**遺伝子系図学**が 1980 年頃から発展し，塩基配列の解析に使われてきた．ここでは，中立遺伝子の遺伝子系図学を簡単に紹介する．

任意交配するサイズ $N$（一定で，非常に大きい）の集団を考える．現在の集団からランダムに $n$ 個の遺伝子をサンプルし（$N \gg n$），これらの遺伝子の由来を過去に向かってたどると，どこかの世代で初めて $n$ 個の遺伝子のうちのどれかが共通祖先をもつ．それまでの世代数を $T_n$ と表す（図 8.7）．$N \gg n$ ならば，同時に 3 個以上の遺伝子が共通祖先をもつ確率は無視できるので，どれか 2 個の遺伝子が共通祖先をもつとする．よって，この時点で $n$ 個の遺伝子の祖先遺伝子数は $n-1$ となる．さらに過去に遡ると，それぞれ $T_{n-1}, \cdots, T_2$ 後に祖先遺伝子の数は 1 ずつ減り，最後に**最近の共通祖先遺伝子**（most recent common

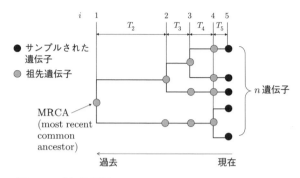

**図 8.7 遺伝子系図**
$n=5$ の場合，$i$ はその時点での祖先遺伝子数を表す．

ancestor: **MRCA**) に行きつく．これらの共通祖先までの時間 $T_i$ の確率分布を求める．

まず，$T_2$ を考える．2個の遺伝子が前世代に共通祖先をもたない確率は $1-1/(2N)$ なので (図 8.6)，$t-1$ 世代前まで共通祖先をもたず $t$ 世代前に初めて共通祖先をもつ確率は

$$P(T_2=t) = \left(1-\frac{1}{2N}\right)^{t-1}\frac{1}{2N} \approx \frac{1}{2N}\exp\left(-\frac{t}{2N}\right)$$

となる．したがって，$T_2$ は平均が $2N$ の指数分布をもつ．

同様に，$i$ 個の遺伝子中のどれか2個が初めて共通祖先をもつ確率を求めよう．前世代に $i$ 個の遺伝子が共通祖先をもたない確率は，$N \gg n$ に注意して2個の場合と同様に考えると

$$\left(1-\frac{1}{2N}\right)\left(1-\frac{2}{2N}\right)\cdots\left(1-\frac{i-1}{2N}\right) \approx 1-\frac{1}{2N}\{1+\cdots+(i-1)\}$$
$$= 1-\frac{i(i-1)}{4N}$$

となる．よって

$$P(T_i=t) \approx \left(1-\frac{i(i-1)}{4N}\right)^{t-1}\frac{i(i-1)}{4N}$$
$$\approx \frac{i(i-1)}{4N}\exp\left(-\frac{i(i-1)}{4N}t\right) \quad (8.20)$$

となる．したがって，$T_i$ は平均が $4N/\{i(i-1)\}$ の指数分布をもつ．

8.3 集団遺伝学

表 8.8 遺伝子配列アラインメント

| サンプル | サイト | | | | | | | | | |
|---|---|---|---|---|---|---|---|---|---|---|
| | 1 | 2 | 3 | 4 | 5 | 6 | 7 | 8 | 9 | 10 |
| S1 | A | G | A | C | T | G | G | T | C | C |
| S2 | A | G | A | C | G | G | G | A | C | C |
| S3 | A | C | A | C | G | G | G | A | C | A |
| S4 | A | G | A | C | T | G | G | A | C | C |
| 多型 | | * | | | * | | | * | | * |

＊は多型サイトを示す.

　集団から遺伝子を複数個サンプルしたときに実際に得られるデータは，表 8.8 のような塩基配列のアラインメントである．式 (8.20) を使って，サンプルした $n$ 遺伝子のデータから計算される統計量の平均値を求めよう．ただし，遺伝子は無限個の塩基サイトからなり，突然変異率は $u$ でこれまでに変異のなかったサイトに起こると仮定する（**無限サイトモデル**）.

　まず，多型サイト数 $S_n$ を考える．無限サイトモデルでは，各突然変異は必ず新しいサイトに起こり多型サイトを 1 個形成する．このため，$S_n$ は遺伝子系図中に起こったすべての突然変異数と一致する．MRCA に至るまでの系統の平均世代数の総和は，$T_i$ 世代間は祖先遺伝子数が $i$ であり（図 8.7），$T_i$ の平均が $4N/\{i(i-1)\}$ なので

$$E(nT_n + (n-1)T_{n-1} + \cdots + 2T_2) = 4N\sum_{i=1}^{n-1}\frac{1}{i}$$

となり

$$E(S_n) = u \times 4N\sum_{i=1}^{n-1}\frac{1}{i} = a_n\theta \tag{8.21}$$

を得る．ここで，$\theta = 4Nu$，$a_n = \sum_{i=1}^{n-1}1/i$ で，$\theta$ は仮定したモデルを規定する重要なパラメータである．式 (8.21) から

$$\theta_w = \frac{S_n}{a_n}$$

は $\theta$ の推定量であり（**ワターソン（Watterson）の $\theta$ 推定量**），その平均は $\theta$ となることがわかる.

次に，遺伝子ペアの間の塩基の違いの平均

$$k = \frac{1}{n(n-1)} \sum_{i=1}^{n} \sum_{j \neq i} D_{ij}$$

を考える．ここで，$D_{ij}$ は $i$, $j$ 番目の遺伝子サンプル間で異なる塩基の数であるが，$E(D_{ij}) = E(S_2)$ なので

$$E(k) = \frac{1}{n(n-1)} \sum_{i=1}^{n} \sum_{j \neq i} E(D_{ij}) = \theta \tag{8.22}$$

となる．上式から，$k$ も $\theta$ の推定量で，その平均は $\theta$ となることがわかる．

さて，$\theta_w = S_n / a_n$ と $k$ は，どちらも期待値が $\theta$ なので，仮定したモデルが正しいとすると，その差の期待値は 0 になる．田嶋文生（1951- ）は，このアイデアに基づいて，**田嶋の $D$** とよばれる統計量

$$D = \frac{k - \theta_w}{\sqrt{Var(k - \theta_w)}} \tag{8.23}$$

を提案した（1989 年）．ここで，分母は $\theta_w$ を使って推定する（詳細は論文を参照してほしい）．$D$ は仮定が正しければ近似的に平均が 0 で分散が 1 の統計量となり，その分布を使って，塩基配列データがサイズ一定の任意交配集団の中立突然変異遺伝子座（**標準中立モデル**）から得られたものかを検定できる（**田嶋の検定**）．これ以外にも，標準中立モデルを帰無仮説とする様々な統計テストが提案されている．これらのテストで帰無仮説が棄却された場合，標準中立モデルの仮定を満たさない現象が過去に起こったと推測される．

最後に，遺伝的浮動による集団間の遺伝的分化を考察しよう．サイズが $N$ の祖先集団（集団 A）が，$t$ 世代前に同じサイズの 2 集団（集団 1, 2）に分かれたとする（図 8.8）．集団 $i$ からサンプルした 2 遺伝子での遺伝子ペアの間の塩基の違いの平均を $k_{wi}$ で，各集団から 1 個ずつサンプルした遺伝子ペア間の塩基の違いの平均を $k_b$ で表し，遺伝的分化の指数を

$$F_{ST} = \frac{k_b - (k_{w1} + k_{w2})/2}{k_b} \tag{8.24}$$

と定義する．異なる集団からサンプルされた遺伝子間の変異には，集団間変異と集団内変異が両方含まれるので，右辺の分子は後者を差し引いた集団間の変異を表す．これを全変異量で割るので，$F_{ST}$ は集団間変異の割合を表す．ここで，図 8.8 のように $T_b$, $T_{wi}$ を定義すると，中立遺伝子座では $E(k_b) = 2E(T_b)u$，$E(k_{wi}) = 2E(T_{wi})u$ なので，$F_{ST}$ の期待値は近似的に

## 8.3 集団遺伝学

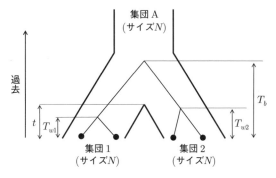

**図 8.8 集団分化のモデル**
$T$ 世代前に分岐した集団 1 と集団 2 からそれぞれ 2 個ずつサンプルした遺伝子の系図

$$E(F_{\mathrm{ST}}) \approx \frac{E(k_b - (k_{w1} + k_{w2})/2)}{E(k_b)}$$

$$= \frac{E(T_b) - E((T_{w1} + T_{w2})/2)}{E(T_b)} \quad (8.25)$$

となる．式 (8.25) から，$F_{\mathrm{ST}}$ は，異なる集団からサンプルされた 2 遺伝子と同じ集団からサンプルされた 2 遺伝子の共通祖先までの時間の差を標準化した統計量，すなわち分化の程度を表す指標であることがわかる．遺伝子座が中立，各集団のサイズが一定で $N$，また分岐後集団間には遺伝子流動（移住）がないものとすると，$E(T_{wi}) = 2N$，$E(T_b) = t + 2N$ となるので，式 (8.25) の最後の式に代入して

$$E(F_{\mathrm{ST}}) \approx \frac{t}{t + 2N} \quad (8.26)$$

を得る．したがって，式 (8.26) から $t$ の増加につれて $F_{\mathrm{ST}}$ の期待値は 0 から 1 に単調に増加し，集団の遺伝的分化が時間とともに進むことがわかる．

遺伝子座が中立進化している場合，$F_{\mathrm{ST}}$ は遺伝子座間であまり異なった値をとらず，上述の例のように，単純な構造をもつ集団では平均が式 (8.26) で表される分布をもつ．しかし，地域特異的な適応により，特定のアレルが一方の集団では有利でもう一方の集団では不利になるような場合，他の遺伝子座に比べて $F_{\mathrm{ST}}$ が大きくなる．ゲノム中の多くの遺伝子座で $F_{\mathrm{ST}}$ を推定し，このような地域適応に関与している遺伝子を探す試みも行われている．

### 8.3.9 2 遺伝子座の集団遺伝学

ここまでは，集団中の1遺伝子座の動態を調べてきたが，本来はゲノム中の多数の遺伝子座を同時に扱う必要がある．ここでは，2遺伝子座での簡単な場合についての解析を紹介する．

同じ染色体上の2遺伝子座 $A$, $B$ に，それぞれ2つのアレル $A$, $a$ と $B$, $b$ があり，2遺伝子座間の組換え率を $r$ とする．同じ染色体上のアレルの組合せ（**ハプロタイプ**）は $AB$, $Ab$, $aB$, $ab$ の4通りがあり，それぞれの集団中での頻度を $p_{AB}$, $p_{Ab}$, $p_{aB}$, $p_{ab}$ と表す．これらの和は1となる．各遺伝子座での遺伝子頻度との間に

$$p_A = p_{AB} + p_{Ab}, \qquad p_B = p_{AB} + p_{aB} \qquad (8.27)$$

が成り立つ．集団中で異なる遺伝子座のアレルがランダムに組み合わさる場合，$p_{AB} = p_A p_B$ となり，この状態を**連鎖平衡**とよぶ．一方，ランダムに組み合わさっていない状態を**連鎖不平衡**とよび，その程度を表す連鎖不平衡係数 $D$ を

$$D = p_{AB} - p_A p_B \qquad (8.28)$$

と定義する．$D$ は

$$D = p_{AB}(p_{AB} + p_{Ab} + p_{aB} + p_{ab}) - (p_{AB} + p_{Ab})(p_{AB} + p_{aB})$$
$$= p_{AB} p_{ab} - p_{Ab} p_{aB}$$

と変形できる．

任意交配を仮定し自然淘汰が働かない場合の $D$ の変化を考えよう．次世代にサンプルした配偶子のハプロタイプが $AB$ となるのは，組換えが起きず（確率 $1-r$）前世代のハプロタイプが $AB$ である（確率 $p_{AB}$）か，組換えが起き（確率 $r$）かつ $A$, $B$ 遺伝子座で $A$, $B$ というアレルを受け取る場合（確率 $p_A p_B$）なので，次世代の $AB$ ハプロタイプ頻度は

$$p_{AB}' = (1-r)p_{AB} + rp_A p_B$$

となる．両辺から $p_A p_B$ を引き，$p_A$, $p_B$ が変化しないことに注意すると

$$D' = p_{AB}' - p_A p_B = (1-r)(p_{AB} - p_A p_B) = (1-r)D$$

を得る．上式から世代 $t$ における連鎖不平衡係数 $D_t$ は

$$D_t = (1-r)^t D_0 \qquad (8.29)$$

となる．つまり，1世代あたり $r$ の率で減少する．

このように，任意交配する無限大集団では，中立遺伝子座間の連鎖不平衡は世代とともに減少するが，自然淘汰や遺伝的浮動が働く場合，複数集団が融合

8.4 分子進化の中立説　　183

した場合，突然変異遺伝子の頻度が急激に増加した場合などに連鎖不平衡が増加することがある．こうしてできた連鎖不平衡も組換えにより減少するので，一般に強く連鎖した遺伝子座間を除いては，連鎖不平衡係数は低い値を示すことが多い．これを利用して，ゲノム上の多くのマーカー遺伝子座の中で，特定の形質と連鎖不平衡にある，つまり強く連鎖すると推測される遺伝子座を探す試み（**ゲノムワイド関連解析；GWAS**）も広く行われている．

## 8.4　分子進化の中立説

　遺伝子の直接産物であるタンパク質のアミノ酸配列データが得られるようになった 1960 年代から，進化をアミノ酸または DNA 配列のレベルで理解しようという機運が高まり，分子進化学が生まれた．**分子進化学**には，配列データから生物の系統関係を推定する**分子系統学**と，配列進化の機構解明を目的とする**進化機構学**の 2 つの流れがある．分子系統学の発展によりダーウィンの夢だった全生物の系統関係の解明がかなり進んでいるが，ここでは集団遺伝学との関連で進化機構論についてのみ簡単に説明する．

　木村資生（1924-1994）は，その当時アミノ酸配列が複数種でわかっていた 3 タンパク質のデータ解析から，「分子レベルの進化的変化の大部分がダーウィン淘汰ではなく，淘汰に中立な突然変異遺伝子の偶然的浮動によって起こる」と主張した（1968 年）．この仮説を**分子進化の中立説**（以下では**中立説**）とよぶ．その当時，生物種間の違いには何らかの適応的意義があり自然淘汰によって違いができるという考えが主流だったので，この仮説は発表後に激しい論争を引き起こした．

　中立説はそれまでの進化学説と異なり，集団遺伝学モデルに基づいて予測を行い，配列データとの比較による仮説の検証を可能にした．例えば，もし突然変異遺伝子が淘汰に対して中立なら，式 (8.17) より進化速度は中立突然変異率に等しくなり，次の予測ができる．

　まず，もし突然変異率が一定なら進化速度も一定になると予測される．実際，1970 年代初めには，いくつかのタンパク質で種間のアミノ酸置換数が推定され，置換数を化石から推定した分岐年代に対してプロットすると，ほぼ直線に近い関係が得られることがわかった．この現象を**分子時計**とよぶ．しかし，化石を使った分岐年代推定には曖昧さがあり，分子時計が本当に成立するかについては議論があった．そこで，五條堀孝（1951-）らは，凍結保存され年

代が既知のウイルス遺伝子の塩基配列を決定し，進化速度が一定かを調べた (1990年)．その結果を図8.9に示す．塩基あたりの累積置換数は時間とともにほぼ直線的に増えており，この遺伝子で進化速度はほぼ一定である．これは中立説を支持する証拠の1つと考えられた．

また，中立説では大部分の突然変異は淘汰に関して中立か有害と考える．一生物種の突然変異率は塩基ごとにそれほど変わらないと考えられるので，突然変異が有害になる割合が高いところでは中立突然変異率は低くなると予想される．このような場所はおそらく機能的に重要なところだろう．このような考察と式 (8.17) から，進化速度は重要なところほど低くなると予測される．例えば，塩基置換にはアミノ酸を変える置換（**非同義置換**）と変えない置換（**同義置換**）があるが，非同義置換が起こる場所は重要な場所と考えられるので，進化速度は低くなると予想される．実際，図8.9にも示されているように，大部分の遺伝子で非同義置換速度は同義置換速度よりも低い．また，ヒストン遺伝子など立体構造に強い制約があるタンパク質では非同義置換速度が他の構造遺伝子に比べて低く，使われなくなった遺伝子（**偽遺伝子**）では置換速度が高いことなどもわかった．これらも中立説を支持する証拠としてあげられた．

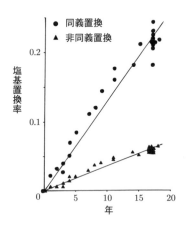

**図 8.9 インフルエンザウイルスでの同義・非同義塩基置換率**
インフルエンザウイルスのヘマグルチニン遺伝子での累積塩基置換率を経年数に対してプロットする（Gojobori, T. *et al.*, Proc. Natl. Acad. Sci. USA 87 (1990) より改変）

演習問題 185

中立説の妥当性については今でも論争が続いている．分子時計についてはその後の研究で，長い時間が経つと必ずしも進化速度は一定とはならず，また世代時間に依存する場合などもあることがわかってきた．一方，免疫系などの遺伝子で非同義置換速度が同義置換速度を上回るものも見つかっている．さらに，太田朋子 (1933- ) が提唱した，弱い自然淘汰と遺伝的浮動の相互作用を重視する**分子進化のほぼ中立説** (1973 年) でよく説明できるデータも多く出てきている．今後も種間変異の中で中立あるいはほぼ中立な塩基置換の割合がどの程度かが研究されると考えられるが，重要なことは中立説が分子進化データを解析する際の帰無仮説となっていることである．現在，大量に得られつつあるゲノムデータを遺伝子系図学などの集団遺伝学理論に基づく統計的手法を使って解析することで，今後分子レベルの進化機構の解明が進められていくだろう．

## ▌演習問題

**8.1** ショウジョウバエのある遺伝子座に 2 つのアレル $A$, $a$ があり，130 個体で遺伝子型を調べたところ次のような結果を得た．$A$ 遺伝子頻度を推定し，この集団がハーディ-ワインベルク平衡 (HWE) となっているかどうかを検定しなさい．

| 遺伝子型 | $AA$ | $Aa$ | $aa$ | 総和 |
|---|---|---|---|---|
| 観察数 | 31 | 83 | 16 | 130 |

**8.2** 潜性 (劣性) 致死遺伝子の場合，初期頻度が 0.5 なら第 1 世代の $A$ 遺伝子頻度は 2/3 である．任意の初期頻度 $q$ を仮定し，1 世代後，2 世代後，$t$ 世代後の遺伝子頻度を求めなさい．

# 9 人類の遺伝学

　本章では，ヒトの遺伝学として，「人類遺伝学」について基本的な知識から最新の話題まで盛り込んでみる．人類遺伝学とは，ヒトを対象とする遺伝学であり，継承と多様性の学問といえる．体細胞変異を原因とするがんも対象なので，継承，多様性に加え，遺伝子変異もキーワードとした学問分野といえる．本章では，人類遺伝学の古典的な疾患遺伝子同定法から次世代シーケンサーを用いた解析など，現代的な最新の疾患遺伝子解析を中心に進めたい．次世代シーケンシングは人類集団の成り立ちについても新たな知見を与えてくれたので，それでわかった集団遺伝学から進化医学への話題を提供する．また，ゲノム解析法の進歩に伴い，新たな生命科学倫理の問題が出てきている．将来を見据えつつ，どのような問題があるか考えてみたい．

## 9.1　遺伝病の原因遺伝子

### 9.1.1　遺伝病の原因遺伝子同定法

　遺伝子異常によって生じる疾患を**遺伝病**とよぶ．古典的な概念としての遺伝病では，単一遺伝子の異常と病気が強く連結している（しかし，最近ではその概念がだいぶ変わってきている）．このような遺伝病の**原因遺伝子同定法**には，**機能クローニング**と**ポジショナルクローニング**が存在する（図 9.1）．

　1902 年にギャロッド（Garrod, A., 1857-1936）は，アルカプトン尿症の存在とそれが潜性（劣性）の遺伝病であることを発表する．また，他にもシスチン尿症，ペントース尿症，白皮症などを報告し，**先天代謝異常**という概念を打ち立てた．1900 年にメンデルの遺伝法則が再発見された直後に，ギャロッドは潜性遺伝疾患としてアルカプトン尿症を捉えており，メンデルの法則がヒトでも成り立つことを最初に示したことになる．おそらく，1942 年に発表されたビードルとテータムによる **1 遺伝子 1 酵素仮説**を，その発見の 40 年前に念頭においていたとされる．先天代謝異常症では代謝産物の異常により病気を特定

## 9.1 遺伝病の原因遺伝子

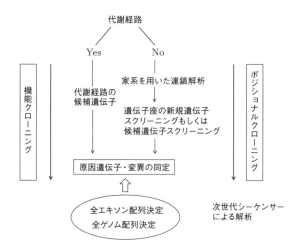

**図 9.1 遺伝病の遺伝子解析**
遺伝病の遺伝子同定法には機能クローニングとポジショナルクローニングがある．機能クローニングは生化学的な異常の知識から原因遺伝子を同定する手法である．ポジショナルクローニングは家系における連鎖解析により疾患遺伝子座を特定し，その領域から原因遺伝子をクローニングする手法である．最近は，次世代シーケンサーの登場により，全エキソンもしくは全ゲノム配列決定が可能となり，直接，原因遺伝子が同定できるようになった．

するので，まず異常をきたした酵素・代謝経路が推測される．それに伴い遺伝子が同定される，これを**機能クローニング**という．例えば，フェニルケトン尿症において，血中のフェニルアラニン濃度が上昇しているので，フェニルアラニンを代謝する酵素の異常が推測される．実際に，患者で酵素活性を測定するとフェニルアラニンヒドロキシラーゼの活性が低下しており，この酵素の遺伝子を調べると遺伝子変異が観察された．このように，機能クローニングは遺伝学による疾患遺伝子同定というより，生化学的知識が重要となる．

多くの遺伝性疾患では生化学的な異常を特定できない．その場合，**ポジショナルクローニング**が用いられる．手順として大家系を多く収集すること，そして**メンデル遺伝様式**を決定するなどして**連鎖解析**を行う．メンデル遺伝様式の基本的な表現型は，顕性（優性）と潜性（劣性）である．顕性の場合，相同染色体のうち一方に変異があると発症する．潜性の場合，両方に変異を有して発症する（同じ変異をもつホモ接合体と異なる変異をもつ複合ヘテロ接合体の場合

がある）．性染色体の異常は多くはX染色体の異常であり，伴性潜性遺伝を示すことが多い．Y染色体上の変異や欠失により非閉塞性無精子症（精子形成が異常となる）をきたすことがある．この場合，ほとんどが新規の変異でありメンデル遺伝形式としては観察されない．また，母系遺伝を示す家系ではミトコンドリア異常を考慮する必要がある．

### 9.1.2 ポジショナルクローニングのための遺伝子座マッピング

**連鎖解析**による疾患遺伝子座特定は，ゲノムを網羅し多型性を有する**遺伝マーカー**を使い，家系を用い疾患原因遺伝子の染色体上の位置を特定する手法である．遺伝マーカーは，染色体上の位置が特定されていて，2塩基もしくは3塩基リピートを示す多型性の高い**マイクロサテライト**が用いられている．最近では，**DNAマイクロアレイ（DNAチップ）**を用いて多数の**SNP**（single nucleotide polymorphism；1塩基多型）を簡便に検出できるようになったので，SNPをマーカーに使うことも多くなった．家系において，もし遺伝マーカーと罹患者が一緒に遺伝していたら，それは遺伝マーカーと疾患遺伝子座が非常に近い場合といえる．現実には，用いる遺伝マーカーの数は限られているので，完全な連鎖を得ることは稀である．その場合，生殖細胞の減数分裂の際に観察される組換えの現象を利用し，マーカーと疾患遺伝子座との距離を推定できる．

ある染色体上に隣接した2つの遺伝子座A，Bがあり，それぞれアレル（対立遺伝子）としてa，bがあるとする．親の**ハプロタイプ**（単一染色体上の遺伝的構成）としてはA-Bとa-bを考え，父親はA-B，a-bのヘテロ接合体で母親はA-Bのホモ接合体とする．A/aがマーカーでB/bが非罹患／罹患とすると，親ではAが非罹患と連鎖，aが罹患と連鎖し，Aで罹患となっている症例（A-b）は組換え体となる．

さて，5人の子供を有する親子がいたとして，その中の1人の子供の片方の染色体でA-bという組換え体を観察したとすると，10本の染色体のうち1本でA/aとB/bの間で組換えが起きたので，推定される組換え率は10%（0.1），非組換えの頻度は90%である．しかし，組換え率は有限個のデータから計算するので，実際は連鎖していなくても偶然に連鎖するようなデータが出てくる可能性も，低い確率で起きる．染色体10本に1本が組換え体という事象の起こる確率は，組換え率10%で連鎖する場合の方が，A/aとB/bが連鎖してい

9.1 遺伝病の原因遺伝子　　　　　　　　　　　　　　　　　　　　　189

ない場合（組換え率 50％）と比べてずっと高いが，その比（**オッズ比**）を計算
すると

$$オッズ比 = \frac{(1-0.1)^9 \times 0.1}{(0.5)^{10}} \fallingdotseq 39.7$$

となる．オッズ比の対数をとった値を **LOD 値**とよぶ（この場合，log 39.7≒
1.60）．通常 LOD 値が 3 以上の場合に連鎖ありと判定されるので，確実な連鎖
を得るためには多くの家系を集める必要がある．

　連鎖解析で同定された遺伝子座は，1〜5 cM（センチモルガン）の範囲であ
ることが多い．物理距離に換算すると 1〜5 メガ塩基である．その遺伝子座か
ら原因遺伝子を同定する手法を**ポジショナルクローニング**という．連鎖領域の
遺伝子探索，そして患者検体での変異検索と続き，かつては骨の折れる作業で
あった．当時でも，連鎖領域に遺伝子の存在が明らかとなっていて，その中に
いい候補があり原因遺伝子同定に結び付くことがあった．これを**ポジショナル
候補クローニング**という．ポジショナルクローニングの手法はヒトゲノム解読
と次世代シーケンサーの登場により一変することとなる．

　ポジショナルクローニングの最初の成功例は，1989 年のツイ（Tsui, L.-C.,
1950-）らによる嚢胞性線維症（cystic fibrosis）原因遺伝子のクローニングであ
る．嚢胞性線維症はヨーロッパ系集団では最も頻度の高い遺伝病であり，常染
色体潜性遺伝を示す．様々な外分泌器官の異常として知られており，肺，膵
臓，肝臓，男性器，汗腺に障害をきたす．すでに，7 番染色体に連鎖が報告さ
れており，ツイらは連鎖領域からの *CFTR* 遺伝子と変異の同定に成功した．
当初，同定された変異は CFTR タンパク質の 508 番目のフェニルアラニンの
欠失であった（F508del）．このアレルは患者の 50％がホモ接合体で有する．そ
の後，多くの *CFTR* 遺伝子変異が同定された．ポジショナルクローニングの
成功は遺伝病の遺伝子同定にとどまらず，ゲノム情報の重要さを示してくれ，
この後，**ヒトゲノム計画（ヒトゲノムプロジェクト）**が始動することとなる．

### 9.1.3　次世代シーケンサーによる疾患遺伝子解析

　ヒトゲノム計画完了に伴い，ゲノム上に存在する遺伝子がデータベース化さ
れると，それにより連鎖領域の候補遺伝子をスクリーニングし疾患遺伝子を同
定することが可能となった．このことによりポジショナルクローニングが加速
したのは確かだが，それでも家系収集，連鎖領域決定，遺伝子同定のステップ

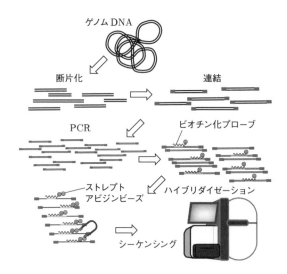

**図 9.2　エクソーム解析の説明**
　エクソームシーケンスは全エキソンを網羅的に解析する手法である．ゲノム DNA からエキソンを含む DNA を濃縮しシーケンシングする．まず，ゲノム DNA を超音波により断片化した後，DNA 断片の両末端にシーケンス反応に必要なアダプターをライゲーションさせ，DNA ライブラリとする．これと全エキソンを網羅するプローブとハイブリダイズさせると，DNA ライブラリのうちエキソンを含む配列のみがプローブと結合し，標識に用いられているビオチン-ストレプトアビジンならびに磁気ビーズの結合を介してエキソンを含む DNA が濃縮される．このエキソンを含む DNA ライブラリを次世代シーケンサーで解析することで，少ないデータ量でもエキソンを網羅的に決定することができる．

があり，効率のいい手法とはいえなかった．そこに登場したのが**次世代シーケンサー**を用いた**疾患遺伝子解析**である．次世代シーケンサーでは膨大な塩基配列情報を得ることが可能となったので，全エキソン配列を決定し，疾患遺伝子同定を行う手法（**エクソーム解析**）が開発された．

　エクソーム解析の手順を図 9.2 に示す．断片化されたゲノム DNA を，全エキソンを網羅するプローブとハイブリダイズさせ，エキソン領域を濃縮する．そして，エキソンの配列決定により，疾患遺伝子変異を同定する．エキソンは全ゲノムの 0.8％程度を占めるにすぎないものの，疾患遺伝子の 85％をカバーすると当初は試算されていた．しかし，現実にはさほど効率はよくないことが

## 9.1 遺伝病の原因遺伝子

**家族性脾類上皮囊腫の遺伝子同定**

脾類上皮嚢腫は脾臓の嚢腫であり特徴的な類上皮様構造をもつ．脾破裂の原因ともなっている．図9.3に示すように，3世代に及ぶ家族性を示す日本人家系を収集し，エクソーム解析による疾患遺伝子同定を試みた．まず，エクソームで得られたSNV (single nucleotide variant；低頻度でみられるSNP) を用いて連鎖解析を行ったところ，染色体1番と14番にLOD値＝1.9と弱い連鎖を認めた．次に，エクソームで得られた変異情報を用い，患者は共通の変異を有し非罹患者は有していないという顕性遺伝に基づく変異検索を行った．連鎖領域においては唯一 *HMCN1* の変異が候補として残った．完全な浸透率でないため変異を有している非罹患者がいる．同時に，コソボから孤発性患者4人を得てエクソーム解析を行ったところ，3例において *HMCN1* に異なる変異が存在していた．家系での連鎖解析，エクソーム解析そして異なる集団からの患者でのエクソーム解析により原因遺伝子が同定できた例である（図9.3）．同定された *HMCN1* は，ゼブラフィッシュのノックダウン実験で鰭に水泡ができることが示されており，嚢腫形成と機能的にも関連付けられる．

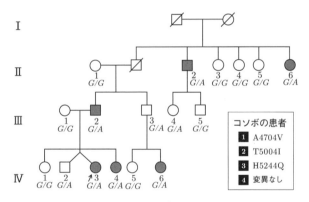

**図 9.3 家族性脾類上皮嚢腫の遺伝子同定**
家族性脾類上皮嚢腫は希少疾患に位置付けられ，日本以外では家系の報告はほとんどない．日本人家系の例を示す．各世代に罹患者がいるので常染色体顕性遺伝を示している．家系メンバーのエクソーム解析から *HMCN1* で変異 (R5205H) を認め，不完全ながら罹患者に遺伝していた．同時に，コソボで収集された4例の患者においてエクソーム解析を行ったところ，3例において *HMCN1* に異なる変異を同定できた．

## ゲノム配列決定が命を救った最初の例

網羅的ゲノム解析によって病気の原因遺伝子が明らかになり，治癒に至ったケースを例にあげる．ニコラス・ヴォルカーは生後 15 か月のとき肛門周囲の膿瘍，直腸粘膜の炎症などクローン病の症状で入院となった．クローン病に則した治療薬を投与したものの，全く効果がない．何より問題だったのは腸と皮膚がつながる瘻孔（ろうこう）を生じることだった．繰り返し瘻孔ができ，800 日の入院の間なんと 160 回もの手術が行われたという．医療費はかさむし，容態は悪化するばかりであった．途方にくれた小児科医はウィスコンシン大学にエクソームシーケンシングを依頼した．ニコラスにとっても主治医にとっても最後の希望であった．エクソーム解析により病気の原因特定を試みたところ，2000 ほどの変異候補がリストアップされた．この男の子では幸運なことに X 染色体に遺伝子変異が検出され，病気との関連が強く疑われた．変異が存在したのは X 連鎖アポトーシス抑制タンパク質（*XIAP*）遺伝子であり，203 番目のシステインがチロシンに置換していた（*C203Y*）．他にもこの遺伝子に変異を有する患者が報告されており，通常は自然治癒するエプスタイン・バール・ウイルス感染が治癒しないという障害があった．ニコラスの場合，小さい頃から病院にいたせいで，常時ウイルス感染のリスクにさらされていたことが難治性潰瘍の原因だろう．*XIAP* は炎症と密接に関連する遺伝子でアポトーシスにも関連する．実際に患者細胞で実験してみたところ，アポトーシスの亢進が示された．免疫能の異常が確定されたので，ニコラスには臍帯血移植が行われた．結果，移植後 40 日程度で飲んだり食べたりできるようになり，腸管の症状は消失した．今ではすっかり元気になったとのことである．エクソームシーケンシングにより，病気の原因を特定でき，治癒までに至った最初の例として話題になった．このことを記事にしたミルウォーキーの地元新聞の記者は，2011 年ピューリッツァー賞を受賞している．

判明している．エキソン配列に存在する多型を用い連鎖解析することも可能で，連鎖解析で遺伝子座特定ができれば，さらに効率よく疾患遺伝子同定が可能となる．

### 9.1.4 複雑さを増した疾患遺伝子解析

単一遺伝病にもかかわらず疾患遺伝子の変異アレル頻度と表現型としての疾患頻度が大きく異なる例がよく知られている．例えば，潜性遺伝病の場合，ハーディ-ワインベルクの法則に従うと，ホモ接合体の頻度は一般集団頻度の 2 乗であり，それが予想される患者頻度ということになる．ところが，実際の

9.2 コモンディジーズと遺伝子 193

患者頻度と予想される頻度には大きな乖離があることも多い．このよう場合は，胎生致死の可能性もあるが，多くは**浸透度**，すなわち疾患遺伝子をホモ接合体として有していても病気にならない人がいることで説明される．それらの人たちは，**修飾因子**といわれる遺伝子を有するため病気になっていないのかもしれないし，エピゲノム変化によるのかもしれないし，**環境要因**の影響によるのかもしれない．一例をあげる．110歳以上の超長寿者18人の全ゲノム解析の結果，1人の方はデスモコリン-2のスプライス部位の変異を有していた．これは不整脈原性右室心筋症の原因遺伝子であり，突然死をきたすことがある．にもかかわらず，110歳を超える長寿となっていることは興味深い．

これまでは，患者での遺伝子解析が主だったので，健康人の中での遺伝子変異は検討されていなかった．今後は集団レベルでゲノム情報を得ることにより，病気の原因となる遺伝子を有していても病気になっていない人たちを見いだすことができる．それらを解析することにより，疾病に対して防御的な役割をもつ遺伝子要因や環境要因を検出できる．これらは新たな治療ターゲットを提供するものと期待されている．

## 9.2 コモンディジーズと遺伝子

### 9.2.1 連鎖解析と関連解析

"Diseases of metabolism（ie., common multifactorial diseases）do not exhibit the uniformity, permanence, and simple inherited pattern of inborn errors of metabolism and therefore can not be investigated using the same research technologies."　　（Archibald Garrod, 1908）

コモンディジーズ（common disease；発生頻度の高い身近な病気）は，メンデル型疾患と異なり，遺伝要因のみでなく環境要因が疾患発症に大きく関与している．とはいえ，個々人の環境要因を把握することは時系列を追う必要もあり簡単ではない．遺伝要因の効果は弱いが原因の1つとなっていることは疑いがなく，遺伝要因を検出する努力がなされてきた．それは，疾患メカニズム解明や治療法開発にも重要な役割をもつはずである．

一般的に，疾患遺伝子研究に用いられる手法は**連鎖解析**である．コモンディジーズにおいても基本的には同様の考えで当初は解析されていた．連鎖解析には家系が必要となるが，コモンディジーズは遅発性疾患が多く，患者の子供た

ちは疾患リスクを有していても発症年齢に達していないため，大家系収集は困難となる．かつ浸透率は低いと予想され家系内で非罹患者が疾患アレルをもっていないとは断定できない．そこで，罹患している同胞間のみで連鎖解析を行う**罹患同胞対連鎖解析**が用いられる．罹患している同胞間では，連鎖している遺伝マーカーは統計的に有意に共有されていることを検定する．遺伝形式，疾患アレル頻度，浸透度はわからないので，条件を設定しないノンパラメトリック連鎖解析を行う．ところが，1996年にリッシュ（Risch, N.）とメリカンガス（Merikangas, K.）によって発表された連鎖解析と関連解析の検定力を比較した論文により，**関連解析**の方がはるかに検定力が高いことが示され，研究の流れは連鎖解析から関連解析と移行していった．

### 9.2.2 ゲノム全域の関連解析

ゲノム全域に存在する50〜100万の1塩基多型（SNP）を同時に調べるDNAチップ技術（**SNPチップ**）が開発され，疾患や量的形質と関連するSNPをゲノム全域にわたって調べる**ゲノムワイド関連解析**（genome-wide association study: **GWAS**）が行われるようになった．GWASにより糖尿病や冠動脈疾患などの多因子疾患の**感受性遺伝子**（疾患を発症するリスクを上昇させる遺伝子）が次々に同定され，トップジャーナルに報告されるようになった．これらの成果は，多因子疾患の発症メカニズムという複雑な生命現象の解明に直結すると期待されたものの，1つ1つの遺伝的多型の疾患への関与が非常に小さいこともあり，疾患との直接的な機能的関連は不明なものがほとんどである．遺伝要因が多因子疾患の原因となっていることは確かなので，統合的疾患理解には革新的な解析手法の開発が望まれる．

SNPチップを用いた最初のGWAS成功例は，加齢黄斑変性症（age-related macular degeneration: AMD）であった．その名前が示すよう，高齢者に生じる視覚異常であり，それまで遺伝要因はほとんど考慮されなかった疾患である．初期のSNPチップのためSNP数は10万と少なかったが，成功に至った理由は表現型の選択にあったといえる．欧米人で主流であるドルーゼン（視細胞がつくる老廃物の白い塊）の形成が主体で脈絡膜新生血管がないドライ型（萎縮型）に絞り，*CFH*遺伝子に存在する非同義置換を起こすSNPを同定した．その後，アジア人で頻度の高い脈絡膜新生血管を伴う滲出性のウエット型には，*HTRA1*遺伝子のプロモーター領域のSNPが関連することが明らかにさ

9.2 コモンディジーズと遺伝子 195

れた．すでに，日本の理化学研究所のグループから GWAS により心筋梗塞関連 SNP を同定した報告があったので GWAS の有用性そのものは示されていたが，汎用性のある SNP タイピングプラットフォームではなかった．AMD の成功により，汎用性の高い SNP チップにより疾患遺伝子を同定できることが示され，一気に研究が加速する．現在では 50〜100 万個の SNP を用いた解析が一般的となり，1〜10 万人規模での関連解析が行われるようになった．

　GWAS の成果から，コモンディジーズ発症リスクに関連する多型の特徴として，以下のことがわかってきた．GWAS で同定された疾患関連 SNP の大部分は，**遺伝子間領域**や**イントロン**に存在し，アミノ酸配列に変化を起こす**非同義置換**はごく一部にすぎない．また，ヒトゲノムに存在する機能エレメントの網羅的探索を行う **ENCODE プロジェクト**により，GWAS で同定された SNP の大半が **DNase I 高感受性部位**（クロマチン構造がゆるく転写因子の結合があり転写活性に関与すると考えられる）に位置することが明らかにされた．コモンディジーズと関連する**非コード領域**の SNP が，どのような転写制御メカニズムを介して疾患発症にかかわっているのかを解明することは非常に困難であったが，初期の成功例として，染色体領域 9p21 に存在する冠動脈疾患感受性領域が報告されている．9p21 領域は，冠動脈疾患だけではなく，糖尿病，脳動脈瘤などの動脈疾患，子宮内膜症，緑内障，グリオーマなど多くの疾患と関連する SNP が同定されている（図 9.4）．ところが，この領域に存在しタンパク質をコードする遺伝子は，がん抑制因子 p16$^{INK4A}$ と p15$^{INK4B}$ をコードする *CDKN2A* と *CDKN2B* のみである．また，近傍に **lncRNA（長鎖非コード RNA）** *ANRIL* の遺伝子が存在する．多くの疾患と関連する多くの SNP は，これらの遺伝子発現調節に関与し，組織ごとの発現調節の違いが疾患の違いの要因になると考えられる．2011 年にハリスメンディ（Harismendy, O.）らは，ヒト細胞株を用いて，転写因子結合サイトやクロマチン修飾プロファイリングを行うことにより，9p21 領域に存在する転写調節エレメントを網羅的に探索した．その結果，9p21 領域はヒトゲノムの遺伝子砂漠の中で，2 番目に**エンハンサー**が凝集している領域であることがわかった．9p21 領域に存在する 33 か所のエンハンサー領域のうち，9 か所は冠動脈疾患と強く関連する連鎖不平衡ブロックに，2 か所は 2 型糖尿病と強く関連する領域に存在していた．冠動脈疾患の GWAS で同定された SNP と高度な連鎖不平衡にある SNP は 9 番目のエンハンサー（EC9）に集中していた．さらに，エンハンサー上の転写因子結合モチー

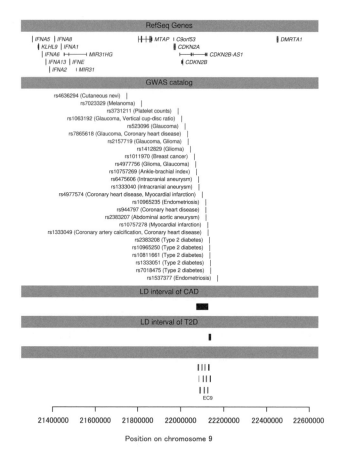

**図 9.4 9p21 領域で同定されている病気と関連する SNP**
SNP をゲノム全域で網羅的に解析するチップを用いたアソシエーションスタディにより，多くの疾患遺伝子の多型が同定されている．9p21 領域には特に多くの疾患関連 SNP が存在する．

フに影響を及ぼす SNP を予測したところ，複数の動脈疾患で強い関連が認められた SNP rs10757278 および 4bp 離れた位置にある rs10811656 が EC9 の STAT1 結合サイトに存在することが明らかになった．転写因子結合サイトのリファレンスハプロタイプ (TTCCGGTAA) では，IFN-γ 存在下で STAT1 が当該サイトに結合できるが，リスクハプロタイプ (TTCTGGTAG) には STAT1 が結合できず，ANRIL や CDKN2B の発現量に変化が生じることが明らかにされた．興味深いことに，当該サイトへの STAT1 結合は細胞種特異的に ANRIL

発現を制御する．非コード領域における，たった1塩基の違いが，細胞特異的な転写制御を変化させることで，コモンディジーズ発症リスクにつながるという分子機構が解明されつつある．

## 9.3 がんの人類遺伝学

### 9.3.1 がんと遺伝子変異

"If we wish to learn more about cancer, we must now concentrate on the cellular genome" （Renate Dulbecco, 1986）

ヒトゲノム計画の開始には，1986年サイエンス誌に掲載された "A turning point in cancer research: sequencing the human genome" と題するダルベッコ（Dulbecco, R., 1914-2012）の小論文が重要な役割を果たした．**がんは細胞の病気であり，自律性を有する．自律性の獲得には，遺伝子変異，増幅，欠失，さらには染色体の増減など，エピゲノムも含めたゲノムレベルでの変化の蓄積がある．以前のがん研究は，病理的な変化や細胞遺伝学的な検討が主であったが，クローニング技術とシークエンス技術の進歩に伴い，**がん遺伝子**，**がん抑制遺伝子**など個々の遺伝子変異の解析が可能となった．次世代シーケンシング技術の登場は，がんゲノム研究に大きな変革をもたらしている．すでに，**DNAマイクロアレイ**技術により染色体レベルの増幅や欠失は明らかにされつつあったが，そこに全エキソン，さらには全ゲノムの塩基配列決定により，様々ながんにおいてがん化に関連する遺伝子異常が同定されている．

　がんにおける体細胞変異検索にはいくつかの注意が必要となる．通常，がん組織と正常組織のDNA配列の違いから体細胞変異を検出し，多くの検体で変異が見つかる遺伝子を候補遺伝子とする．そのためには，がん組織に正常組織の混入が少ないこと，またアレルの欠失の情報をあらかじめ得ることなどが重要となる．がんにおける体細胞変異のほとんどは発がんに影響を与えないことが知られており，**パッセンジャー変異**とよばれる．一部の遺伝子変異はがん化と密接に関連し，**ドライバー変異**とよばれる．ドライバー変異は，特定のがんに注目すると共通した変異が観察されることが多い．特に，がん抑制遺伝子の変異が多く，この手法でがん抑制遺伝子が同定されたケースもある．もちろん，がん遺伝子が機能獲得する変異を生じた例もある．

　例えば，表9.1に示すような上皮性卵巣がんは通常病理的な病型で分類され

**表 9.1　上皮性卵巣がんの体細胞遺伝子変異**

(a)　漿液性

| 遺伝子 | 変異（%） |
|--------|---------|
| *TP53* | 66.1 |
| *KRAS* | 5.3 |
| *NF1* | 4.1 |
| *BRCA1* | 4.1 |

(b)　明細胞

| 遺伝子 | 変異（%） |
|--------|---------|
| *ARID1A* | 49.1 |
| *PIK3CA* | 33.9 |
| *TERT* | 15.9 |
| *TP53* | 12.8 |

(c)　類内膜

| 遺伝子 | 変異（%） |
|--------|---------|
| *TP53* | 64.2 |
| *ARID1A* | 30.8 |
| *CTNNB1* | 26.4 |
| *PIK3CA* | 20.6 |
| *PTEN* | 17.1 |
| *CDKN2A* | 11.9 |
| *KRAS* | 11.5 |

(d)　粘液性

| 遺伝子 | 変異（%） |
|--------|---------|
| *TP53* | 55.1 |
| *KRAS* | 42.0 |
| *RNF43* | 17.4 |
| *ERBB2* | 16.7 |
| *CDKN2A* | 15.5 |
| *BRAF* | 10.1 |

るが，がん発生メカニズムを考えると関与する遺伝子変異に従う治療法が選択されるようになるかもしれない．漿液性卵巣がんは *TP53* 変異が多く 66％に観察される．卵巣明細胞がんにおいて約 50％に *ARID1A* 変異，34％に *PIK3CA* 変異が存在し，2つの遺伝子は異なるパスウェイなので，異なるがん化メカニズムを有することが示唆される．このように，病理型が異なると全く異なる遺伝子異常が観察され，同じ病理型でも異なる遺伝子異常があり異なる発生メカニズムがある．これらの知見は**治療ターゲット**として重要な情報を与える．がん化につながる変異の包括的な解明を目指した国際協力の枠組みとして，**国際がんゲノムコンソーシアム**（International Cancer Genome Consortium: ICGC）がある．

### 9.3.2　慢性骨髄性白血病におけるフィラデルフィア染色体からイマチニブの開発

　1960 年，ノーウェル（Nowell, P. C., 1928-）とハンガーフォード（Hungerford, D. A., 1927-1993）が，慢性骨髄性白血病（CML）において 22 番染色体が短く

9.3 がんの人類遺伝学 199

なっていることを示し，**フィラデルフィア染色体**として発表した．フィラデル
フィア染色体は9番と22番染色体の相互転座であることが1973年に示され
た．すなわち，本来9qに存在し**チロシンキナーゼ**をコードする*ABL*が，転座
により22qの機能未知の遺伝子*BCR*（breakpoint cluster region）と融合遺伝子
を形成していた．この転座によって，チロシンキナーゼ活性を有するABLタ
ンパク質の恒常的な活性化が起き，これががん化の原因と考えられた．そこ
で，ABLタンパク質キナーゼの阻害剤である**イマチニブ**が開発され，治療薬
として用いられている．

　この一連の研究はがん治療において1つの道筋を立てた．多くのがんで上述
のような融合遺伝子による異常が同定され，それに対応した分子標的薬の開発

---

### 染色体領域 8q24 の SNPs の前立腺がんへの関連と機能解析

　がんには体細胞変異が大きく関与するが，遺伝背景の関与も指摘される．
がんにおいてもゲノムワイド関連解析（GWAS）が行われ，最も明確な関連が
示されたのは，前立腺がん，大腸がんと8q24の関連である．2006〜2007年
に前立腺がんに関連して相次ぐGWAS報告があった．アイスランド，アメリ
カの白人，アメリカの黒人，そしてメタ解析で8q24の3つの領域に独立した
関連SNPを検出している（rs1447295 C＞A，rs16901979 C＞A，rs6983267 T
＞G，それぞれ領域1, 2, 3）．大腸がんもこの領域に関連を有するものの1つ
のSNP（rs6983267）に収束している．すべて統計的検定力は十分であり，そ
の後の追試が相次いでいるので，何か生物学的変化と結び付いているらしい．
この領域は**遺伝子砂漠**といわれ，600 kbの領域に*MYC*しか存在しない．最
も強い有意差を認めたrs1447295から200 kb下流にがん遺伝子*MYC*が存在
するので，その発現に影響を与えるSNPであることが予想される．

　検出されたSNPがエンハンサーとして働いているなら，SNP領域と*MYC*
プロモーターがクロマチンループ構造を形成することが期待される．実際に，
領域1と領域3のSNPは，前立腺がん細胞PC3で**3C法**（chromosome
conformation capture；細胞核内で3次元的に近接する領域を検出する方法）
を用いて*MYC*プロモーターとの相互作用が示された．しかし，アレルによ
る結合度の違いは検出できず，アレルに機能的な違いがあるか疑問視されて
いる．領域に存在し発がんに関連する非翻訳RNAである*PVT1*の発現に関与
するという報告もある．最近は，前立腺がんに関与するlncRNAが同定され，
その1つ*PRNCR1*はこの領域に存在する．領域2のSNPは*MYC*との相互作
用は示されていないが，比較的近傍の*PRNCR1*の転写制御に関与するのかも
しれない．

と，投薬前に標的遺伝子の変異や発現レベルを検査する**コンパニオン診断**につながった．

## 9.4 ヒトの進化からみた病気

### 9.4.1 病気を進化の観点から見直す

"Nothing in biology makes sense except in the light of evolution."

(Theodosius Dobzhansky)

　人類はパラシュートで現在の環境に舞い降りてきたわけではない．長い進化の過程を経て現在があるし，進化の過程で得た形質，妥協の産物，交雑などを経て現在の人類がある．人類はアフリカを起源とし，約 600 万年前にチンパンジーと袂を分かち，猿人，原人，旧人，新人と進化しながらもアフリカで暮らしていた．6〜8 万年前にアフリカを出たグループがいて，エジプトや中東で過ごした後，ヨーロッパ，東アジアへと拡散していった．最後の氷河期（1 万年前）に水位が下がったため，アメリカ大陸やオーストラリア大陸へ移動することが可能となり，人類はさらに拡散した．ユーラシア大陸にはすでに旧人である**ネアンデルタール人**や**デニソワ人**がいて，一時期，現生人類祖先と共存していた．次世代シーケンサーの恩恵はここでも大きく，古代人の DNA 配列を決定し，現生人類祖先との交雑の程度もわかるようになった．

　このような人類進化の歴史と病気とは無関係ではない．病気を病理的な観点のみでなく，進化的な観点から考え抜くのが**進化医学**である．すなわち，個人がどのように病気になったかではなく，進化の過程でどうして病気が現れたかを進化医学は研究し，病気の根源的な理解から，治療法，対処法まで提供する．

### 9.4.2 遺伝子変異率からみる集団遺伝学

　現在の人類と 1 万年前の人類との環境の違いに議論の余地はない．その一方で，ヒトゲノムは 1 万年前と比較してあまり変化していない．ヒトゲノムの変異率を 1 世代 1 塩基あたり $1.1 \times 10^{-7}$，1 万年を 500 世代とすると，2 倍体の 60 億塩基には 1 万年で 33 万か所，すなわち 0.0055％ にしか新規変異が入っていない．ところが，この数千年で人類は急速に文明を発達させたので，そこに何らかの歪が生じており，それが病気と関連することがある．

9.4 ヒトの進化からみた病気　　　201

### 9.4.3　ラクトース不耐症そしてラクターゼ持続症

　日本人には，牛乳を飲むと下痢など腸の調子が悪くなる人が多い．これは牛乳に含まれるラクトースを分解できないラクトース不耐性が原因だが，生理的な現象でもある．生後，乳児は母乳に栄養分を頼るので，その間は乳糖を分解する酵素ラクターゼが産生される．いつまでも乳児が母乳に頼っていると，母親は次の子を宿すことができないので，子の成長とともに転写制御によりラクターゼ産生が止まる．一方，家畜の乳を飲むようになった牧畜民の中に，乳を飲んでも**ラクトース不耐症**を起こさない人たちが出てきた．このような人は，ラクターゼ遺伝子 (*LCT*) の上流プロモーター領域に変異をもち，成人になってもラクターゼ発現が保たれ，乳糖を分解できる（**ラクターゼ持続症**）．北ヨーロッパでは 90％，アジアでは 10％以下がラクターゼ持続症であることから，牧畜民にとってラクターゼ持続症が有利な形質であったことがわかる．興味深いことに，アフリカにも牧畜民がいるが，彼らが有する遺伝子変異はヨーロッパ型と異なる．ヨーロッパでは *LCT* 上流変異-13910T が多く，アフリカでは-13907G，-13915G，-14010C が多い．これらの SNP は近傍に存在し，共通の転写調節メカニズムをもつらしい．変異は別々に生じ，独立に淘汰により集団中に広まったのだろう．

### 9.4.4　遺伝性ヘモクロマトーシス

　**遺伝性ヘモクロマトーシス**は欧米人に多い病気でアジア系には珍しい．常染色体潜性遺伝病であり，肝臓などに徐々に鉄が貯まって様々な症状をきたす．おもな治療法は瀉血（血を抜くこと）である．女性は月経で定期的に鉄分を失うので，罹患頻度は低い．1996 年に原因遺伝子が同定された．6 番染色体のヒト MHC (HLA) 領域に存在し，かつ一部 HLA 分子と似た構造を有するので，当初は **HLA-F** と名付けられた．しかし，免疫学的な機能はないので，今では **HFE** とよばれている．遺伝性ヘモクロマトーシスでは *HFE* 変異として C282Y，H63D が患者の 90％近くを占める．*HFE* 変異頻度は欧米人では 30％とかなり高いが，この 2 つの変異が大部分を説明し創始者効果が認められる．一方，アフリカ，アジア人では変異頻度は低い．

　ヘモクロマトーシスの特徴は，肝臓などへの鉄の蓄積だが，他に血中鉄濃度の低さもある．病原体は鉄を必要とし，血中鉄濃度が低いと感染症にかかり難いことが知られている．遺伝性ヘモクロマトーシス変異の頻度がこれほど高い

理由として，14世紀にヨーロッパ人口の1/3～1/4が死亡したペストの大流行がある．もともと*HFE*変異はバイキングがもたらしたとされているが，黒死病の時代に変異をヘテロ接合体で有するとペストへの抵抗性があったため，遺伝子変異頻度が増したと考えられている．

### 9.4.5　チベット人の高地適応とデニソワ人ゲノムの交雑

　チベットは世界の屋根といわれる4000m以上の高地にあり，海抜地域に比べ60％程度の酸素濃度しかない．なぜ，チベットの人たちは高地で生活できるのか，最近その秘密が遺伝子解析により解き明かされた．一般に，低酸素状態では酸素輸送に関連するヘモグロビン濃度が上昇することが予想されるが，血中ヘモグロビン量はチベット人ではむしろ低い．低酸素に反応して血中ヘモグロビン濃度を上げると血液の粘度が増し，血栓を生じやすくなるなど，逆効果が起こるためであろう．そこには遺伝子レベルでの適応があり，最近その適応遺伝子が明らかになった．

　チベット人と低地に住む漢族での遺伝的多型頻度の比較（**症例対照研究**）や集団遺伝学的手法により高地適応の遺伝子が同定された．1つは*EGLN1*でプロリルヒドロキシラーゼ2（PHD2）をコードする．PHD2は**低酸素誘導因子（HIFs）**の分解を促進するが，チベット人で見いだされた*EGLN1*変異は低酸素条件でもHIFsを分解する．もう1つは低酸素誘導因子HIF-2$\alpha$をコードする*EPAS1*で，この遺伝子の変異によって低酸素に対する反応が鈍くなり，ヘモグロビンが低く保たれている．これらの変異はチベット人で高い頻度となっており，自然選択の最も単純な指標で集団の遺伝的分化度を示す*Fst*が高くなっている．さらには，チベット人で*EPAS1*に特異的な変異が認められ，その変異をつなげハプロタイプで検討したところ，漢族とはかなり異なるパターンが観察された．

　最近，ロシアのアルタイのデニソワ洞窟からネアンデルタール人と早期に分離したデニソワ人の骨が見つかった．現生人類祖先とネアンデルタールやデニソワ人はユーラシア大陸で同時期に共存していたので，交雑が行われたか興味がもたれていた．最近の核DNAを用いた解析では，現在の東南アジアの集団を中心にデニソワ人遺伝子の混入が認められている．ヨーロッパ人にもネアンデルタールDNAの痕跡があり，このような交雑の痕跡はアフリカ大陸集団には存在しない．チベット人でみられた*EPAS1*ハプロタイプ変異は近隣の漢族

は有しておらず，デニソワ人由来であることが予想された．デニソワ人との交雑により得た遺伝子変異のお蔭で高地に適応できたともいえるだろう．

## 9.5 人類遺伝学と生命倫理

### 9.5.1 生命倫理学の誕生と重要性

生命科学の進展に伴い様々な社会的問題が危惧されるようになった．それらを議論し解決する手段として**生命倫理学**が始まった．遺伝子組換え技術，クローン技術，ヒトの誕生と死（生命はいつ始まりいつ終わるのか），臓器移植，人工中絶，個人のゲノム情報，そしてゲノム編集技術を応用した胚操作，などが俎上にあがる．ここでは，「遺伝子」をキーワードとしたヒト生命倫理を考える．

1865 年，ベルナール（Bernard, C., 1813-1878）は「実験医学序説」を出版し，医学における実験の重要性を主張する中で，人間に対して実験や生体解剖を行うときの倫理についても論じた．その後，19 世紀の終わりから，おもにドイツにおいて，行き過ぎた人体実験の是非が問題となり，**インフォームドコンセント**の考えが議論されるようになった．とはいえ，専門性を有する医学研究は聖域とされており，インフォームドコンセントが実践されるには時間がかかっていた．そのままドイツは第三帝国の時代となってしまう．現代的な意味での生命倫理の源流はナチス・ドイツの強制収容所の瓦礫の中にあるといえる．強制収容所で人体実験やホロコーストを行った医師や研究者は基本的に自己の道徳観に従っていた．すなわち，すべては国家の防衛と安全のためになすべきことだったと考えていた．興味深いことは，当時，生命倫理に関して，ドイツには最も権威ある「エティーク」誌が発行されており，世界で最も生命倫理学が進んでいた国だった．かつ優生学は先端科学であったことも科学史を考えるうえで重要なことである．

### 9.5.2 優生学の誕生と終焉

1863 年，イギリスのゴールトン（Galton, F., 1822-1911）は「人間の能力とその発達の研究」で**優生学**（eugenics）という言葉を使った．ゴールトンはダーウィン（Darwin, C. R., 1809-1882）の従兄弟にあたり，ダーウィンの「種の起源」に影響されて，"自然淘汰"や"適者生存"の考えを人間社会へ適用したといわれる．ゴールトンは，「優生学とは，ある人種の生得的質の改良に影響す

るすべてのもの，およびこれによってその質を最高位にまで発展させることを扱う学問である」と述べている．基本的に優秀な遺伝子をもつ人を増やす考えで，**積極的優生学**といわれる．

アメリカでも優生学が始まるが，異なった形，**消極的優生学**をとる．コールド・スプリング・ハーバーに実験進化研究所が設置され，その付属施設として優生学記録局が置かれ，ダベンポート（Davenport, C. B., 1866-1944）が率いることとなる．そこから劣悪遺伝子を社会からなくすという名目で断種が行われるようになる．多くの州で断種法が成立し，その対象は犯罪者や精神薄弱者であった．この断種法はヒトラー率いるナチス・ドイツに影響を与えた．

ドイツにおいて1933年に成立したナチス政権は，早速「遺伝性疾患子孫防止法」，翌々年に「ドイツ人の血統と名誉を保護する法」を制定し，断種手術や民族浄化，同時にユダヤ人への迫害が始まる．そして，ホロコーストへと向かっていく．戦後，ナチスの巨悪が明らかになるにつれ，優生学は否定的に捉えられるようになる．かつ人権に対する考え方が見直されるようになる．

日本においても優生学は他の国同様，社会にも受け入れられてきた．1940年には国民優性法が制定され断種手術が可能となった．戦後は優性保護法と変わり，断種手術や中絶が続くが，1997年に母体保護法となり，優生学的色合いからようやく離れることとなった．

### 9.5.3　ゲノム時代の生命倫理

シーケンシング技術の進歩とともに，究極の個人情報としての**パーソナルゲノム**の倫理的な問題が議論されるようになった．個人情報の漏洩<sup>ろうえい</sup>がないようにすることで，基本的な問題を回避できるであろうが，想定外の疾患変異が検出された場合の対応などは，まだ議論が必要であろう．医療の診断手法としての次世代シーケンシング技術は当然であるが，生殖医療関連については多くの問題を生み出している．これらは優生学とも無関係でなく，遺伝学専門家のみでなく，社会全体で考えていくべきテーマとなっている．またバイオテクノロジーの進歩により，**クローン人間**の作製を可能にする技術や，受精卵レベルで変異を導入／修復するゲノム編集技術も開発されている．生命科学と倫理は切っても切り離せない関係となってきた．

## 9.5 人類遺伝学と生命倫理

### 9.5.4 着床前遺伝子診断

受精卵が8分割した段階で1個の細胞を採取しても基本的にその後の成長に支障がないので，その細胞を用いて**着床前遺伝子診断**が行われてきた．当初は，受精卵のうち，都合の悪い受精卵を着床させないという考えに基づいていた．例えば，デュシェンヌ型筋ジストロフィーで男児を避ける目的で施行された．実際のところ，遺伝子診断の精度が悪い時代は男女の性別判断程度しかできなかった．現在では，目的の遺伝子がわかれば遺伝子診断が可能となっている．最新のテクノロジーとして1細胞から全ゲノム配列を得る技術が進んでいる（現実には増幅過程があるので，全ゲノムを完全に増幅かつシーケンシングすることは困難である）．この技術を応用すると，ある特定の遺伝病を対象とせず，全ゲノムレベルで検討し，"正常"もしくは"優秀"なゲノムを有する受精卵を着床させることが原理的には可能となる．また最近の技術では，**ゲノム編集**により遺伝子変異を修復することも可能である．将来的にはいくつかの受精卵の全ゲノムを調べた結果，どの受精卵を着床させるかの判断が必要となり，**遺伝カウンセラー**とともに決断する時代が来るかもしれない．

### 9.5.5 無侵襲的出生前遺伝学的検査

妊娠時期によるが，母体の血清中には胎児由来のDNAが5〜10％程度含まれる．このDNA断片を配列決定に用い，ダウン症などを出生前に診断する**無侵襲的出生前遺伝学的検査（NIPT）**が臨床現場で用いられている．出産年齢が高齢化している日本では，トリソミーのリスクが高く需要が多いことも現実で，何より血液で検査できる簡便さがある．この検査では，例えばダウン症の場合，胎児由来の21番染色体の配列情報量が少し多いだけだが，次世代シーケンサーによる膨大な配列情報がわずかな差の定量を可能としている．父方，母方を区別できると精度はより上昇する．当初は精度に問題があるとされていたが，最近の報告では絨毛検査や羊水検査より精度が高い．費用の問題はあるが，簡便さと低リスクゆえに今後も需要は高まるばかりである．国民医療費の立場からも，コストが低くなれば遺伝子検査が保険適用される可能性もあるかもしれない．将来的にはありとあらゆる遺伝病の出生前診断がなされることとなる．このような急速な進歩に生命倫理学や遺伝カウンセリング体制は追いついていない状況といえる．現在施行されている検査法に厳しい目を向けることは重要ながら，同時に将来を想定して備えておく必要があろう．

**映画「ガタカ」の世界と生命倫理**

　ガタカ（GATTACA）は 1997 年のアメリカ映画で，アンドリュー・ニコル監督による．題名は塩基の G, A, T, C の組合せを示す．主演はイーサン・ホークとユマ・サーマンで，ジュード・ロウが脇を固めている．受精卵の遺伝子操作により優れた遺伝子をもった「適正者」と自然出産による「非適正者」が差別社会を生きる近未来の話である．現実に，受精卵での CRISPR/Cas9 を用いたゲノム編集技術が可能という報告が中国の研究者から出た（2015 年）．著者が述べているように，現時点では臨床応用される技術ではなく，実際に編集精度もかなり低い．とはいえ，技術は進歩するので，このようなことが臨床応用されることを想定して倫理的な問題に取り組むべきであろう．

　映画ではイーサン・ホーク演じるヴィンセントは「非適正者」であり，ジュード・ロウ演じる「適正者」であるジェロームと入れ替わり，様々な生物学的検査をすり抜けて，宇宙飛行士になる話である．宇宙局「GATTACA」は「適正者」しか正規職員になれない，当然，宇宙飛行士になるには「適正者」であることが必須である．そこには運動能力，知的能力の差があるとされており，差別も生じる．努力を重ねたヴィンセントは宇宙飛行士になる能力に優れており，実際「適正者」である弟に水泳の勝負で負けることはない．ガタカはスタイリシュな近未来の映画であるが，メッセージの 1 つは人の人生は遺伝子だけでは決まらないということだろう．ジェロームになりすましているので，ジェロームにはミドルネームでよぶ．ユージーンである，Eugene，「よい遺伝子」ということで，優生学（eugenics）を思い起こす味付けとなっている．

## ▌演習問題

**9.1** 遺伝病は大きく顕性（優性）と潜性（劣性）遺伝に分類される．それぞれ関与する遺伝子変異の性質はどのようなものであるか．遺伝子変異頻度，機能的変化などから考察せよ．

**9.2** コモンディジーズにおいて，病気と関連する遺伝子変異が同定されたとする．コモンディジーズにおいては，感受性遺伝子の多型という言葉が使われることが多い．遺伝病の原因遺伝子とコモンディジーズの原因遺伝子の変異の違いを述べよ．

**9.3** がんの治療薬は増えてきた．特に，体細胞変異としてキナーゼとの融合遺伝子を有する症例は治療薬が有効であることが多い．その理由を述べよ．

演 習 問 題                                                                              207

**9.4** 一時期は最先端科学であった優生学であるが，第二次大戦後，ホロコースト
などナチスの巨悪が明らかになるにつれ，優生学は否定的に捉えられるように
なる．しかし，優生学的な考えはなかなか消えてなくならない．現代的な優生
学とはどのようなものかを述べよ．

# 解　答


**1章**

**1.1**　この問題の解答は 1 つに決まっているわけではないが，生物のもつ特徴として，例えば以下のものがあげられる.

(1)　自己増殖（細胞の成長と分裂の他に，多細胞生物の発生を含む）

(2)　エネルギー・物質代謝

(3)　環境応答（温度・光・重力などへの応答，免疫応答，動物行動など）

(4)　その他：多様性（または，進化可能性），階層性（分子・細胞小器官・細胞・組織・器官・個体・集団. 特に細胞という単位の存在），自己組織化（全体を制御する指令だけでなく，部分がある程度自立的に秩序を形成し機能する）など


**2章**

**例題 2.1**　［丸］で［緑色］＝(3/4)×(1/4)＝3/16，［しわ］で［黄色］＝(1/4)×(3/4)＝3/16.

**例題 2.2**　50%

**例題 2.3**　紫が 2 個体，白が 2 個体の確率＝0.211，紫が 1 個体，白が 3 個体の確率＝0.047，すべての確率の合計は 1.

**例題 2.4**　自由度 2，確率 $P>0.05$. 観察値は期待値から有意にズレてはいない.


**2.1**　2/3

**2.2**　無角で短脚 1/2，無角で正常脚 1/4，有角で短脚 1/6，有角で正常脚 1/12.

**2.3**　$M$ の雌と野生型の雄を交配する. 雌の雛はすべて野生型だが，雄の雛はすべて［$M$］型.

**2.4**　抗血清に効果がなかったとすると，(1)の結果を得る確率は 0.056，(2)の結果を得る確率は 0.043. したがって，(2)が血清の効果を肯定するより強い証拠となる.

**2.5**　トリソミーの女性では，通常の 1 本ではなく 2 本の染色体が不活性化され，活性のある染色体はやはり 1 本に限られるため. X 染色体の不活性化は女性特有の現象ではなく，性にかかわらず 1 本を除いて他のすべての X 染色体が不活性化されると考えられる.


209

210                                                                  解  答

## 3章 ━━━━━━━━━━━━━━━━━━━━━━━━━━━━━━━━━━━━

**3.1**  *lacI⁻* はオペレーターに結合できないリプレッサー変異だが，野生型リプレッ
サーはトランスに作用できる．これに対して，Oᶜ はそれと直接つながる遺伝子
のみに効果が及ぶシス作用の変異である．したがって，この2つを区別するに
は，当該変異株に形質導入ファージか F′ 因子を使って野生型のラクトースオペ
ロンを導入して部分2倍体を作成し，その表現型をみればよい．構成的発現が
解消して野生型表現型が回復すれば *lacI⁻* 変異である．他方，構成的発現のま
まであれば Oᶜ 変異であると判断できる．

**3.2.**  トランスに作用する遺伝子の野生型に対して潜性（劣性）を示す場合が多い
が，なかには顕性（優性）を示す変異も存在する．このような変異をドミナン
トネガティブ変異とよび，*lacI⁻ᵈ* 変異はその1つである．実は，*lac* リプレッ
サーは4量体で働いている．野生型と変異型のサブユニットが会合してヘテロ
多量体を形成するときには異常な挙動を示し，ドミナントネガティブの表現型
を表すことがよくある．*lacI⁻ᵈ* リプレッサー自体がオペレーターへの結合能を
失っているだけでなく，それを取り込んだ4量体が，仮に他の3つのサブユ
ニットが正常なものであったとしても，オペレーターに結合できないタイプだ
と考えれば説明できる．もちろん，これが唯一正しい答えではなく，モデルと
しては他にも様々なことが想定できる．

## 4章 ━━━━━━━━━━━━━━━━━━━━━━━━━━━━━━━━━━━━

**4.1**  (1)  糖の部分が DNA はデオキシリボース，RNA はリボース．

(2)  塩基の AGC 以外に，DNA が T，RNA が U を使う．

(3)  DNA はおもに遺伝情報の保存（1種類）の働きをもつのに対して，RNA
は転写，翻訳の遺伝情報の発現に使われる（働きを区別して5種類以上の呼
び方がある）．

(4)  DNA はコンパクトな構造をとれ，おもに安定な二重らせん構造で存在す
るのに対して，RNA はコンパクトな構造をとりにくく，おもに1本鎖状態
で存在する．

(5)  化学的に DNA は安定な（不活性な）のに対して，RNA は不安定（多様な
活性をもつ）．

(6)  真核生物では DNA はおもに核内に存在するが，RNA は核から細胞質ま
で存在する．

(7)  DNA は複製によって合成され，RNA は転写によって合成される．

**4.2**  (1)  原核：翻訳と共役して行われる．

真核：核と細胞質で転写と翻訳が分かれて行われる．

解　答　　　　　　　　　　　　　　　　　　　　　　　　　211

- (2) 原核：1種類の RNA ポリメラーゼが機能する.
  真核：3種類の RNA ポリメラーゼが機能する.
- (3) 原核：ポリシストロニック mRNA を産生する.
  真核：モノシストロニック mRNA を産生する.
- (4) 原核：転写産物はそのまま翻訳される.
  真核：転写産物はスプライシングを受けて mRNA となる（キャッピング，ポリ A 付加の修飾を受ける）.
- (5) 原核：RNA ポリメラーゼは自身でプロモーターに結合して転写を開始する.
  真核：プロモーター領域は先に転写因子が結合し，それに RNA ポリメラーゼが結合する. 転写因子の RNA ポリメラーゼの活性化によって転写が開始する.
- (6) 原核：転写制御にかかわるクロマチン構造は存在しない.
  真核：クロマチン構造による転写制御がある.

**4.3** 出芽酵母：ゲノム DNA，出芽酵母は真核生物でもほとんどの遺伝子がイントロンをもたないため，ゲノム DNA の配列からほとんどのタンパク質のアミノ酸配列が読み取れる.

ヒト：cDNA，ヒトの遺伝子には多くのイントロンがあるため，イントロンが取り除かれた mRNA を逆転写酵素で DNA に読み取った cDNA 配列が使われる.

**4.4** (1) 原核：RBS 配列から 10 塩基ほど後に出てくる AUG 配列.
　　　真核：mRNA の 5′ 末端から最初にでてくる AUG 配列.
- (2) 原核：翻訳の開始はリボソーム小サブユニットが 16S rRNA と一部相補的な RBS 配列を識別して結合し，近傍の AUG を開始コドンとして使う. mRNA の複数の AUG が開始コドンに成り得る→ポリシストロニック mRNA の翻訳を可能にする.
  真核：リボソーム小サブユニットが mRNA のキャップ構造を識別して結合し，3′ 側へ mRNA 上を走査し，最初に出てきた AUG を開始コドンとして使用する. モノシストロニック mRNA の翻訳を反映している.

**4.5** (1) 原核：環状ゲノムの複製.
　　　真核：線状ゲノムの複製（末端複製問題）.
- (2) 原核：複製開始点はゲノム上に 1 か所.
  真核：複製開始点はゲノム上に多数.
- (3) 原核：ラギング鎖長は約 1000 塩基.
  真核：ラギング鎖長は 100〜200 塩基.
- (4) 原核：DNA 合成速度は速い 500〜800 塩基/秒.
  真核：DNA 合成速度は遅い約 50 塩基/秒.

212 解　答

 (5) 原核：DNAヘリカーゼの進行方向は 5′→3′ (ラギング鎖鋳型上).

   真核：DNAヘリカーゼの進行方向は 3′→5′ (リーディング鎖鋳型上).

 (6) 原核：1種類の DNA 合成酵素(Pol III) で複製フォークが進む.

   真核：3種類の DNA 合成酵素(Pol $\alpha$, Pol $\delta$, Pol $\varepsilon$)で複製フォークが進む.

 (7) 原核：活性型の複製開始タンパク質の集合で複製が開始する.

   真核：複製開始タンパク質の集合と複製開始(活性化)が分けられている.

 その他：プライマー，複合体構成 (ヘリカーゼ，クランプなど)

## 5章

**5.1** (1) エキソヌクレアーゼ

 (2) *Eco* RI

 (3) DNA ligase

 (4) TdT

 (5) 逆転写酵素

 (6) アイソシゾマー

**5.2** (1) ○

 (2) ○

 (3) ×  (1%程度)

 (4) ×  (ポリ A 配列をもつ ncRNA も数多く見つかっている)

 (5) ○

 (6) ○

**5.3** 省略

## 6章

**6.1** エンジン＝Cdk，アクセル＝サイクリン，ブレーキ＝CKI. 細胞周期のチェックポイントとは，細胞周期を安全に進めるために，ある時点を境として，これより前に起こるべき事象が完結しない間は，これより後に起こるべき事象が抑制されているという現象あるいは機構.

**6.2** がん遺伝子産物はがん化あるいは悪性形質に正に作用し，がん抑制遺伝子産物はがん化や悪性形質を抑制する作用をもつ. がん遺伝子は発現増強や機能獲得型変異によってがん化に寄与し，がん抑制遺伝子は発現低下や機能喪失型変異によってがん化に寄与する.

**6.3** その表現型を抑えるような機能をもつこと. ただし，そこで見られたことが，その遺伝子のもつすべての機能かどうかはわからない. 例えば，これとよく似た機能をもつ遺伝子が発現している (冗長性；redundancy) 部位では，表現型は表れない可能性がある.

解　答　　　　　　　　　　　　　　　　　　　　　　　213

**6.4**　MyoD（転写因子）の強制発現で筋分化が誘導される，体細胞の核からクローン動物がつくれる，体細胞から iPS 細胞がつくれる，分化に影響を与える遺伝子の多くが転写因子である，など．

**6.5**　幹細胞は分裂能をもつが分化が進んでいない．肝細胞は分裂能を保持したまま分化するが，これは例外で，他の大部分の細胞種は，ある程度分裂してから分化し，その後は分裂能が抑制されるか失われる．極端な例は，赤血球で，分化の途中で核を失うため分裂できなくなる．多くの体細胞はリプログラミングによって分裂能を取り戻せると考えられている．

## 7 章

**7.1**　母性効果．卵細胞を生成する母親の生殖腺で働くと考えられる．

**7.2**　ホメオティック変異体は体の一部の構造が欠損するが，そこに他の部位の構造が代わりにつくられる．一方，ギャップ遺伝子の変異体では欠損した部分は抜けてしまい，本来その両側にできる構造が隣り合わせにつくられようとする．ただし，ギャップ遺伝子の変異体は通常，胚致死である．ホメオティック変異体は通常，成虫まで育つので，これが両変異のもう 1 つの大きな違いである．

**7.3**　(1)　表現型 A に関して $b^1$ 変異は $a^0$ 変異をサプレスする．（表現型 A に注目したときに）$b^1$ 遺伝子は $a^0$ 遺伝子より上位である．

(2)　(c)

## 8 章

**8.1**

| 遺伝子型 | $AA$ | $Aa$ | $aa$ | 総和 |
|---|---|---|---|---|
| 観察数 | 31 | 83 | 16 | 130 |
| 期待数 | 40.4 | 64.1 | 25.4 | 130 |

$p_A = 0.558$, $p_a = 0.442$,

$$\chi^2 = \frac{(31 - 40.4)^2}{40.4} + \frac{(83 - 64.1)^2}{64.1} + \frac{(16 - 25.4)^2}{25.4} = 11.2 \qquad (P = 0.0008)$$

より HWE は棄却される．

**8.2**　$t$ 世代における $a$ の頻度を $q_t$ で表し，$p = 1 - q$ とする．第 1 世代の頻度は式 (8.3) より

$$q_1 = \frac{pq}{p^2 + 2pq} = \frac{q}{1 - q + 2q} = \frac{q}{1 + q}$$

となる．同様にして

$$q_2 = \frac{q_1}{1 + q_1} = \frac{q/(1 + q)}{1 + q/(1 + q)} = \frac{q}{1 + 2q}$$

数学的帰納法を使うと

$$q_t = \frac{q}{1+tq}$$

が得られる.

## 9 章

**9.1** 遺伝病の原因遺伝子変異は一般での頻度は低い.特に,顕性遺伝を呈する疾患では疾患頻度と遺伝子変異頻度が同等となる（最近では遺伝子異常＝病気ともいえないケースが増えてきた）.潜性遺伝でも,例えば一般集団のアレル頻度が1％として,0.01％の疾患頻度であり1万人に1人の患者となる.潜性遺伝を示す疾患では,原因遺伝子変異をヘテロ接合体で有していても通常無症状である.その遺伝子が酵素をコードしていた場合,50％の酵素活性に減っているものの,発症には至らない.酵素などは通常半分量となっても問題ないことが示唆される.一方,顕性遺伝の場合,ヘテロ接合体で発症する.この場合,遺伝子変異により異常なタンパク質の蓄積があることが多い.顕性遺伝の場合,成人になって発症することが多いのはそのためである.

**9.2** 遺伝病の原因変異は一般集団でのアレル頻度が非常に低く,コードするタンパク質の機能を変化させる変異が多い.一方,コモンディジーズと関連する遺伝的多型は一般集団での頻度が高く,アミノ酸変化を伴わない多型が多い.すなわち,遺伝子発現に関与するエンハンサー上に存在していると想定される.

**9.3** がんにおいて細胞増殖などに異常が明らかであれば,そこを止めることが効率的な治療となる.慢性骨髄性白血病においては,チロシンキナーゼの遺伝子が融合していること（BCR-ABL1）により発現制御が異常になる.そのため,がん化,細胞増殖が促進されると考えられる.肺がんにおいては,チロシンキナーゼが異常に活性化した *ALK* 融合遺伝子が検出されるかにより治療方針が大きく異なる.いずれの場合も,異常なキナーゼ活性を抑制する薬剤により,がんに対する治療効果があると期待される.

**9.4** 優生学とは,ゴールトンにより始まり,ゴールトンの次の言葉「ある人種の生得的質の改良に影響するすべてのもの,およびこれによってその質を最高位にまで発展させることを扱う学問である」で集約される.基本的に優秀な遺伝子をもつ人を増やす考えで,積極的優生学といわれる.一方,社会的に劣悪な遺伝子を減らそうという動きもでてきて,断種などが行われ消極的優生学となる.ナチスのホロコースト以来,優生学は学問としては否定され存在しないと言っていい.特に,国家主義的な優生学はほとんどなくなったといえる.しかし,無侵襲的出生前遺伝学的検査（NIPT）でみられるように,ダウン症と診断されれば,ほとんどが中絶されている現実がある.個人の中の（内なる）優生学は形を変えて存在し続けている.

# 用 語 集

**【アルファベット順】**

**ABC モデル**（ABC model） 雌しべ，雄しべ，花弁，萼片のいずれになるかが転写因子の組合せにより決定されるというモデル.

**BLAST**（basic local alignment search tool） 特定の塩基配列またはアミノ酸配列に似た配列を，DNA やタンパク質のデータベースから検索するための代表的なソフトウエア. ブラストと発音.

**cAMP**（cyclic AMP） 3′,5′-サイクリック AMP. 細胞内で信号伝達を行う分子の1つ.

**CDC 変異体**（cell division cycle mutant） 酵母の細胞周期変異体.

**Cdk**（cyclin-dependent protein kinase） サイクリン依存性タンパク質リン酸化酵素. サイクリンというタンパク質が結合すると，活性化されて細胞周期を回す.

**cDNA**（complementary DNA） mRNA の塩基配列を逆転写酵素で写し取って作成した DNA. 遺伝子 DNA と異なり，イントロン配列をもたない.

**cDNA ライブラリー**（cDNA library） 組織や細胞から抽出した mRNA から cDNA を作成しベクターにつないだもの.

**CpG アイランド**（CpG island） CG という塩基配列を高頻度で含む DNA 領域. 脊椎動物ではプロモーター近傍に多く，C がメチル化されると遺伝子発現が抑制される.

**CRISPR/Cas9**（clustered regularly interspaced short palindromic repeats/CRISPR-associated protein 9） 原核生物で，細胞内に侵入した DNA の塩基配列を記憶し，次に同じ DNA が侵入したときに切断する装置. ゲノム中の標的部位の1か所だけを切断できるので，ゲノム編集という技術に使われる. クリスパー・キャスナインと発音.

**DNA データベース**（DNA database） DNA の塩基配列を集め注釈を付けて公開しているもの. DNA データベースを運営する組織を DNA データバンクという.

**DNA トランスポゾン**（DNA transposon） トランスポゾン（ゲノム中にある寄生性 DNA）の中で，DNA として切り出されて別のゲノム部位に挿入されるもの.

**DNA ヘリカーゼ**（DNA helicase） ATP 加水分解のエネルギーを使って DNA 二重らせんを1本鎖にほどく酵素. DNA 複製，組換え，修復などで使われる.

**DNA ポリメラーゼ**（DNA polymerase） デオキシリボヌクレオチドをつなげて DNA を合成する酵素. DNA を鋳型とするものは多くの種類があり，DNA 複製や修復に働く. RNA を鋳型とする逆転写酵素を含める場合もある.

**DNA マイクロアレイ（DNA チップ）**（DNA microarray, DNA chip） 基盤上に多種類の1本鎖 DNA 断片を並べて固定したもの. 細胞・組織の mRNA から cDNA を合成し，蛍光標識してこれに結合させ，一度に多数の遺伝子の発現量を調べる.

**DNA メチル化**（DNA methylation） 哺乳類 DNA のシトシンのメチル化は，クロマチン構造を変えて転写を抑制する. 細菌 DNA のアデニンのメチル化は，自身の制限酵素による切断を防ぐ.

215

**DNA リガーゼ**（DNA ligase） DNA 鎖どうしをつなぐ酵素．RNA 鎖をつなぐ RNA リガーゼも存在する．

**DNase I 高感受性部位**（DNase I hypersensitive site） クロマチン上で DNase I（DNA 分解酵素の1つ）により特に分解されやすい部位．活発に転写を行っているプロモーター領域に特徴的と考えられている．

**EC 細胞**（embryonal carcinoma cell） 胚性がん腫（1つの腫瘍中に多様な種類の細胞を含むがん）の細胞．多能性をもつ．

**ENCODE**（encyclopedia of DNA elements） ヒトゲノムに存在する機能因子の網羅的探索を行う世界的なプロジェクト．エンコードと発音．

**ES 細胞**（embryonic stem cell） 胚性幹細胞．哺乳類初期胚の内部細胞塊から得られた細胞で，多能性をもつ．

**F 因子**（fertility factor） 大腸菌プラスミドの一種．これをもつ菌（$F^+$ 菌）はもたない菌（$F^-$ 菌）に接合し F 因子 DNA を送り込むが，低頻度で大腸菌 DNA を送り込むので，雄株といわれる．

**G1 期**（gap 1 phase） 細胞周期のうち，DNA 複製の準備を行う期間．

**G2 期**（gap 2 phase） 細胞周期のうち，細胞分裂の準備を行う期間．

***G* 検定（対数尤度比検定）**（*G*-test, likelihood-ratio test） 対数尤度比を用いる統計的検定法．

**GU-AG ルール**（GU-AG rule） イントロンの 5′ 端には GU，3′ 端には AG という塩基配列が存在するという規則．

**GWAS（ゲノムワイド関連解析）**（genome-wide association study） ゲノム全体に分布する1塩基多型（SNP）と特定の疾患や形質がどの程度関連しているかを統計的に調べる方法．ジーワスと発音．

**HAT**（histone acetyltransferase） ヒストンアセチル基転移酵素．転写を活性化する働きをもつ．ハットと発音．

**HDAC**（histone deacetylase） ヒストン脱アセチル化酵素．転写を抑制する働きをもつ．エイチダックと発音．

**Hfr 株**（high-frequency recombination strain） 大腸菌の高頻度形質導入株．F 因子が遊離の状態で存在する $F^+$ 株と異なり，大腸菌 DNA に組み込まれている．

***Hprt* 遺伝子**（hypoxanthine-guanine phosphoribosyl transferase gene） ヒポキサンチン-グアニンホスホリボシルトランスフェラーゼ遺伝子．この遺伝子を破壊した細胞は 6-TG（6-チオグアニン）に耐性になり，HAT 培地（ヒポキサンチン，アミノプテリン，チミジンを含む）では育たなくなる．

**iPS 細胞**（induced pluripotent stem cells） 人工多能性幹細胞．分化した細胞にいくつかの遺伝子を導入して作成した多能性をもつ細胞．

**IRES**（internal ribosome entry site） 内部リボソーム導入配列．真核生物やそのウイルスの mRNA で複数の遺伝子配列をもつものがあるが，それらの配列間にあってリボソームを結合して翻訳を開始させる部位．アイレスと発音．

**LINE**（long interspersed nuclear element） 真核生物のゲノムにあるレトロトランスポゾンの一種．ヒトゲノムの約 20% を占める．LINE より短くて逆転写酵素遺伝子を欠くものを SINE という．LINE，SINE は，それぞれライン，サインと発音．

**lncRNA**（long non-coding RNA） 長鎖非コード RNA．タンパク質の情報をもたない RNA のうち，miRNA のような短い RNA 以外のもの．

# 用 語 集　　　　　　　　　　　　　　　　　　　　　　　　　　　　　　　　217

**LOD 値**（logarithm of odds score）　2つの遺伝子座が連鎖している可能性を表す値．連鎖していない可能性と比べて何倍高いかを計算し，その常用対数を示したもの．

**M 期**（mitotic phase）　細胞周期のうち，細胞分裂が行われる期間．

**MAP キナーゼ**（mitogen-activated protein kinase）　増殖因子や酸化ストレスなどに応答して活性化されるタンパク質リン酸化酵素の一種．マップ・キナーゼと発音．

**miRNA**（microRNA）　22塩基程度の長さで，mRNA の 3′ 非翻訳領域に結合して翻訳を抑制する 1 本鎖 RNA．

**MRCA**（most recent common ancestor）　ある生物集団に属する個体の共通祖先のうち，最も新しい（現在に近い）もの．遺伝子系図学では，特定の遺伝子に関して使われることも多い．

**mRNA**（messenger RNA）　伝令 RNA ともいう．タンパク質のアミノ酸配列の情報をもつ RNA．

**NIPT**（non-invasive prenatal genetic test）　無侵襲的出生前遺伝学的検査．母親の血液に含まれる胎児由来の DNA を解析して胎児の遺伝的診断（ダウン症など）を行う方法．

**ORF**（open reading frame）　DNA 上で，終止コドンを含まずタンパク質のアミノ酸配列の情報をもつと予測される領域．2つの向き，3つの読み枠のそれぞれについて予測する．

**P 因子**（P element）　ショウジョウバエのトランスポゾンの一種．高い転移活性をもつので，遺伝子導入のベクターとして用いられる．

**PCR**（polymerase chain reaction）　ポリメラーゼ連鎖反応．試験管内で酵素を用いて DNA の特定の領域を大量に増やす方法．

**pre-RC**（pre-replication complex）　複製前複合体．DNA 複製開始点に集合して複製開始の準備を行うタンパク質複合体．

**R 因子**（resistance factor）　細菌細胞中にあって抗生物質などの薬剤への抵抗性を付与するプラスミド．

**RNA 干渉（RNAi）**（RNA interference）　2 本鎖 RNA（またはそれから作成される siRNA）を導入（または細胞内で合成）することで相同配列をもつ mRNA を分解し，特定の遺伝子の働きを低下させる方法．

**RNA スプライシング**（RNA splicing）　転写により合成された RNA から一部の配列（イントロン）が切り出され，その両端がつながる反応．スプライシングともいう．

**RNA ポリメラーゼ**（RNA polymerase）　DNA の塩基配列を写し取って RNA を合成する酵素．

**RNA ワールド仮説**（RNA world hypothesis）　ある種の RNA が酵素活性をもつことを根拠に，太古の地球上に RNA からなる自己複製系が出現し，これが生命の起源になったと考える仮説．

**rRNA**（ribosomal RNA）　リボソームを構成する RNA．

**S 期**（synthesis phase）　細胞周期のうち，DNA 複製が起きる期間．

**SD 配列**（Shine-Dalgarno sequence）　原核生物の mRNA にあるリボソーム結合配列．

**siRNA**（small interfering RNA）　3′ 末端が 2 塩基分突出した，21〜23 塩基対からなる低分子 2 本鎖 RNA．長い 2 本鎖 RNA からつくられ，同じ塩基配列をもつ mRNA に結合して分解を促す．

**SNP**（single nucleotide polymorphism）　生物集団中にある程度（通常 1％）以上の頻度で見られるゲノム DNA 中の 1 塩基の違い．スニップと発音．

**snRNA**（small nuclear RNA） 核内低分子 RNA. タンパク質と複合体をつくり，RNA スプライシングで働く.

***sus*変異**（suppressor-sensitive mutation） サプレッサー変異により変異表現型が回復する変異. サプレッサー tRNA（終止コドンにアミノ酸を挿入する）により変異表現型が回復するナンセンス変異をさすことが多い.

**T抗原**（T antigen） SV40 やポリオーマなどの DNA 腫瘍ウイルスで感染初期に現れる，ウイルス増殖に必須のタンパク質. これらのウイルスでがん化した細胞にも存在する.

**TATA ボックス**（TATA box） 真核生物遺伝子で RNA ポリメラーゼ II による転写開始点の上流 25 塩基付近に存在する共通配列（TATAAA など）. ターターボックスと発音.

**TBP**（TATA-binding protein） 真核生物遺伝子の転写開始に必要なタンパク質. 他のタンパク質と結合して複合体 TFIID をつくり，TATA ボックスに結合する.

**tet-ON/OFF システム**（tetracycline-controlled transcriptional activation system） 大腸菌のテトラサイクリン耐性遺伝子の転写調節系を使った人工的な転写調節系. tet-ON 系ではドキシサイクリン（テトラサイクリン誘導体）の添加で，tet-OFF 系では除去で，転写が活性化される.

**tRNA**（transfer RNA） 転移 RNA ともいう. 翻訳の過程で，リボソームと結合した mRNA のコドンまで，それに対応するアミノ酸を運ぶ低分子 RNA.

**YAC**（yeast artificial chromosome） 酵母人工染色体. 酵母染色体のテロメア，セントロメア，複製開始点，選択マーカーを含む. 長い DNA（数百 kb〜数 Mb）をクローニングするためのベクターとして開発された. ヤックと発音.

**$\chi^2$ 検定**（chi-squared test） 観察された事象の分布と期待される分布の間に有意な差があるかを検定する方法の 1 つ.

## 【五十音順】

### あ

**アイソシゾマー**（isoschisomer） 同じ塩基配列を認識する 2 つの異なる制限酵素の関係. その中で切断箇所が異なるものはネオシゾマーという.

**アクチベーター**（activator） 真核生物遺伝子のエンハンサー配列に結合して転写を活性化するタンパク質.

**アニーリング（巻戻し）**（annealing） DNA 二重らせんが熱で 1 本鎖に乖離した後，徐々に温度を下げると相補的塩基対により二重らせんを形成すること.

**アノテーション**（annotation） 一般的には「注釈」の意味だが，ゲノム分野では，DNA 塩基配列にその生物種，遺伝子構造，遺伝子機能，関連文献，登録者などの情報を付け加えること.

**アポトーシス**（apoptosis） 多細胞生物で余分な細胞を除くときに起きるプログラムされた細胞死（細胞の自殺）のこと. 特徴的な形態変化を示す.

**アミノアシル tRNA 合成酵素**（aminoacyl-tRNA synthetase） tRNA の 3′ 末端に，対応するアミノ酸を結合させる酵素. 20 種類のアミノ酸ごとに異なる酵素が存在する.

**アレル**（allele） 対立遺伝子ともいう. 1 つの遺伝子座に存在し得る様々な遺伝子の種類. 野生型アレルに対して，遺伝子機能が亢進したアレルをハイパーモルフ，低下したアレルをハイポモルフ，失われたアレルをアモルフ（またはヌルアレル），失われただけでなく他のアレルの機能も阻害するアレルをアンチモルフ（ドミナントネガティ

ブ），新しい機能を獲得したアレルをネオモルフという.

**アンチコドン**（anticodon）　tRNA にあって，mRNA のコドンと結合する 3 つの連続した塩基のこと.

**アンチセンス鎖（－鎖）**（antisense strand）　転写される領域に着目したときに，転写の鋳型となる方の DNA 鎖.

**アンバー変異**（amber mutation）　アミノ酸のコドンが終止コドンの 1 つ UAG に変わった変異.

いい

**異数性**（aneuploidy）　一部の染色体の数が異常なこと.

**1 遺伝子 1 酵素仮説**（one gene-one enzyme hypothesis）　1 つの遺伝子が 1 つの酵素を指定するという仮説.現在では，1 つの遺伝子は酵素に限らず，1 つのポリペプチドを指定すると考えられている.

**位置効果**（position effect）　ある遺伝子が染色体の別の場所に移動したときに遺伝子発現の量や表現型が変わる効果.遺伝子近傍のクロマチン構造が不活性型か活性型かにより影響を受けるのが原因.

**1 次構造（タンパク質の）**（primary structure）　タンパク質のアミノ酸配列のこと.

**1 本鎖 DNA 結合タンパク質**（single-stranded DNA-binding protein）　複製・組換え・修復の途中でできる DNA の 1 本鎖部分に結合するタンパク質.切断されやすい 1 本鎖部分を保護するとともに，他のタンパク質の働きを調節する.

**遺伝暗号表（コドン表）**（codon table）　mRNA のコドンとそれに対応するアミノ酸を並べた表.

**遺伝子型**（genotype）　生物個体の特定の表現型（特徴）に対応するアレルの組合せ.

**遺伝子組換え技術**（recombinant DNA technology）　試験管内で DNA を切ったりつないだりして遺伝子を改変し，生物または培養細胞に導入する技術.

**遺伝子系図学**（gene genealogy）　現在の生物集団における特定の遺伝子の多様なアレルから時間を遡って，共通祖先の 1 つのアレルに至る過程を逆向きに推測する理論的研究.

**遺伝子座**（locus）　染色体上の遺伝子の位置のこと.SNP など，遺伝子でない塩基配列多型の位置を示すときは，「座位」という方が適当.

**遺伝子砂漠**（gene desert）　ゲノム DNA 中でタンパク質のアミノ酸配列情報を含まない領域.

**遺伝子ターゲティング**（gene targeting）　相同組換えの反応を使って生物中の特定の遺伝子を破壊または改変すること.

**遺伝子地図**（gene map）　染色体上の様々な遺伝子の位置を示したもの.遺伝子間の距離を組換え頻度で測定する連鎖地図と，DNA 塩基配列の長さで測定する物理地図がある.

**遺伝子発現**（gene expression）　遺伝子の情報をもとにタンパク質や機能性 RNA が合成されること.

**遺伝子ライブラリー**（gene library）　特定の生物のゲノム DNA を断片化してベクターにつないだもの.ゲノムライブラリー（genomic library）ともいう.

**遺伝子量補償（補正）**（dosage compensation）　性染色体にある遺伝子の細胞あたりの発現量が，雌雄で遺伝子数が違うにもかかわらず，全体としてほぼ同じになるように

調節されていること.

**遺伝的多型**（genetic polymorphism）　同じ種の生物集団の DNA に個体により塩基配列が異なる部分が存在すること.

**遺伝的浮動**（genetic drift）　生物集団中におけるアレルの頻度が, 集団の個体数が有限であることによって世代とともに確率的に変動すること.

**遺伝病**（genetic disease）　遺伝子の異常が原因となる病気.

**遺伝マーカー**（genetic marker）　染色体上での位置が既知であり, 生物個体や生物種を同定するための目印となる DNA 塩基配列.

**遺伝様式**（mode of inheritance）　遺伝形質が子孫に伝わる様式. 常染色体顕性, 常染色体潜性, X 染色体連鎖潜性などの区別がある.

**インシュレーター**（insulator）　真核生物の染色体で, ある遺伝子のプロモーターと別の遺伝子のエンハンサーが相互作用しないように働く配列のこと.

**インテグラーゼ**（integrase）　レトロトランスポゾンやレトロウイルスが逆転写でつくった DNA を細胞の DNA に挿入させるときに働く酵素.（λ ファージ DNA を大腸菌 DNA に挿入する酵素もインテグラーゼというが, 異なる酵素である.）

**イントロン**（intron）　転写でできた RNA が成熟した mRNA になる前に切り出される部分.

<br>

### え

**栄養要求性変異株**（auxotroph）　特定の微生物を育てる必要最小限の成分でできた培地では育たず, 別の栄養成分を添加しないと育たない変異株. アミノ酸要求変異株, ビタミン要求変異株など.

**エキソン**（exon）　エクソンともいう. RNA スプライシングでイントロンが切り出された後に成熟 mRNA に残る配列, およびその部分に相当する DNA の配列.

**エキソンシャッフリング**（exon shuffling）　進化の過程で異なる遺伝子のエキソンが組み合わさって新しい遺伝子ができたという説.

**エクソーム解析**（exome analysis）　ゲノムのエキソン領域のみを濃縮して, その塩基配列を解析すること. エキソーム解析ともいう.

**エピジェネティクス**（epigenetics）　DNA 塩基配列の変化を伴わないが細胞分裂後も継承されて遺伝子発現や表現型に影響を与える仕組みを研究する分野. DNA 塩基のメチル化やヒストンの化学修飾が原因となる. 歴史的には別の意味がある（2 章参照）.

**塩基（核酸の）**（base）　DNA の構成成分である A, T, G, C, RNA の構成成分である A, U, G, C のこと.

**塩基除去修復**（base excision repair）　DNA の 1 塩基が損傷を受けたときに, まず異常な塩基を除去し, 次に塩基のない DNA 鎖部分を除去, 最後に除去部分を反対の鎖と相補的になるように修復する反応.

**エンハンサー**（enhancer）　真核生物の遺伝子発現を高める DNA 配列. プロモーターと異なり, 遺伝子から遠い位置や遺伝子の下流にある場合もあり, 配列の向きを逆にしても働く.

**エンハンサートラップ**（enhancer trap）　遺伝子発現を検出するためのレポーター遺伝子をゲノムにランダムに挿入し, 挿入部位の近傍にある組織特異的エンハンサーを検出する方法.

**エンハンサー変異**（enhancer mutation）　ある変異の表現型をより強くする第 2 の変異.

用 語 集 221

### お

**岡崎フラグメント**（Okazaki fragment）　DNA 複製時において，ラギング鎖（全体として 3′→5′ の向きに複製される鎖）でつくられる比較的短い DNA 断片.

**オーソログ**（ortholog）　異種の生物において配列に相同性をもつ遺伝子で，最も近い共通祖先の単一の遺伝子に由来するもの. オルソログともいう.

**オペレーター**（operator）　遺伝子のすぐ上流にあり，リプレッサータンパク質の結合により転写を抑制する配列.

**オペロン**（operon）　1 つのプロモーターから 1 本の mRNA として転写される隣接した複数の遺伝子とその転写制御配列. 原核生物に多いが，真核生物にも少し存在する.

**温度感受性変異（*ts* 変異）**（temperature-sensitive mutation）　高温では変異型，低温では野生型の表現型を示す変異のこと.

### か

**開始コドン**（start codon）　タンパク質合成の開始となるコドン（通常は AUG）.

**核分化**（nuclear differentiation）　分化した動物細胞の核を脱核した未受精卵に導入しても発生が進まないことが多いので，細胞分化の際に核自体も分化したと考えてつくった概念.

**核様体**（nucleoid）　原核生物のゲノム DNA が細胞内でタンパク質と結合して存在する構造.

**カスケード**（cascade）　細胞内シグナル伝達でタンパク質リン酸化反応が連鎖して起きたり，細胞分化で転写因子による転写因子の発現制御が連鎖して起きたりするような，関係する分子数が次々に増加する連鎖反応.

**がん遺伝子**（oncogene）　がんを引き起こす遺伝子. がん細胞では変異により機能が異常に活性化しているか，発現が異常に上昇している. がん遺伝子をもつウイルスも存在する.

**間期**（interphase）　細胞周期のうち分裂期（M 期）以外の期間（G1 期，S 期，G2 期）. 分裂期と次の分裂期の間の期間.

**感受性遺伝子**（susceptibility gene）　疾患を発症するリスクを高める遺伝子（アレル）.

**カンブリア大爆発**（Cambrian explosion）　古生代カンブリア紀に一挙に多様な動物が出現し，主要な「門」が出揃ったこと.

**がん抑制遺伝子**（tumor suppressor gene）　がんの発生を抑制する遺伝子. その機能が失われるとがんが生じることがある.

### き

**偽遺伝子**（pseudogene）　既知の遺伝子と似た配列をもつが，変異の蓄積などにより遺伝子としての働きをもたない DNA 塩基配列.

**期待値**（expected value）　確率論で，非常に数多く試行を繰り返すと仮定した場合に，理論的に予想される平均値. 例えば，1 から 6 が等確率で出るサイコロを振ったときの目の期待値は 3.5 である.

**機能クローニング**（functional cloning）　変異遺伝子の表現型から遺伝子機能を推測し，それを手掛かりにして遺伝子をクローニングすること.

**基本転写因子**（general transcription factor）　真核生物で，mRNA の合成開始前にプロモーター（TATA ボックス）付近に結合して RNA ポリメラーゼ II を結合させるタン

パク質.

**帰無仮説**（null hypothesis） 統計学に基づく検定で，期待される結論と反対のことを表現した仮説．例えば，有意の差があることを示したいときに「有意の差がない」という仮説を立て，これを否定することで差があることを示す.

**逆遺伝学**（reverse genetics） 着目した遺伝子に変異を導入し，生物の形質の変化を調べて遺伝子機能を解析すること．古典的な遺伝学が「形質→変異体分離→遺伝子の同定」と進むのと逆の順序なので，こう呼ばれる.

**逆転写**（reverse transcription） 逆転写酵素により，RNA からその塩基配列に対応する配列の DNA を合成すること.

**キャップ構造**（cap structure） 真核生物の mRNA の 5′ 末端に転写後に付加される構造.

**共顕性**（co-dominant） ヘテロ接合体で，それぞれのアレルのホモ接合体の表現型の両方が現れること．ABO 血液型で，A 型と B 型は共顕性である.

**近親交配**（inbreeding） 近親間で交配をして子孫を得ること.

く

**組換え**（recombination） もともとは，減数分裂のときに相同染色体間で乗換えが起きて，アレルの新しい組合せができること．そこから広がって，2 つの DNA 間でつなぎ替えが起きることも組換えというようになった．遺伝的組換え（genetic recombination）も同じ意味.

**組換え率**（recombination frequency） 連鎖した遺伝子間で組換えを起こした配偶子の割合.

**クレノウ断片**（Klenow fragment） 大腸菌 DNA ポリメラーゼ I をタンパク質分解酵素で切断して得た断片．DNA ポリメラーゼ活性をもつが 5′→3′ エキソヌクレアーゼ活性をもたないので遺伝子操作で使いやすい.

**クローニング**（cloning） 同一の遺伝情報をもつ DNA，細胞，または個体の集団を作成すること.

**クローバーリーフモデル**（cloverleaf model） tRNA の分子内塩基対を示した図．3 つのループと 1 つの軸がある.

**クローン動物**（clone animal） 同一の遺伝情報をもつ動物の集団．除核した未授精卵に体細胞の核を入れて発生させた動物（体細胞核を採取した個体と同一の遺伝情報をもつ）や，初期胚を分割し代理母に入れて育てた複数の動物など.

**クロマチン**（chromatin） 真核生物の核内に存在する DNA とタンパク質の複合体.

**クロマチンリモデリング**（chromatin remodeling） ヌクレオソームを排除あるいは移動するなど，クロマチン構造を変化させて転写の調節を行うこと.

け

**形質**（trait） 生物がもつ様々な性質や特徴．遺伝的なものとそうでないものがある.

**形質転換**（transformation） DNA を細胞内に導入して，細胞の遺伝的な性質を変える操作または現象.

**形質導入**（transduction） ファージの増殖中に細菌の DNA 断片をファージ粒子が取り込み，次に感染した細菌に導入して細菌の遺伝的性質を変える現象.

**ゲノミクス**（genomics） ゲノムに関して，その構造や機能などを研究する科学.

**ゲノム**（genome） 生物がもつ一揃いの遺伝情報．2 倍体生物では，1 倍体に相当する遺

用 語 集　　　　　　　　　　　　　　　　　　　　　　　　　　　　　　　223

伝情報をゲノムという.

**ゲノムインプリンティング**（genome imprinting）　父親由来の染色体と母親由来の染色体
で，同じ遺伝子の発現に違いが見られる現象.

**ゲノム重複**（genome duplication）　生物のゲノムが2倍になる現象.　植物ではしばしば
起きるが，脊椎動物の進化の過程でも2回起きたと考えられている.

**ゲノム編集**（genome editing）　非常に特異性が高い DNA 切断酵素を使って，細胞内に
あるゲノム DNA の標的位置に欠失や挿入などの操作を行うこと.

**原核生物**（prokaryote）　核膜をもたない生物.　真正細菌と古細菌という，大きく異なる
2つのグループを含む.

**減数分裂**（meiosis）　配偶子形成のときに染色体数を半分にする特殊な細胞分裂.　2回の
分裂からなり，その間に DNA 複製が起きないために染色体数が半分になる.

**顕性（の）**（dominant）　ヘテロ接合体の表現型が片方のアレルのホモ接合体の表現型と
同じになる場合，そのアレルは他方のアレルに対し顕性であるという.　「優性」とい
う語は誤解を与えるので顕性に改めた.

こ

**高エネルギーリン酸結合**（high-energy phosphate bond）　リン酸を含む化合物で，リン
酸と他の部分との間が切れたときに大きな自由エネルギーを出すような結合.

**交叉**（crossover）　相同染色体どうしが途中でつなぎ替わり部分的交換が起きること.　乗
換えと同じ.

**交雑**（crossbreed）　遺伝的に異なる個体を交配すること.

**校正機能（DNA 複製の）**（proofreading function）　DNA 複製の際に間違った塩基をもつ
ヌクレオチドが取り込まれると，すぐに DNA ポリメラーゼがその $3' \to 5'$ エキソヌク
レアーゼ活性を使って除去すること.

**構成的変異**（constitutive mutation）　様々な要因で調節されている遺伝子発現が，調節を
受けず常に発現するようになる変異のこと.　構成的変異の表現型を構成的発現とい
う.

**合成最小栄養培地**（synthetic minimal medium）　精製された化学薬品だけで調製する培
地で，特定の微生物の培養に必要最小限の成分を含むもの.

**構造遺伝子**（structural gene）　遺伝子発現制御系において，タンパク質のアミノ酸配列
や機能性 RNA の塩基配列の情報をもち，遺伝子発現調節を受ける側の遺伝子.

**コザック配列**（Kozak sequence）　真核生物 mRNA の翻訳開始コドン周辺にあり翻訳開
始の効率をあげる共通配列.

**コドン**（codon）　遺伝情報の単位.　タンパク質の1つのアミノ酸に対応する mRNA の連
続する3塩基.

**コモンディジーズ**（common disease）　高血圧症，糖尿病，痛風，関節リウマチなど，発
生頻度の高い身近な病気.

**コロニー**（colony）　寒天培地上で1個の細菌が増殖してできた集団.　1個の培養細胞が
増殖してできた塊についても使うことがある.

**コンパニオン診断**（companion diagnostics）　患者への投与前に医薬品の効果や副作用を
予測し，投与の妥当性や投与量を決定するために行う臨床検査.

**コンピテント細胞**（competent cell）　DNA を細胞内に取り込める状態の細菌細胞.　大腸
菌では，カルシウムイオンなどを含む溶液中で冷却・加熱による処理を行って調製

する.

### さ

**サイクリン**（cyclin）　Cdk と複合体をつくり，細胞周期を進行させるタンパク質．タンパク質リン酸化酵素である Cdk を活性化する．

**細胞塊（フォーカス）**（focus）　シャーレに単層に育った培養細胞にがんウイルスを感染させたとき，1 個のウイルスが増殖し細胞をがん化して細胞が高密度に増殖してできる塊．がんウイルス感染以外に，がん遺伝子の導入によってもできる．

**細胞周期**（cell cycle）　真核生物の細胞が細胞分裂（M 期）の後に，DNA 複製の準備（G1期），DNA 複製（S 期），細胞分裂の準備（G2 期），次の細胞分裂という過程を繰り返すこと．

**細胞／組織特異的レスキュー**（cell/tissue-specific rescue）　変異体に野生型遺伝子を導入すると表現型が野生型になるが，その際に特定の細胞または組織で発現するプロモーターにつなぎ替えて導入することにより，どの細胞／組織での発現が野生型表現型に十分かを知る方法．

**細胞内共生説**（endosymbiotic theory）　真核細胞の葉緑体やミトコンドリアは，細胞内に共生した原核生物（それぞれ，シアノバクテリアの仲間や好気性細菌）に由来するという説．

**細胞分化**（cell differentiation）　どんな細胞にもなれる能力をもつ受精卵が分裂するうちに神経，筋肉など特定の形や働きをもつ細胞になること．

**サイレンサー配列**（silencer sequence）　真核生物の転写制御に働く DNA 配列で，エンハンサー配列に似るが活性化ではなく抑制に働くもの．

**サブユニット**（subunit）　複数のポリペプチド鎖からなるタンパク質の，個々のポリペプチド部分．

**サプレッサー変異**（suppressor mutation）　ある変異の表現型を弱くする，あるいは野生型に変える第 2 の変異．ナンセンス変異に対するサプレッサー tRNA の変異や，第 1 の変異の遺伝子がもともと抑制していた遺伝子の変異など，様々な種類がある．

**サンガー法**（Sanger method of DNA sequencing）　DNA 塩基配列決定の古典的な方法の 1 つ．

### し

**自家不和合性遺伝子**（self-incompatibility gene）　被子植物の一部でみられる，自家授粉をしても自家受精が起きないようにする遺伝子群．

**シグナル伝達経路**（signal transduction pathway）　環境または他の細胞から細胞が受け取った信号を物質（第 2 メッセンジャー）の移動や化学反応（タンパク質リン酸化など）の連鎖として，細胞核や細胞骨格などに伝える経路のこと．

**試験管内 DNA 組換え**（in vitro DNA recombination）　試験管の中で酵素を使って DNA を切ったりつないだりする技術．

**シーケンシング**（sequencing）　DNA の塩基配列を決定すること．DNA シーケンシングの短縮型．

**自己スプライシング**（self-splicing）　タンパク質成分を必要とせず，RNA がそれ自体のもつ酵素活性により，自分自身でスプライシングを起こす反応．

**指示菌**（indicator bacterium）　増殖活性のあるファージ粒子数を溶菌斑（プラーク）とし

用 語 集 225

て測定するときに使用する宿主菌.

**自殖**(selfing) 自家受精による生殖.

**シス作用配列(シス配列)**(cis-acting sequence) 転写開始の制御にかかわる DNA 配列で,転写制御を受ける遺伝子と同じ DNA 上(シスの位置)にある配列.ここにトランス作用因子が作用して転写制御が行われる.

**シストロン**(cistron) 相補性試験(シス/トランステスト)で互いに相補しない変異の集合により定義される染色体領域.古典的な遺伝子の定義であり,1つのポリペプチド鎖の情報をもつ領域と考えられる.

**次世代シーケンサー**(next generation sequencer) 2000 年以降に市販された DNA 塩基配列決定装置で,光学的な読み取り法を使って一度に極めて多数の DNA 断片の配列を決定するもの.様々な原理に基づく機種がある.

**自然淘汰**(natural selection) 突然変異で生じた多様な個体の中で,置かれた環境や生態系の中でより適応度の高いものが生き残ること.進化の原因の1つと考えられている.自然選択ともいう.

**ジャンク DNA**(junk DNA) タンパク質のアミノ酸配列情報をもたないために「がらくた」と考えられた DNA 領域.

**終止コドン**(stop codon) mRNA にあるコドンで,対応するアミノ酸がないため,タンパク質合成の終止の信号となるもの.UAG,UAA,UGA の3つ.ナンセンスコドンともいう.

**修飾因子**(modifier) 遺伝病で,同じ遺伝子異常をもつ人でも症状が大きく異なる場合に,その違いを説明する遺伝的あるいは環境的な要因のこと.

**主溝**(major groove) DNA 二重らせん(B 型 DNA)にある2種類の溝のうち,大きい方の溝.

**上位(の)**(epistatic) 相容れない表現型をもつ変異の二重変異体を作成したときに,二重変異体で表現型が残る方の変異は,表現型がなくなる方の変異に対して遺伝的に「上位」にあるという.

**条件致死変異**(conditional lethal mutation) ある条件下では致死になるが,別の条件下では致死にならない変異.

**常染色体**(autosome) 性染色体ではない(性により数の違いがない)染色体.

**症例対照研究**(case-control study) 病気の原因を探るために,病状を示す集団と示さない対照集団で,テストする原因の有無の割合を統計的に比較する方法.

**真核生物**(prokaryote) 細胞核の周囲に核膜をもつ生物.

**浸透度**(penetrance) 変異表現型が変異を有する個体の何%に現れるかの度合い.

す

**スクリーニング**(screening) 簡便な検査により特定の病気が疑われる人を選別すること.

**スプライソソーム**(spliceosome) RNA スプライシングで働く大きなタンパク質 RNA 複合体.スプライセオソームともいう.

せ

**制限酵素**(restriction enzyme) 細菌細胞内に侵入した外来性 DNA を切断する酵素.4〜8塩基の回文配列を識別して切るものが多い.自分の DNA の同じ配列はメチル化す

ることで，切断を防いでいる.

**性染色体**（sex chromosome）　性により数が異なる染色体.

**生命倫理学**（bioethics）　生物学や医学の発展により現れた新しい倫理問題を研究する学問.

**接合子効果**（zygotic effect）　個体の表現型がその個体の遺伝子型で決まる現象. 母性効果（または父性効果）と対比して用いる.

**染色体**（chromosome）　細胞内でDNAがタンパク質などと複合体をつくり凝縮してできた構造.

**染色体不分離**（chromosome nondisjunction）　細胞分裂で相同染色体が均等に分配されず，偏って娘細胞に入ること. 減数分裂で起きると，トリソミーやモノソミーの個体を生じる原因となる.

**センス鎖（＋鎖）**（sense strand）　転写される領域に着目したときに，転写の鋳型とならない方のDNA鎖. このDNA鎖のTをUに変えると転写されるRNAの塩基配列になる.

**潜性（の）**（recessive）　ヘテロ接合体の表現型が片方のアレルのホモ接合体の表現型と同じになる場合，もう一方のアレルはそのアレルに対し潜性であるという.「劣性」という語が誤解を与えるので潜性に改めた.

**選択的スプライシング**（alternative splicing）　細胞の分化状態などの条件の違いにより異なる位置で起きるRNAスプライシング. 遺伝子産物の多様性を増す原因となる.

**選択マーカー**（selection marker）　細胞に導入するDNAにあらかじめ挿入しておき，DNAを導入した細胞だけが特定の条件下で生き残るようにするための遺伝子. 薬剤耐性遺伝子がよく使われる.

**センチモルガン（cM）**（centimorgan）　組換えの頻度（％）で測った遺伝子間の距離の単位.

**セントラルドグマ**（central dogma）　「DNA→RNA→タンパク質」という遺伝情報変換の過程を提示した仮説.

**セントロメア**（centromere）　真核生物の染色体DNAで細胞分裂時に紡錘糸が結合する領域.

**全能性**（totipotency）　どんな細胞にも分化できる能力. 受精卵は全能性をもつ.

<br>

そ

**相同組換え**（homologous recombination）　DNAの塩基配列が相同な領域間で起きる組換え.

**相同染色体**（homologous chromosome）　2倍体生物でペアになる染色体.

**挿入配列（IS）**（insertion sequence）　細菌がもつ小さなトランスポゾンの一種. 両端に逆位反復配列，その間に転移酵素の遺伝子をもつ.

**相補群**（complementation group）　相補性試験で互いに相補しない変異の集合. 同じ遺伝子にあると考えられる.

**相補性試験**（complementation test）　細胞内で異なる変異をもつ2つの相同なDNAを共存させたときに表現型が野生型になるかを調べるテスト. 野生型になる場合は2つの変異は別の遺伝子に，ならない場合は同じ遺伝子にあると推定する.

**損傷乗り越えDNA合成**（translesion DNA synthesis）　DNAに損傷がある部分でも停止せずにDNA合成が行われる現象. 特殊なDNAポリメラーゼが合成を行う.

# 用 語 集　　227

た

**第1種過誤**（type I error）　統計的検定で，帰無仮説が正しいにもかかわらず間違って棄却すること．これに対し，帰無仮説が間違っているにもかかわらず棄却しないことを第2種過誤という．

**ダイサー**（dicer）　二重鎖RNAやヘアピン型RNAを切断してsiRNAやmiRNAをつくる酵素．

**胎生致死**（embryonic lethality）　（変異などに関して）哺乳類が誕生前に死ぬ原因となること．卵生の動物が孵化前に死ぬ原因となることは胚致死という．

**体節**（segment）　動物の体にある前後軸方向の繰返し構造．

**大絶滅**（mass extinction）　生物の歴史の中で生物種の大部分が死滅したこと．過去に5回起き，そのたびに新しい種が数多く出現したと考えられている．

**対立仮説**（alternative hypothesis）　データから得られた作業仮説．これを証明したいときは，対立仮説を否定する仮説（帰無仮説）を検定し，それが棄却されれば対立仮説が支持されたことになる．

**多因子疾患**（multifactorial disease）　遺伝子と環境を含めて複数の要因が原因となる病気．遺伝病で複数の遺伝子が関係するものは，多因子遺伝性疾患という．

**ダウン症候群**（Down syndrome）　ヒトで，21番染色体を3本もつために起きる様々な症状．

**多型**（polymorphism）　本書では「遺伝的多型」と同じ意味で用いている．

**田嶋の D**（Tajima's *D*）　同じ遺伝子座からサンプルされた配列が中立的に進化しているかを検定するための統計量．

**ターナー症候群**（Turner syndrome）　X染色体が1本でY染色体をもたないヒトの表現型．女性で，多くの場合，不妊．

**多能性**（pluripotency）　様々な細胞に分化できる能力．ES細胞やiPS細胞はほとんどの細胞に分化できるが，胎盤にはなれないので，全能性と区別して多能性という．

**ターミネーター**（terminator）　DNA上の転写終結配列のこと．

**多様化淘汰**（diversifying selection）　環境条件に空間的あるいは時間的な多様性があるため，進化の過程でそれぞれに適した異なる遺伝子型の生物が選択されること．

ち

**チェックポイント機構**（checkpoint mechanism）　細胞周期の重要な過程が遂行されないときに，それを検出して細胞周期の進行を止める機構．

**致死遺伝子**（lethal allele）　生物を死に至らしめる変異をもった遺伝子．

**超顕性淘汰**（overdominant selection）　ヘテロ接合体の方が2種類のホモ接合体のどちらよりも多くの子孫を残すような自然淘汰．

**調節遺伝子**（regulator gene）　他の遺伝子の発現を調節するタンパク質やRNA（例えば，転写因子やmiRNA）を生産する遺伝子．

**治療ターゲット**（therapeutic target）　特定の分子を標的にして，その働きを抑える，あるいは促進することで病気を治療するとき，その分子を治療ターゲットという．

**チロシンキナーゼ**（tyrosine kinase）　タンパク質のチロシン残基をリン酸化する酵素．細胞増殖に関係することが多い．

## て

**適応度**（fitness）　生物がその環境にどのくらい適応しているかを示す指標.「次世代に寄与する子供の数の期待値」で測られる.

**適応放散**（adaptive radiation）　生物が様々な環境に進出し，それぞれの環境に適応したために多様化すること.

**適合度検定**（goodness-of-fit test）　観測された度数分布が理論分布と同じかどうかを検定すること. $\chi^2$検定などが使われる.

**テロメア**（telomere）　真核生物の染色体DNAの末端にある特殊な塩基配列. テロメラーゼという酵素が合成する.

**転移因子**（transposable element）　トランスポゾンと同じ.

**転写**（transcription）　DNAの塩基配列に従ってRNAを合成すること.

**転写因子**（transcription factor）　転写の調節に働くタンパク質の総称.

**転写開始前複合体**（transcription preinitiation complex）　真核生物においてタンパク質をコードする遺伝子の転写開始に必要なタンパク質複合体.

**テンペレートファージ**（temperate phage）　宿主菌内で増殖してファージ粒子を生産する増殖サイクルと，宿主菌の中でファージ粒子を生産せずファージDNAだけが宿主DNAとともに増殖するプロファージの2つの状態をとるファージ.

## と

**同義置換**（synonymous substitution）　DNAのコード領域における1塩基の置換でアミノ酸配列を変えないもの.

**動原体（キネトコア）**（kinetochore）　細胞分裂時に分裂装置の微小管が結合する染色体部分. DNAのセントロメア配列に多種類のタンパク質が結合している.

**淘汰係数**（selection coefficient）　ある環境で競合する生物間での適応度（子孫を残す能力）の差を示す数値. 最も適応した個体の淘汰係数を1として，その値との差として表す.

**同類交配**（assortative mating）　互いに似た表現型または遺伝子型をもつ個体が交配する傾向が強いこと.

**独立の法則**（law of independent assortment）メンデルの第2法則. 異なる遺伝子座にある遺伝子は，配偶子への分配に関して互いに何の影響も及ぼさないこと.

**突然変異**（mutation）　DNA塩基配列の変化.

**トポイソメラーゼ**（topoisomerase）　DNA二重らせんの超らせん（ねじれ）を解消する酵素.

**ドメイン（タンパク質の）**（protein domain）　タンパク質の構造の中で，立体的にまとまっていて，折畳み，機能，進化の単位になると考えられている部分.

**ドライバー変異**（driver mutation）　がん細胞にある多数の体細胞変異のうち，発がんと密接に関係するもの.

**トランスクリプトーム**（transcriptome）　ある細胞または組織で特定の条件下で転写されるRNA全体（種類および相対量）のこと.

**トランス作用因子（トランス因子）**（trans-acting factor）　転写開始を調節するタンパク質. 転写制御される遺伝子とは別のDNAから生産されても働くのでトランスという.

**トランスフェクション**（transfection）　DNAまたはRNAを動物培養細胞に導入すること.

**トランスポザーゼ（転移酵素）**（transposase）　DNAトランスポゾン（レトロトランスポ

用 語 集                                                                          229

ゾンでないトランスポゾン）が宿主 DNA 上で転移するときに働く酵素.

**トランスポゾン**（transposon）　染色体 DNA に挿入されて一緒に複製されるが，切り出され，あるいは複製されて別の位置に転移する反応も起こす外来性 DNA.

**トリソミー（三染色体性）**（trisomy）　2 倍体生物で 1 種類の染色体が 3 本になったもの.

な

**投げ縄構造（ラリアート構造）**（lariat structure）　RNA スプライシングでイントロンが切り出されてできる投げ縄型の RNA.

**ナンセンスコドン**（nonsense codon）　mRNA でタンパク質の合成終止の信号となるコドン（UAG，UAA，UGA）.　終止コドンともいう.

**ナンセンス変異**（nonsense mutation）　タンパク質のアミノ酸を指定するコドンが終止コドンに変化した変異.

に

**二項係数**（binomial coefficient）　二項分布で係数として現れる正の整数.　$n$ 個の中から $k$ 個を取り出す際の組合せの数（${}_nC_k$）.

**二項分布**（binomial distribution）　結果が 2 つしかない（$a$ か $b$ か）事象が独立に $n$ 回起きるときに，片方の事象（$a$）が $k$ 回だけ起きる場合の確率分布（$P(k)$）.

**二重らせんモデル**（double helix model）　ワトソンとクリックが 1953 年に発表した 2 本鎖 DNA の立体構造モデル.　これをもとに分子遺伝学が大きく発展した.

**2 倍体**（diploid）　相同な染色体を 2 つずつもつ細胞／生物.

ぬ

**ヌクレオシド**（nucleoside）　塩基と糖が結合したもの.　例えば，A（アデニン）とリボースが結合したヌクレオシドはアデノシンという.

**ヌクレオソーム**（nucleosome）　ヒストン 8 量体のまわりに DNA 二重らせんが 1.75 回巻き付いたもの.　クロマチン構造を構成する単位.

**ヌクレオチド**（nucleotide）　塩基，糖，リン酸が結合したもの.　例えば，A（アデニン），リボース，リン酸が結合したヌクレオチドは，リン酸の数（1，2，3 個）により，それぞれアデノシン一リン酸（AMP），アデノシン二リン酸（ADP），アデノシン三リン酸（ATP）という.

**ヌルアレル**（null allele）　その遺伝子の機能がすべて喪失したアレル.

の

**嚢胞性線維症**（cystic fibrosis）　常染色体潜性遺伝による遺伝病で，欧米白人に多く，肺や気管支に症状が出る難病.

**ノックアウト**（gene knockout）　標的とした遺伝子の機能を完全に失わせること.　多くは，欠失変異の導入による.

**ノックイン**（gene knockin）　標的とした遺伝子を様々な配列を導入した遺伝子と置き換えること.　発現マーカー（GFP など）や組換え部位（loxP）の導入などを含む.

**ノックダウン**（gene knockdown）　標的とした遺伝子の機能を部分的に低下させること.

**乗換え**（crossover）　相同染色体が途中でつなぎ替わり部分的交換が起きること.　交叉と同じ.

230                                                                                          用 語 集

は

バイオインフォマティクス（bioinformatics）　生命情報学．生命科学と情報学の境界領域
　　の学問．
配偶子（gamete）　生殖細胞のうち，接合して新しい個体をつくるもの．動物では精子や
　　卵子．
ハイポモルフ（hypomorph）　遺伝子機能が低下しているが少しは残っているアレル．
パーソナルゲノム（personal genome）　個人それぞれのゲノムのこと．
パッセンジャー変異（passenger mutation）　がん細胞にある多数の体細胞変異のうち，
　　発がんに影響がないもの．
ハーディ-ワインベルク平衡（——の法則）（Hardy-Weinberg equilibrium）　生物集団中
　　のアレル頻度と遺伝子型頻度は，最も単純な条件下では世代を越えて変化せず，遺
　　伝子型頻度がアレル頻度の積となる状態．これが変化する場合は，自然淘汰，突然
　　変異，交配における選択，他集団からの移住，遺伝的浮動などの原因を考える．
ハプロタイプ（haplotype）　2倍体で1本の染色体にあるアレルまたは多型の組のこと．
パラログ（paralog）　遺伝子重複によってできた2つの遺伝子．異種の個体がもつ遺伝子
　　間でも，種が別れる前に遺伝子重複が起きていて，重複したそれぞれに対応すれば
　　パラログという．
半顕性（semidominance）　ヘテロ接合体の表現型が，2つのアレルそれぞれのホモ接合
　　体の中間になること．不完全顕性（incomplete dominance），部分顕性（partial
　　dominance）ともいう．
伴性遺伝（sex-linked inheritance）　性染色体にある遺伝子の遺伝様式．
反復配列（repetitive sequence）　ゲノムDNAの塩基配列で反復して存在するもの．テロ
　　メアやセントロメアにある縦列反復配列やトランスポゾンのような散在する反復配
　　列がある．
半保存的複製（semiconservative replication）　複製でできた2つの2本鎖DNAがそれぞ
　　れ1本の新しい鎖と1本の古い鎖からなるような複製様式．

ひ

非コードRNA（ncRNA）（non-coding RNA）　タンパク質のアミノ酸配列情報をもたない
　　RNA．
非コード領域（non-coding region）　ゲノムでタンパク質のアミノ酸配列情報をもたない
　　領域．
ヒストン（histone）　真核生物でDNAと結合して染色体を構成するタンパク質．
ヒストンコード（histone code）　染色体を形成するヒストンのN末端付近の化学修飾（ア
　　セチル化，メチル化など）の組合せ．その染色体領域の転写活性を制御する．
非相同末端結合（non-homologous end joining）　塩基配列で相同性をもたないDNA末端
　　どうしをつなげること．
非同義置換（non-synonymous substitution）　DNAの1塩基の置換でタンパク質のアミ
　　ノ酸配列を変えるもの．
ヒトゲノム計画（human genome project）　ヒトゲノムの全塩基配列を決めた国際プロ
　　ジェクト．ヒトゲノムプロジェクトともいう．
表現型（phenotype）　遺伝子型（遺伝子の具体的なアレルの組合せ）に対応する生物の特
　　徴や性質．

用 語 集 231

ビルレントファージ（virulent phage） プロファージ状態（ファージ粒子を生産せずに
ファージ DNA が宿主菌細胞とともに増える状態）をとらないファージ.

ふ

ファージ（バクテリオファージ）（phage, bacteriophage） 細菌に感染するウイルス.

部位特異的組換え（site-specific recombination） DNA の特定の塩基配列を識別してその
間で組換えを起こす反応.

フィラデルフィア染色体（Philadelphia chromosome） ヒト 22 番染色体と 9 番染色体の
相互転座. ABL チロシンキナーゼ遺伝子が BCR 遺伝子と融合して活性化され, 慢性
骨髄性白血病を引き起す.

副溝（minor groove） DNA 二重らせん（B 型 DNA）にある 2 種類の溝のうち, 小さい方
の溝.

複製開始点（replication origin） DNA 複製が開始する部位. 細菌 DNA には 1 つしかな
いが, 真核生物 DNA には数多く存在する.

複製フォーク（replication fork） DNA 複製の際に, 複製が進行している Y 字状の部分.

プライマー（primer） DNA 合成酵素は新しい鎖の合成開始ができず, 鋳型となる 1 本
鎖 DNA に相補的結合をした短い DNA または RNA があると, そこから伸長して
DNA 合成を始める. この短い核酸をプライマーという.

プライマーゼ（primase） DNA 複製で鋳型鎖に相補的な短い RNA（プライマー）を合成
する酵素. これに続けて DNA 合成酵素が DNA 鎖を合成する.

プラスミド（plasmid） 細菌細胞内にあって染色体とは別に増殖する小さい環状 DNA.

プリブノーボックス（Pribnow box） 大腸菌の転写プロモーターの中で, 転写開始点の
約 10 塩基上流にある TATAAT に類似の配列.

フレームシフト変異（frameshift mutation） タンパク質の情報をもつ DNA 塩基配列に 3
の倍数でない小さな欠失や挿入が起きたため, そこから下流はタンパク質の読み枠
が変わりアミノ酸配列が全く変わってしまう変異.

プロテアソーム系（proteasome system） 細胞内のタンパク質にまずユビキチンという
タンパク質を分解の目印として結合した後に, プロテアソームという大きなタンパ
ク質分解酵素複合体で分解するシステム.

プロテインキナーゼ（protein kinase） タンパク質リン酸化酵素. 基質となるタンパク質
の活性をリン酸化により変えることが多い.

プロテオーム（proteome） 特定の組織・細胞のもつ全タンパク質（種類と相対量）のこ
と.

プロトがん遺伝子（proto-oncogene） 正常細胞がもつ遺伝子で, 変異によりがんを引き
起こす可能性があるもの.

プロファージ（prophage） 細菌細胞内でファージ DNA がファージ粒子を生産せず, 多
くは細菌 DNA に組み込まれて細菌 DNA とともに増殖している, 潜在型の状態の
ファージ.

プロモーター（promoter） RNA ポリメラーゼが結合する DNA 部位.

分子系統学（molecular phylogenetics） 分子, 特に DNA 塩基配列をもとに生物の進化に
おける系統関係を明らかにする学問分野.

分子進化学（study of molecular evolution） DNA の塩基配列やタンパク質のアミノ酸配
列をもとに, 生物がどのように進化したかを調べる学問分野.

232　　　用 語 集

**分子進化の中立説**（neutral theory of molecular evolution）　分子レベルでの進化では，生物の適応度を変えない中立的な変異が生物集団の中で偶然に広がって多数になる場合が大部分という説.

**分子進化のほぼ中立説**（nearly neutral theory of molecular evolution）　分子進化の中立説を，中立的変異から弱有害変異にまで拡張した説.

**分子時計**（molecular clock）　進化の過程で，DNA の塩基置換やタンパク質のアミノ酸置換が個々の遺伝子やタンパク質に固有の，ほぼ一定の速度で起きているという仮説に基づく時間推定法.

**分節遺伝子**（segmentation gene）　動物の体節の形成に関与する遺伝子. ギャップ遺伝子，ペアルール遺伝子，セグメントポラリティー遺伝子に分類される.

**分離の法則**（law of segregation）　生物は 1 対の遺伝の単位（遺伝子）をもち，それが 1 つずつ分かれて配偶子に入るという法則. メンデルの第 1 法則.

へ

**ヘアピン構造**（hairpin structure）　RNA 鎖が分子内で塩基対を形成してできるヘアピン状の構造.

**ベクター**（vector）　DNA 断片を細胞内に導入して増殖させるためにつなぐ DNA. プラスミドやファージ DNA を改変して作製したものが多い.

**ヘテロクロマチン**（heterochromatin）　凝縮した構造をもち，遺伝子発現が抑制された状態のクロマチン.

**ヘテロ接合体**（heterozygote）　2 倍体において対応する遺伝子座に異なるアレルが存在する状態.

**ペプチド結合**（peptide bond）　アミノ酸分子のアミノ基と他のアミノ配分子のカルボキシル基が脱水縮合してできる化学結合.

**ヘミ接合**（hemizygote）　2 倍体で 1 本しかない染色体（例えば雄の X 染色体）の上にある遺伝子の状態.

**変異原**（mutagen）　突然変異を引き起こす化学物質や物理作用（放射線，紫外線など）のこと.

ほ

**保因者**（carrier）　潜性の遺伝病遺伝子をもつが，ヘテロ接合でもつため発症していない個人.

**ポジショナルクローニング**（positional cloning）　遺伝子地図上の位置を手掛かりにして目的遺伝子のクローニングを行うこと.

**ホスホジエステル結合**（phosphodiester bond）　リン酸が，そのヒドロキシル基のうち 2 つで他の化合物とエステル結合をつくっていること.

**母性効果**（maternal effect）　個体の表現型がその個体の遺伝子型でなく母親の遺伝子型で決まる現象.

**ホメオシス**（homeosis）　発生時の誤りで，ある体節が別の体節の形になること.

**ホメオティック変異**（homeotic mutation）　ある体節が別の体節の形になる変異.

**ホメオボックス**（homeobox）　ホメオティック変異をもつ遺伝子から見つかった DNA の共通配列（後にホメオティック遺伝子以外にも見つかった）. ある種の転写因子の DNA 結合部位のアミノ酸配列に対応する.

用 語 集                                                                233

**ホモ接合体**（homozygote）　2倍体において対応する遺伝子座に同じアレルがある状態.

**ポリ A 付加**（polyadenylation）　真核生物で転写後に mRNA の 3′ 末端に数百個の A からなる配列が付加されること.

**ポリシストロニック mRNA**（polycistronic messenger RNA）　複数の遺伝子の情報をもつ mRNA. 原核生物に多い.

**ホリデイ構造**（Holliday structure）　2本の DNA 二重らせんが相同の配列をもつ部分で結合した十字型の構造. 分岐点が自由に移動でき，相同組換えの中間体となる.

**ポリペプチド**（polypeptide）　多数のアミノ酸がペプチド結合で一列につながった構造. タンパク質はこれが折り畳まれてできる.

**ポリリボソーム**（polyribosome）　1本の mRNA 上で次々と翻訳の反応が始まり，多数のリボソームが結合してできる構造.

**ポリリンカー**（polylinker）　多くの制限酵素の切断配列を並べた合成 DNA. 遺伝子クローニング用のベクターに入れると様々な制限酵素で切った DNA 断片の挿入に便利.

**翻訳**（translation）　mRNA の塩基配列に従ったアミノ酸配列のタンパク質が合成される反応.

**翻訳後修飾**（post-translational modification）　タンパク質が翻訳後に化学修飾や切断を受け，その化学構造を変えること.

ま

**マイクロサテライト**（microsatellite）　2〜4 塩基程度の短い配列を反復する DNA 配列. 反復数の個体差があるので，遺伝マーカーとして用いられる.

**マスター遺伝子（細胞分化の）**（master gene）　細胞の分化を決定する主役となる転写因子の遺伝子.

**末端複製問題**（end replication problem）　真核生物染色体の線状 DNA ではラギング鎖合成で最後の末端部分が複製できないという問題. 実際は，末端にあるテロメアが別の方式で複製されるので，短くはならない.

**マッピング**（mapping）　遺伝子地図上での遺伝子の位置を決めること. 交雑実験で他の遺伝子との組換え頻度などから決める方法や，DNA 上での物理的な距離（塩基数）から決める方法などがある.

み

**ミスセンス変異**（missense mutation）　タンパク質のアミノ酸を別のアミノ酸に変える変異.

**ミスマッチ修復**（mismatch repair）　DNA 複製で間違ったヌクレオチドが入り，正しい塩基対ができていない部分を見つけて切り出し，正しい塩基対に直す修復.

め

**メタゲノム解析**（metagenome analysis）　多数種の微生物を含む集団からまとめて DNA を抽出し塩基配列を決定して，生物種とその相対数や各生物のゲノムを解析すること.

**メタボローム**（metabolome）　特定の細胞や組織が含む全代謝産物の量の分布.

**メディエーター（転写の）**（mediator）　コアクチベーターともいう. 真核生物でエンハン

234 　　　　　　　　　　　　　　　　　　　　　　　　　　　　　用 語 集

サーに結合したアクチベーターとプロモーターに結合したタンパク質の間を結合す
るタンパク質.

### も

**モザイク解析**（mosaic analysis）　体の部位により遺伝子型が異なる多細胞生物を作成し,
注目する表現型がどの部位の遺伝子型によって決まるかを調べる方法.

**モデル生物**（model organism）　実験に適しているという理由で選択し,多くの研究者が
協力して実験方法を開発し,データを蓄積することで研究を効率よく発展させるた
めの研究用生物.

**モノソミー（一染色体性）**（monosomy）　2倍体で1種類の染色体が1本しかないこと.

### や

**野生型**（wild type）　表現型やアレルに関して,その生物種の野生集団で最も多いもの.

### ゆ

**有意水準**（significance level）　統計的な検定を行うときに,どの程度の厳密さで帰無仮
説を棄却するかを決める基準.帰無仮説が正しいにもかかわらず間違って棄却する
確率に等しい.

**優生学**（eugenics）　人類集団の中から有害な遺伝子（アレル）を除き,優秀な性質を生
む遺伝子（アレル）の割合を増やして,人類の遺伝的性質を改良することを目指す学
問.過去に基本的人権の侵害で問題になったことがある.

**ユークロマチン**（euchromatin）　広がった構造をもち,遺伝子発現が特に抑制されてい
ない状態のクロマチン.

**ユビキチン**（ubiquitin）　細胞内で分解するタンパク質に目印として結合する小さなタン
パク質.

**ゆらぎ仮説**（wobble hypothesis）　tRNA のアンチコドンの1字目は mRNA のコドンの3
字目の複数種の塩基と結合するという仮説.

### よ

**溶菌斑（プラーク）**（plaque）　寒天培地上で一面に生えた菌の層にある,1匹のファージ
が増殖してできた透明な斑点のこと.

**溶原性ファージ**（lysogenic phage）　プロファージ状態をとることができるファージ.テ
ンペレートファージと同じ.

### ら

**ラギング鎖**（lagging strand）　DNA 複製で全体として $3' \rightarrow 5'$ の向きに合成される鎖のこ
と.短い DNA 鎖（岡崎フラグメント）が $5' \rightarrow 3'$ の向きに不連続的に合成され,その
後でつながれてできる.

**卵極性遺伝子**（egg polarity gene）　ショウジョウバエなど,体の前後が未受精卵ですで
に決まっている生物で,その前後を決める遺伝子.

### り

**リガーゼ**（ligase）　核酸をつなぐ酵素.DNA リガーゼと RNA リガーゼがある.

用 語 集                                                                                    235

**罹患同胞対連鎖解析**（affected sib-pair linkage analysis） 同じ疾患をもつ兄弟姉妹のペア
を多く集め，遺伝様式を仮定せずに原因遺伝子探索を行う連鎖解析の方法.

**リーディング鎖**（leading strand） DNA 複製で複製フォークの移動と同じ方向に 5′→3′
の向きに合成される鎖のこと．ひと続きの鎖として連続的に合成される.

**リプレッサー**（repressor） DNA に結合して転写を抑制するタンパク質.

**リプログラミング（細胞の）**（reprogramming） 分化した細胞において，DNA メチル化
やヒストンの化学修飾などのエピジェネティックな標識を変化させ，分化状態を変
えること．特に，胚性幹細胞へのリプログラミングは初期化ともいう.

**リボザイム**（ribozyme） 酵素活性をもつ RNA.

**リボソーム**（ribosome） mRNA を結合しタンパク質合成の場となる RNA・タンパク質
複合体.

## れ

**レギュロン**（regulon） 複数のオペロンが共通の転写因子により共通の転写制御を受け
る制御系.

**レトロウイルス**（retrovirus） ウイルス粒子中にゲノムとして RNA をもち，感染後に宿
主細胞内で逆転写酵素により RNA から DNA を合成して増殖するウイルス.

**レトロトランスポゾン**（retrotransposon） mRNA から逆転写酵素で DNA を合成するこ
とにより増えるトランスポゾンの仲間.

**レプリコン**（replicon） 独立した制御を受ける複製単位のこと．複製開始点およびそれ
に隣接する「1 本鎖になりやすい配列」を含むレプリケーター配列と，そこに作用す
るタンパク質であるイニシエーターが複製単位を構成すると考える.

**レプリソーム**（replisome） 大腸菌の DNA 複製を行うタンパク質複合体．リーディング
鎖とラギング鎖の両方を協調的に合成する.

**連鎖**（linkage） メンデルの独立の法則に合わない 2 つの遺伝子間の関係．2 つの遺伝子
が同じ染色体上の比較的近接した場所に存在するために，そのアレルの組合せがそ
のまま子孫に受け継がれる傾向があること.

**連鎖解析**（linkage analysis） 疾患関連遺伝子座と様々な遺伝マーカーがどの程度連鎖し
ているかを調べることにより，疾患関連遺伝子を同定する解析法.

**連鎖群**（linkage group） 互いに連鎖した遺伝子の集団．1 つの染色体上にある遺伝子の
集団と考えられる.

**連鎖不平衡**（linkage disequilibrium） ある生物集団で，2 つの遺伝子座に関して，特定
のアレルの組がランダムな場合と比べて高頻度（または低頻度）で存在する現象.

## わ

**ワターソンの θ 推定量**（Watterson theta estimate） 生物集団中の遺伝的多様性を記述す
る量.

# 索　引

## ■ 人　名

アベリー（Avery, O. T.）　50
ヴァーマス（Varmus, H. E.）　122
ウォルマン（Wollman, E. L.）　47
エヴァンス（Evans, M. J.）　127
太田朋子（おおた ともこ）　185
大野乾（おおの すすむ）　112
岡崎令治（おかざき れいじ）　63
ガードン（Gurdon, B.）　130
カペッキ（Capecchi, M. R.）　128
木村資生（きむら もとお）　183
ギャロッド（Garrod, A. E.）　60, 186
キャンベル（Campbell, A. M.）　42
クヌードソン（Knudson, A. G.）　125
クリック（Crick, F.）　7, 51
コーエン（Cohen, S.）　123
五條堀孝（ごじょうぼり たかし）　183
ゴールトン（Galton, F.）　203
サンガー（Sanger, F.）　100
ジャコブ（Jacob, F.）　10, 47
スミティーズ（Smithies, O.）　128
ダーウィン（Darwin, C. R.）　5, 161
チェイス（Chase, M.）　51
テータム（Tatum, E. L.）　44, 60
テミン（Temin, H. M.）　121
デルブリュック（Delbrück, M. L. H.）　35
トムソン（Thomson, J. A.）　131
ナース（Nurse, P. M.）　116
ハーシェイ（Hershey, A. D.）　51
ハートウェル（Hartwell, L. H.）　116
ハント（Hunt, R. T.）　117
ビショップ（Bishop, J. M.）　122
ビードル（Beadle, G. W.）　44, 60
ベンザー（Benzer, S.）　51
ボヴェリ（Boveri, T. H.）　125
ボルチモア（Baltimore, D.）　122
マーギュリス（Margulis, L.）　163
マクレオド（MacLeod, C. M.）　50

マッカーティ（McCarty, M.）　50
メンデル（Mendel, G. J.）　1, 14
モーガン（Morgan, T. H.）　19, 142
モノー（Monod, J. L.）　10, 53
山中伸弥（やまなか しんや）　131
ラウス（Rous, F. P.）　121
レーダーバーグ（Lederberg, J.）　44
ワイントラウプ（Weintraub, H. M.）　131
ワインバーグ（Weinberg, R. A.）　123
ワトソン（Watson, J. D.）　7, 51

## ■ 数字・欧文

1 遺伝子 1 酵素仮説　44, 60, 186
1 遺伝子 1 ペプチド鎖　60
1 本鎖 DNA 結合タンパク質　79
1 本鎖 DNA ファージ　44
2 倍体　12
3C 法　199

A サイト　76
ABC モデル　148
*ABL*　199
ADP　58
Alu 配列　109
AMP　58
ATP　58
*att* 部位　40
BLAST　101
*c*I リプレッサー　41
C 末端　61
cAMP　155
CDC 変異体　116
Cdk　116
Cdk 阻害因子　116, 118
cDNA　66, 95
cDNA ライブラリー　98
*C. elegans*（*Caenorhabditis elegans*）　30,

100, 139, 148
CKI　118
colE1　55
common disease　193
CpG アイランド　134
CREB　156
CRISPR/Cas9　107
*cro* リプレッサー　41
DNA　1, 57
――のトポロジー　59
DNA 塩基配列決定法　102, 104
DNA グリコシラーゼ　85
DNA 合成酵素　62
DNA チップ　188
DNA データバンク　101
DNA データベース　2, 100
DNA トランスポゾン　88
DNA 複製　61, 79
DNA ヘリカーゼ　79
DNA ポリメラーゼ　62, 92
DNA マイクロアレイ　188, 197
DNA メチル化　134
DNA リガーゼ　62, 92
DNase I 高感受性部位　195
E2F　127
E サイト　76
EC 細胞　127
EGFR　123, 149
ENCODE プロジェクト　195
ES 細胞　127, 128
F 因子　45
F ピリ　45
F′ 因子　48
fd　43
G1 期　115
G2 期　115
*G* 検定　25
*GAL4*　140
GAL4-UAS　140
*GAL80*　140
*gal* 変異体　140
GU-AG ルール　71
GWAS　183, 194
HAT　78, 135
HDAC　135
*HFE*　201

Hfr 株　46
HIFs　202
*HLA-F*　201
*Hprt* 遺伝子　128
iPS 細胞　132
IRES 配列　76
IS (insertion sequence)　46
LINE　109
lncRNA　136, 195
LOD 値　189
M13　43
M 期　115
MADS ファミリー　146
MAP キナーゼ　151
MAP キナーゼキナーゼ　151
MAP キナーゼキナーゼキナーゼ　151
miRNA　70, 105
MRCA　178
MRF ファミリー　131
mRNA　61
mRNA 前駆体　66
*MYC*　125, 199
MyoD　131
N 末端　61
ncRNA　65, 109
NIPT　205
O157　49
ORF　65
p53　121, 127
P 因子　156
P サイト　76
PCR　98
pre-RC　82, 118
*r*II 変異株　51
R 因子　55
R ポイント　116
Ras　149
RAS ファミリー遺伝子　123
RB　125, 127
RBS　75
RNA　57
RNA 干渉　102, 105
RNA 合成酵素　63
RNA スプライシング　71
RNA ファージ　44
RNA ポリメラーゼ　63, 69, 94

# 索　引　　239

RNA リガーゼ　92
RNA ワールド仮説　73, 163
RNAi　105
rRNA　60
RSV　121
RTK　123
S 期　115
SD 配列　75
SFK　123
SH2 ドメイン　123
SINE　109
siRNA　105
SNP　188
SNP チップ　194
snRNA　70
snRNP　72
Src ファミリーキナーゼ　123
*sus* 変異　37
T4 ファージ　36, 37, 92
T 系ファージ　36
T 抗原　126
TATA-結合タンパク質　69
TATA ボックス　70
TBP　69
tet-ON/OFF システム　158
tRNA　37, 63, 74
*ts* 変異　37
UAS　140
*unc*　153
*wee* 変異株　116
λ ファージ　38, 96
φX174　43
$\chi^2$ 検定　167
$\chi^2$ 分布　25, 167


■ あ

アイソシゾマー　91
アカパンカビ　44
アクチベーター　78
アニーリング　59
アノテーション　101
アポトーシス　192
アミノアシル tRNA 合成酵素　74
アミノ末端　61
アレル　13

アンチコドン　64, 74
アンチコドンアーム　74
アンチセンス鎖　63
安定平衡点　171
アンバー変異　37

■ い

移住率　174
異数性　21
位置効果　29
一染色体性　21
遺伝暗号　64
遺伝カウンセラー　205
遺伝学　1
遺伝コード　64
遺伝子　1, 12
遺伝子型　13
遺伝子型頻度　165
遺伝子間領域　66, 195
遺伝子組換え技術　203
遺伝子系図学　177
遺伝子座　12, 165
遺伝子砂漠　199
遺伝子操作法　90
遺伝子ターゲティング　128
遺伝子地図　37, 38
遺伝子重複　111
遺伝子治療　128
遺伝子破壊実験　128
遺伝子発現　77, 105, 139
遺伝子頻度　166
遺伝情報系　7
遺伝子ライブラリー　98
遺伝子領域　65, 66
遺伝子量補償（補正）　30
遺伝性ヘモクロマトーシス　201
遺伝的組換え　18
遺伝的形質　12
遺伝的多型　194
遺伝的浮動　174
遺伝病　186
遺伝マーカー　188
遺伝要因　193
遺伝様式　19, 28, 187
イニシエーター　81
イマチニブ　199

インシュレーター　78
インシリコバイオロジー　102
インテグラーゼ　89
イントロン　66, 71, 195
インフォームドコンセント　203
陰門　148

## ■ え

栄養要求性変異株　44
エキソヌクレアーゼ　92
エキソン　66, 71
エキソンシャッフリング　71
エクソーム解析　190
エディアカラ生物群　163
エピジェネティクス　28, 32
エピジェネティック制御　132
塩基　2, 57
塩基除去修復　85
塩基対　58
エンドヌクレアーゼ　92
エンハンサー　78, 140, 195
エンハンサートラップ　156
エンハンサー変異　150, 151
エンハンソソーム　78

## ■ お

オオノログ　112
岡崎フラグメント　62, 63
オーソログ　111
オープンリーディングフレーム　65
オペレーター　54
オペロン　53, 65
オペロン説　10
オミックス　102
温度感受性変異　37

## ■ か

開始コドン　65
可逆的ターミネーター法　104
核酸　57
学習　155
獲得免疫　108
核内低分子 RNA　70
核分化　130
核様体　66
確率変数　175

カスケード　123, 152
がらくた DNA　109
ガラクトース変異体　140
カルボキシル末端　61
加齢黄斑変性症　194
がん　114, 197
がん遺伝子　123, 197
間期　67, 115
環境要因　193
間隙　115
観察値　24
感受性遺伝子　194
カンブリア大爆発　163
がん抑制遺伝子　125, 197
がん抑制タンパク質　127
関連解析　194

## ■ き

偽遺伝子　184
期待値　22, 24
機能獲得型変異　150
機能クローニング　186, 187
機能欠損変異　150
キノコ体　157
基本転写因子　70
帰無仮説　25
キメラマウス　127
逆遺伝学　49
逆転写　62
逆転写酵素　95, 122
キャッピング　70
ギャップ遺伝子　145
キャップ構造　70
キャンベルのモデル　42
嗅覚嫌悪学習　155
共顕性　15
凝縮　66
供与部位　71
近交係数　173
近交弱勢　174
近親交配　172

## ■ く

組換え　18, 83
組換え率　18
クランプ　79

索　引　　　　　　　　　　　　　　　　　　　　241

クランプローダー　79
クリプトビオシス　112
クレノウ断片　94
クローバーリーフモデル　74
クロマチン　28, 67, 132
クロマチンリモデリング　78, 135
クローニング　90, 100
クローン（動物）　131
クローン人間　204

■け
形質　12
形質転換　42, 97
形質導入　42
形質導入ファージ　42
血友病　20
ゲノミクス　101
ゲノム　2, 31, 39, 66, 101, 121, 138, 165, 188
ゲノムインプリンティング　31
ゲノム科学　101
ゲノム計画　49, 100
ゲノム重複　112
ゲノムプロジェクト　49, 100
ゲノム編集　102, 106, 205
ゲノムライブラリー　98
ゲノムワイド関連解析　183, 194
原因遺伝子同定法　186
原核生物　139, 163
減数分裂　13, 21, 86, 188
顕性　15
　──の度合い　169

■こ
コアクチベーター　78
コア酵素　67
高エネルギーリン酸結合　58
交叉　22
交雑　1
合成　115
校正機能（DNA複製の）　63
合成最小栄養培地　44
構成的変異　54
構造遺伝子　140
高地適応　202
勾配　145

高頻度形質導入　43
国際がんゲノムコンソーシアム　198
コケイン症候群　85
コザック配列　75
コドン　37, 63
小原クローン　49
コヒーシン　120
コモンディジーズ　193
コリシン　55
コリプレッサー　78
コロニー　35, 45
コンパニオン診断　200
コンピテント細胞　97

■さ
最近の共通祖先遺伝子　177
サイクリン　116, 117
サイクリン-Cdk複合体　117
再生医療　131
細胞　12
細胞塊　121
細胞周期　67, 115
細胞／組織特異的レスキュー　156
細胞内共生説　163
細胞分化　127
細胞分裂　114
サイレンサー配列　78
サブユニット　61
サプレッサー変異　37, 150
サンガー法　100
三染色体性　21
産卵口　148

■し
シーエレガンス　30, 148
自家不和合性遺伝子　171
色素性乾皮症　85
シグナル伝達経路　151
試験管内DNA組換え　90
シーケンシング　190
自己スプライシング　72
指示菌　36
事象　23
自殖　172
シス作用配列　77
システム生物学　102

シストロン　52
シス配列　77
次世代シーケンサー　102, 190
自然選択　161, 168
自然淘汰　161, 168
疾患遺伝子解析　190
ジデオキシ法　100
シナプス伝達　153
ジャンク DNA　109
終止コドン　65
修飾因子　193
集団遺伝学　5, 165
自由度　25
主溝　59
出芽酵母　71, 82, 100, 115, 116, 139
受容アーム　74
受容体型チロシンキナーゼ　123
受容部位　71
上位　141
消極的優生学　204
条件致死変異　37
ショウジョウバエ　16, 30, 105, 139, 142
常染色体　19
上皮増殖因子受容体　123, 149
乗法法則　23
症例対照研究　202
シロイヌナズナ　139, 147
進化　161
進化医学　200
進化機構学　183
真核生物　139, 163
進化速度　176
シンタキシン　153
浸透度　193
人類遺伝学　186

■ す
推定量　179
スクリーニング　189
スプライス部位　71
スプライソソーム　72

■ せ
制限酵素　91
精子　13
性染色体　19

正の超らせん　59
生物学　4
生物多様性　161
生命倫理学　203
整列クローン　49
セキュリン　120
セグメントポラリティー遺伝子　145
積極的優生学　204
接合子効果　145
セパリン　120
ゼブラフィッシュ　139
染色体　7, 12
染色体不分離　22
センス鎖　63
潜性　15
選択的スプライシング　73, 108
選択マーカー　95
センチモルガン（cM）　189
線虫　30, 100, 139, 148
先天代謝異常　186
セントラルドグマ　7, 61
セントロメア　66
全能性　130

■ そ
相同組換え　46, 86
相同染色体　12
挿入配列　46
相補群　140
相補性試験　52, 140
損傷乗り越え DNA 合成　85

■ た
第 1 種過誤　28
ダイサー　106
対数尤度比検定　25
胎生致死　193
体節　142
大絶滅　164
大腸菌　36, 37, 44, 45, 50, 67, 82, 97, 139
対立仮説　28
多因子疾患　194
ダウン症　205
互いに排反　23
多型　188, 192
ターゲティングベクター　129

# 索　引　　243

田嶋の $D$　180
ターナー症候群　21
多能性　127
ターミネーター　68
多様化淘汰　171
タンパク質のアミノ酸配列　61
タンパク質リン酸化酵素　116

■ ち
チェックポイント機構　118
致死遺伝子　168
着床前遺伝子診断　205
中立遺伝子　176
中立説　183
超顕性淘汰　170
長鎖非コード RNA　136, 195
調節遺伝子　140
治療ターゲット　198
チロシンキナーゼ　117, 123, 199

■ て
低酸素誘導因子　202
低頻度形質導入　43
デオキシリボ核酸　1, 57
適応度　8, 168
適応放散　164
適合度検定　27
テトラサイクリン　158
デニソワ人　200
テロメア　66
転移 RNA　64
転移因子　9, 88
転移酵素　88
電気ショック　155
転写　61
転写因子　69
転写開始前複合体　70
テンペレートファージ　38
伝令 RNA　61

■ と
糖　57
同義置換　184
統計検定　24
動原体　120
淘汰係数　169

同類交配　172
ドキシサイクリン　158
特殊形質導入　43
独立の法則　16
突然変異　5, 171
突然変異体　37, 138
突然変異率　171
トポイソメラーゼ　60
ドメイン（タンパク質の）　71, 140, 153
ドライバー変異　197
トランス因子　77
トランスクリプトーム　101
トランス作用因子　77
トランスファー RNA　63, 64
トランスフェクション　123
トランスポザーゼ　88
トランスポゾン　9, 88
トリソミー　21
トリプレット　63

■ な
投げ縄構造　72
ナンセンスコドン　65
ナンセンス変異　83

■ に
二項係数　23
二項展開　14
二項分布　24
二重鎖切断　86
二重らせんモデル　7, 57
任意交配　166

■ ぬ
ヌクレオシド　57
ヌクレオソーム　67, 132
ヌクレオチド　58
ヌクレオチド除去修復　85
ヌルアレル　29

■ ね
ネアンデルタール人　200
ネオシゾマー　91

■ の
嚢胞性線維症　189

ノックアウト　106
ノックイン　106
ノックダウン　191
乗換え　18

## ■ は

バイオインフォマティクス　101
配偶子　13
胚性幹細胞　127
胚性がん腫　127
ハイポモルフ　29
バーキットリンパ腫　125
バージェス動物群　163
パーソナルゲノム　204
パッセンジャー変異　197
ハーディ-ワインベルクの法則　192
ハーディ-ワインベルク平衡　166
ハプロタイプ　182, 188
パラログ　111
バルバレス　149
半顕性　15
伴性遺伝　19
反復配列　109
半保存的複製　59, 62

## ■ ひ

非コード RNA　65, 109
非コード領域　195
ヒストン　28, 67, 132
ヒストンアセチル化　134
ヒストンアセチル基転移酵素　78
ヒストンコード　133
ヒストンテイル　67
ヒストンマーク　133
ヒストンメチル化　135
非相同末端結合　86
非同義置換　184, 195
ヒトゲノム計画　189, 197
ヒトゲノムプロジェクト　189
表現型　12
標準中立モデル　180
ビルレントファージ　38
頻度依存性淘汰　171

## ■ ふ

ファージ　35

不安定平衡点　171
部位特異的組換え　40
フィラデルフィア染色体　199
フォーカス　121
不完全顕性　15
副溝　59
複製開始点　95
複製フォーク　62, 79
父性効果　144
付着端　40
負の超らせん　59
部分顕性　15
普遍形質導入　43
普遍形質導入ファージ　43
プライマー　92
プライマーゼ　79
プラーク　36
＋鎖　63
プラスミド　55, 95
プリブノーボックス　67
フレームシフト変異　64, 83
プロテアソーム系　118
プロテインキナーゼ　116
プロテオーム　102
プロトがん遺伝子　123
プロファージ　38
プロモーター　54, 67, 95, 156
分子遺伝学　57
分子系統学　183
分子進化学　183
分子進化の中立説　183
分子進化のほぼ中立説　185
分子時計　183
分節遺伝子　144, 145
分離の法則　14
分裂期　66
分裂酵母　116, 139

## ■ へ

ヘアピン構造　68
ペアルール遺伝子　145
平衡点　170
平衡淘汰　171
ベクター　42, 90
ヘテロクロマチン　29, 67, 134
ヘテロ接合性喪失　126

ヘテロ接合体　13
ペニシリンスクリーニング法　45
ペプチド結合　61
ヘミ接合　19
ヘミ接合体　125
ベロ毒素　49
変異原　151
変性　59

■ ほ
哺育細胞　145
保因者　20
ポジショナルクローニング　186, 187, 189
ポジショナル候補クローニング　189
ポジティブ-ネガティブ選択　129
ホスホジエステル結合　58
母性効果　144
母性効果遺伝子　145
ホメオシス　142
ホメオティック遺伝子　142, 143
ホメオティック変異体　142, 146
ホメオボックス　143
ホモ接合体　13, 126
ポリA付加　70
ポリA付加配列　70
ポリシストロニック mRNA　53, 65
ホリデイ構造　87
ポリペプチド　61
ポリメラーゼ連鎖反応　98
ポリリボソーム　77
ポリリンカー　96
ホロ酵素　67
翻訳　61
翻訳開始因子　75
翻訳後修飾　67
翻訳終結因子　77
翻訳伸長因子 EF-G　77
翻訳伸長因子 EF-Tu　76

■ ま
マイクロ RNA　70, 105
マイクロサテライト　188
－鎖　63
マウス　139
巻戻し　59

マスター遺伝子（細胞分化の）　131
末端デオキシヌクレオチド転移酵素　94
末端複製問題　81
マッピング　48, 188
マルチバルバ変異体　150

■ み
ミスセンス変異　83
ミスマッチ修復　84
ミュートン　52

■ む
無限サイトモデル　179
無侵襲的出生前遺伝学的検査　205

■ め
メカニズム　7
メダカ　139
メタゲノム解析　101
メタボローム　102
メッセンジャー RNA　61
メディエーター　78
メンデル遺伝様式　187
メンデルの法則　5, 23

■ も
網膜芽細胞腫　125
モザイク解析　149
モデル生物　138
モノシストロニック mRNA　65
モノソミー　21

■ や
野生型　16, 37, 116, 147, 171

■ ゆ
有意水準　28
有糸分裂　115
優生学　203
遊離因子　77
ユークロマチン　67, 135
ユビキチン　118
ユビキチンリガーゼ複合体　118
ゆらぎ仮説　74

## ■ よ
溶菌斑　　36
溶原化　　38
溶原化ファージ　　38
溶原菌　　38
溶原性ファージ　　38

## ■ ら
ラウス肉腫ウイルス　　121
ラギング鎖　　62, 79
ラクターゼ持続症　　201
ラクトースオペロン　　53
ラクトース不耐症　　201
ラリアート構造　　72
卵極性遺伝子　　144
卵子　　13

## ■ り
リガーゼ　　92
罹患同胞対連鎖解析　　194
リーディング鎖　　62, 79
リプレッサー　　54
リプログラミング　　130
リボ核酸　　57
リボザイム　　60

リボソーム　　73
リボソーム結合部位　　75
リン酸　　57

## ■ れ
レギュロン　　55
レコン　　52
レトロウイルス　　61, 122
レトロトランスポゾン　　88, 89
レプリカ法　　45
レプリケーター　　81
レプリコン　　55, 81
レプリソーム　　80
連鎖　　17
連鎖解析　　187, 193
連鎖群　　17
連鎖不平衡　　182
連鎖平衡　　182

## ■ ろ
ローダー　　79

## ■ わ
ワターソンの $\theta$ 推定量　　179

## ■監 修 者

鷲谷いづみ（わしたに　いづみ）
1978 年　東京大学大学院理学系研究科博士課程修了
現　在　中央大学理工学部教授，理学博士

## ■編　　者

桂　　勲（かつら　いさお）　　　　　　　　　　　　　　　　　　　[1 章]
1973 年　東京大学大学院理学系研究科博士課程修了
現　在　国立遺伝学研究所所長，理学博士

## ■著　　者

高野敏行（たかの　としゆき）　　　　　　　　　　　　　　　　　[2 章]
1988 年　九州大学大学院理学研究科博士課程修了
現　在　京都工芸繊維大学昆虫先端研究推進センター教授，理学博士

山尾文明（やまお　ふみあき）　　　　　　　　　　　　　　　　　[3 章]
1979 年　京都大学大学院理学研究科博士課程修了
現　在　国立遺伝学研究所名誉教授，理学博士

釣本敏樹（つりもと　としき）　　　　　　　　　　　　　　　　　[4 章]
1983 年　大阪大学大学院理学研究科博士課程修了
現　在　九州大学理学研究院教授，理学博士

野島 博（のじま　ひろし）　　　　　　　　　　　　　　　　　　[5 章]
1979 年　東京大学大学院理学系研究科博士課程修了
現　在　大阪大学微生物病研究所教授，理学博士

野田 亮（のだ　まこと）　　　　　　　　　　　　　　　　　　　[6 章]
1981 年　慶應義塾大学大学院医学研究科博士課程修了
現　在　京都大学医学研究科教授，医学博士

飯野雄一（いいの　ゆういち）　　　　　　　　　　　　　　　　　[7 章]
1987 年　東京大学大学院理学系研究科博士課程修了
現　在　東京大学大学院理学系研究科教授，理学博士

舘田英典（たちだ　ひでのり）　　　　　　　　　　　　　　　　　[8 章]
1981 年　九州大学大学院理学研究科博士課程修了
現　在　九州大学理学研究院教授，理学博士

井ノ上逸朗（いのうえ　いつろう）　　　　　　　　　　　　　　　[9 章]
1988 年　鹿児島大学大学院医学研究科博士課程修了
現　在　国立遺伝学研究所総合遺伝研究系教授，医学博士

Ⓒ鷲谷いづみ・桂 勲 2017

2017 年 1 月 20 日 初 版 発 行

遺 伝 学
― 遺伝子から見た生物 ―

監修者　鷲谷いづみ
編 者　桂 　　勲
発行者　山 本 　格

発 行 所　株式会社　培 風 館
東京都千代田区九段南 4-3-12・郵便番号 102-8260
電話 (03) 3262-5256 (代表)・振替 00140-7-44725

中央印刷・牧 製本

PRINTED IN JAPAN

ISBN 978-4-563-07822-5　C3045